国家重点研发计划
多种烟气污染物协同净化超低排放技术及装备研究(2018YFC1901303)

有机固体废物焚烧技术与工程实践

Incineration Technology and Engineering Practice for Organic Solid Waste

彭孝容　刘海威　陈德喜　高玉萍　著

科学出版社
北　京

内 容 简 介

本书作者结合多年固体废物处理工程实践经验，系统解读我国目前固体废物产生、处理处置和管理现状及处置政策，详细介绍生活垃圾、危险废物、污泥焚烧技术及工程实践经验，同时对餐厨垃圾处理的各种技术进行介绍和对比，并辅以工程实例进行分析。

本书既可作为高等院校环境工程本科和研究生教学用书，也可作为从事环保相关科研、工程设计和管理人员的参考用书和培训教材。

图书在版编目（CIP）数据

有机固体废物焚烧技术与工程实践=Incineration Technology and Engineering Practice for Organic Solid Waste / 彭孝容等著. —北京：科学出版社，2021.3

ISBN 978-7-03-067988-8

Ⅰ. ①有… Ⅱ. ①彭… Ⅲ. ①有机固体-固体废物-垃圾焚化-研究 Ⅳ. ①X705

中国版本图书馆 CIP 数据核字（2021）第 019486 号

责任编辑：李 雪 孙静惠 / 责任校对：王萌萌

责任印制：吴兆东 / 封面设计：无极书装

科学出版社出版

北京东黄城根北街 16 号

邮政编码：100717

http://www.sciencep.com

北京中石油彩色印刷有限责任公司 印刷

科学出版社发行 各地新华书店经销

*

2021 年 3 月第 一 版 开本：720 × 1000 B5

2021 年 3 月第一次印刷 印张：18

字数：360 000

定价：118.00 元

（如有印装质量问题，我社负责调换）

前　言

固体废物管理是多学科交叉的综合性研究方向，涉及生活垃圾、危险废物、医疗废物、工业废物、建筑垃圾、农业废物的处理处置与资源化，管理体系建立及相关法律法规制定等多个领域。

近年来，随着我国经济的快速发展和城市化步伐的加快，固体废物也呈增长趋势。我国环境保护执法力度的加强和公众对环境保护关注度的提高，迫使国内环境保护行业的技术进步加快。为了较全面地反映我国目前在固体废物处置、餐厨垃圾处理的政策、法律法规和技术方面的发展，特撰写了本书。

有机固体废物的处置方法有多种，但焚烧处置仍是目前技术、经济条件下最适合的一种处置方法。本书重点介绍有机固体废物焚烧技术和工程实践，包括我国固体废物的管理及处置产业政策、我国固体废物处置市场现状及未来市场前景分析、固体废物焚烧具体技术和工程实践、有机固体废物处置发展趋势分析和预测等。

笔者长期从事固体废物处理处置工作的规划、咨询、工程设计、工程建设和运营管理，工程业绩遍布全国各地和东南亚国家，积累了丰富的研究成果、咨询设计、工程实践和建设运营管理经验，彭孝容作为课题负责人承担了国家重点研发计划“多种烟气污染物协同净化超低排放技术及装备研究”（2018YFC1901303）的研究工作，刘海威作为课题组长承担了国家高技术研究发展计划(863 计划)“垃圾焚烧废物(气)处置与稳定化控制技术”(2012AA062801)的研究工作。

本书是国家重点研发计划“多种烟气污染物协同净化超低排放技术及装备研究”（2018YFC1901303）项目的成果之一，同时，本书在撰写过程中，得到了中国恩菲工程技术有限公司科技管理部、企业文化部、恩菲研究院和能源环境事业部等部门领导和同事的大力支持，在此谨向他们表示诚挚的谢意。

由于作者水平所限，不当之处敬请各位不吝赐教。

彭孝容

于北京

2020 年 7 月

目　录

第 1 章　固体废物的管理及处置产业政策

固体废物处置具有投资大、技术难、环保要求高、周期长、回报率低的特点，它是与规划、市政、城管、环保、医疗卫生、电网等部门乃至市民高度合作的特殊产业，具有一般产业和市政环保公益事业的两重性。因此，作为一个政策引导型产业，其健康发展与国家宏观政策的正确引导是密不可分的。

由于人民对美好生活的向往和与之相适应的环境差距之间的矛盾日益凸显，从中央到各级地方政府对生态环境保护出台了一系列的政策和法规，尤其是中共中央环境保护督查委员会多次督察和“回头看”，有力地纠正了各地环保乱象，生态环保执法力度空前加大，非常有利于固体废物处置产业的健康有序发展。

1.1　固体废物的性质

1.1.1　固体废物的定义

废物是指人类一切活动过程所产生的，且对所有者已不再具有使用价值而被废弃的物质，它是指生产建设、日常生活和其他社会活动中产生的，在一定时间和空间范围内基本或者完全失去使用价值，无法回收和利用的排放物。在环境学中，废物是指排放到环境中的废弃气体、液体和固体，俗称“三废”，如废热、用过的化学制品，来自采掘工业的无用岩石，人工制造但已无法再用或不再需要的一些产品(如工业上的废金属制品、废气和废水)，以及人和其他动物的排泄物和生活垃圾等。

1995 年我国首次颁布实施的《中华人民共和国固体废物污染环境防治法》(以下简称《固体法》)中明确提出了“固体废物”的法律定义为：在生产建设、日常生活和其他活动中产生的污染环境的固态、半固态废弃物质。2004 年和 2016 修订/修正后的《固体法》对废物的新的定义为：在生产、生活和其他活动中产生的丧失原有利用价值或者虽未丧失利用价值但被抛弃或者放弃的固态、半固态和置于容器中的气态的物品、物质以及法律、行政法规规定纳入固体废物管理的物品、物质。从上述法律定义可以看出，固体废物是人类物质文明的产物，主要来源于人类的生产和消费活动的各个方面，人们在开发资源和制造产品的过程中，必然产生废物；任何产品经过使用和消耗后，最终将变成废物。物质和能源消耗越多，废物产生量就越大，对环境的污染也就越大。产生固体废物的单位和个人，应当采取措施，防止或减少固体废物对环境的污染。2016 年修正的《固体法》明确了国家对固体废物污染环境防治实行污染者依法负责的原则，即产品的生产者、销售者、进口者、使用者对其产生的固体废物依法承担污染防治责任。2020 年修订的《固体法》对固体废物定义为：在生产、生活和其他活动中产生的丧失原有利用价值或者虽未丧失利用价值但被抛弃或者放弃的固态、半固态和置于容器中的气态的物品、物质以及法律、行政法规规定纳入固体废物管理的物品、物质。经无害化加工处理，并且符合强制性国家产品质量标准，不会危害公众健康和生态安全，或者根据固体废物鉴别标准和鉴别程序认定为不属于固体废物的除外。

自然界物质从形态上分为固态、液态和气态，废物也以固态、液态和气态三种形态存在。气态和液态的主要污染成分混入或掺入一定容量的水(液态物质)或气体中，分别称为废水、污水、废液或废气、尾气等，对于这些废物，通常纳入水环境或大气环境的管理体系，并有专项法律法规作为执法依据，如《中华人民共和国水污染防治法》和《中华人民共和国大气污染防治法》等。

1.1.2　固体废物的属性

固体废物具有鲜明的时间和空间特征，它同时具有“废物”和“资源”的二重特性，自然界中并不存在绝对的“废物”。从时间维度看，固体废物仅指相对于目前的科学技术水平和经济条件下无法利用或利用价值很低的物质或物品，并不是永远没有使用价值，随着科学技术的飞速发展、矿产资源的日趋枯竭、生产生活对物质的过度依赖、自然资源滞后于人类的需求，昨天的废物在今天又将成为可利用的资源。从空间维度看，废物仅仅相对于某一过程或某一方面没有使用价值，而非在全部过程或全方位都没有使用价值，在现有的人类生产和生活过程中，某一过程的废物，有可能是另一过程的原料，因此固体废弃物也称为“放错地方的资源”。例如，火力发电厂燃煤燃烧后产生的粉煤灰，相对火力发电厂就是废物，没有使用价值了，但这种废物对于水泥厂来说，就是最好的原料，可以掺入水泥窑内烧成水泥产品。人们日常生活中产生的生活垃圾，相对于使用人来说是无使用价值的废物，需要丢弃，但这些生活垃圾收集后可以作为焚烧发电厂的燃料，燃烧后可以发电和供热。因此，“废物是放错地方的资源”就是对固体废物上述特性的诠释。

1.1.3　固体废物的分类

固体废物产生于人类生产、消费活动的各个方面，产生的废物种类多样、成分复杂，因此需要对其进行分类以便于管理和利用。固体废物有多种分类方法，既可根据其来源、组成、形态等进行划分，也可根据其危险性、燃烧特性等进行划分，目前主要的分类方法如下：

(1) 根据其来源分为工业固体废物、农业固体废物、生活垃圾等；

(2) 按其化学组成可分为有机固体废物和无机固体废物；

(3) 按其形态可分为固态废物(如玻璃瓶、报纸、塑料袋、木屑等)、半固态废物(如污泥、油泥、粪便等)、液态废物(如废酸、废油与有机溶剂等)和气态废物；

(4) 按其污染特性可分为危险废物和一般废物；

(5) 按其燃烧特性可分为可燃废物(通常指 1000℃以下可燃烧者，如废纸、废塑料、废机油等)和不可燃废物(通常在 1000℃焚烧炉内仍无法燃烧者，如金属、玻璃、砖石等)。

依据 2020 年修订的《固体法》对固体废物的分类，将固体废物分为工业固体废物、生活垃圾、建筑垃圾、农业固体废物和危险废物五类进行管理，较之前增加了建筑垃圾和农业固体废弃物的专门分类，其中对于建筑垃圾第六十二条和第六十三条规定：县级以上地方人民政府环境卫生主管部门负责建筑垃圾污染环境防治工作，建立建筑垃圾全过程管理制度，规范建筑垃圾产生、收集、贮存、运输、利用、处置行为，推进综合利用，加强建筑垃圾处置设施、场所建设，保障处置安全，防止污染环境；工程施工单位应当编制建筑垃圾处理方案，采取污染防治措施，并报县级以上地方人民政府环境卫生主管部门备案。对于农业固体废物第六十五条规定：从事畜禽规模养殖应当及时收集、贮存、利用或者处置养殖过程中产生的畜禽粪污等固体废物，避免造成环境污染；禁止在人口集中地区、机场周围、交通干线附近以及当地人民政府划定的其他区域露天焚烧秸秆；国家鼓励研究开发、生产、销售、使用在环境中可降解且无害的农用薄膜。

另外，放射性废物虽然不属于《固体法》管理的范围，但有其特殊性，本节也作简要介绍。

1. 生活垃圾

生活垃圾是指在日常生活中或者为日常生活提供服务的活动中产生的固体废物，以及法律、行政法规规定视为生活垃圾的固体废物。主要包括居民生活垃圾、集市贸易与商业垃圾、公共场所垃圾、街道清扫垃圾及企事业单位垃圾等。

根据我国目前环卫部门的工作范围，城市生活垃圾包括：居民生活垃圾、园林废物、机关单位排放的办公垃圾、街道清扫废物、公共场所(如公园、车站、机场、码头等)产生的废物等。在实际收集到的城市生活垃圾中，不仅含有大量生活废弃物(如包装材料、纸张、织物、竹木、塑料)和餐厨垃圾，还有少量家庭装修废物(如砖瓦、木材、陶瓷等)，还可能包括部分小型企业产生的工业固体废物和少量危险废物(如废打火机、废漆、废电池、废日光灯管等)，由于后者具潜在危害，需要在相应的法规特别是管理工作中逐步制定和采取有效措施对之进行分类收集和进行适当的处理处置。此外，在城市的维护和建设过程中会产生大量的建筑垃圾和余土，由于这类废物性质较为稳定，一般由环卫部门的淤泥渣土(或建筑垃圾)办公室按相关规定单独收运和处置。

城市生活垃圾包括的废物种类很多，随着我国生活垃圾强制分类的实施，有望将大量的餐厨垃圾、建筑垃圾和家庭产生的危险废物(如废电池、日光灯等)分类收集和处置，生活垃圾的主要组成见表 1-1，表 1-1 为北方某城市在 2015 年和 2016 年分别取样分析的生活垃圾实际组分。在我国，根据所在地区、经济发展程度、生活方式、季节变化、燃料组成等诸多因素不同，生活垃圾中组成成分占比(质量分数)有较大的变化，但其组成基本上变化不大。生活垃圾分为可燃组分和不可燃组分。

表 1-1 北方某城市生活垃圾组成(质量分数，%)

垃圾类型	$1^{\#}$样品	$2^{\#}$样品	$3^{\#}$样品	$4^{\#}$样品	$5^{\#}$样品	$6^{\#}$样品
纸类	9.13	6.40	1.82	6.94	6.36	3.09
橡塑类	18.62	20.53	18.99	19.06	15.05	11.66
竹木类	0.12	0.36	0.93	4.00		0.06
纺织类	5.39	2.57	2.41	3.49	2.76	1.43
厨余类	49.00	62.72	62.31	64.68	70.60	80.67
混合类	15.28	5.98	8.54			
金属类	0.06	0.36	0.13	0.28	0.99	0.69
玻璃	1.93	1.02	4.57	1.56	3.11	2.40
砖瓦陶瓷类	0.47	0.06	0.30		1.13	
含水率(%)	53.83	66.08	59.22	63.75	64.66	63.55
容重(kg/m^3)	355	306	496	239	181	226

注：$1^{\#}$～$3^{\#}$样品为 2015 年 9 月取样，$4^{\#}$～$6^{\#}$样品为 2016 年 3 月取样。

可燃组分：其组成大都为纸张、木材、木屑、破木、橡胶类、塑料类、花草、树叶等含有机化合物(organic compound)的废物。此种废物虽为有机物，但水分少且稳定性高，所以不易腐化，可闲置较长时间，另外其发热值较高，通常不需其他辅助燃料即可燃烧。

不可燃组分：其组成大都为金属类、空铁罐、陶瓷、玻璃等，在普通焚烧炉(小于 1000℃)无法燃烧，其成分大都为无机物(non-organics)。

在日常生活中,家庭、学校、食堂、机关、餐厅及市场等产生厨余垃圾(garbage, kitchen waste)，厨余垃圾组成物大都为菜肴与馊水等易于腐败的有机物。厨余垃圾含有极高的水分与有机物，很容易腐坏而产生恶臭。在目前垃圾分类中，需要单独收集和单独处置，不能与生活垃圾混合。

在城市管理中，因工程建设、工程拆除及居民装饰等产生大量的建筑垃圾，包括混凝土块、废木材、废管道、砖石、泥土、石子、混凝土、砖瓦片与电线等，这些建筑垃圾在目前的城市管理中，也是单独收集、单独运输和单独处置。

2. 工业固体废物

工业固体废物(industrial solid waste)是指在工业生产活动中产生的固体废物。工业固体废物产生于矿业、冶金、能源、石化、轻工等各个行业，其特点是产量大，对环境和安全影响较大，主要包括尾矿、粉煤灰、煤矸石、冶炼废渣、炉渣、脱硫石膏、磷石膏、赤泥和污泥等。根据生态环境部于 2019 年 12 月发布的《2019 年全国大、中城市固体废物污染环境防治年报》，2018 年 200 个大、中城市一般工业固体废物产生量达 15.5 亿 t，综合利用量 8.6 亿 t，处置量 3.9 亿 t，贮存量 8.1 亿 t，倾倒丢弃量 4.6 万 t。

1) 尾矿

尾矿是选矿中分选作业的产物中有用目标组分含量较低而无法用于生产的部分。

2018 年，生态环境部重点发表调查工业企业尾矿产生量为 8.8 亿 t，占重点发表调查工业企业一般固体废物产生量的 27.4%，综合利用量为 2.4 亿 t(其中利用往年贮存量 1151.6 万 t)，综合利用率为 27.1%。尾矿产生量最大的两个行业是有色金属矿采选业和黑色金属矿采选业，其产生量分别为 4.0 亿 t 和 3.7 亿 t，综合利用率分别为 23.4%和 26.8%。

2) 粉煤灰

粉煤灰指从燃煤过程产生烟气中收捕下来的细微固体颗粒物，不包括从燃煤设施炉膛排出的灰渣。主要来自电力、热力的生产和供应行业和其他使用燃煤设施的行业，又称飞灰或烟道灰。主要从烟道气体收集而得。

2018 年，生态环境部重点发表调查工业企业的粉煤灰产生量 5.3 亿 t，占比 16.6%，综合利用量为 4.0 亿 t(其中利用往年贮存量为 320.5 万 t)，综合利用率为 74.9%。粉煤灰产生量最大的行业是电力、热力生产和供应业，其产生量为 4.5 亿 t，综合利用率为 75.7%；其次是化学原料和化学制品制造业，有色金属冶炼和压延加工业，石油、煤炭及其他燃料加工业，造纸和纸制品业，其产生量分别为 2565.3 万 t、1560.9 万 t、887.8 万 t 和 656.0 万 t,综合利用率分别为 61.8%、62.1%、68.8%和 78.2%。

3) 煤矸石

煤矸石指与煤层伴生的一种含碳量低、比煤坚硬的黑灰色岩石，包括巷道掘进过程中的掘进矸石、采掘过程中从顶板、底板及夹层里采出的矸石以及洗煤过程中挑出的洗矸石。

2018 年，生态环境部重点发表调查工业企业的煤矸石产生量为 3.5 亿 t，占比 10.9%，综合利用量为 1.9 亿 t(其中利用往年贮存量 380.8 万 t)，综合利用率为 53.7%。煤矸石主要是由煤炭开采和洗选业产生，其产生量为 3.4 亿 t，综合利用率为 53.1%。

4) 冶金废渣

冶炼废渣指在冶炼生产中产生的高炉渣、钢渣、铁合金渣等，不包括列入《国家危险废物名录》中的金属冶炼废物。

2018 年，生态环境部重点发表调查工业企业的冶炼废渣产生量为 3.7 亿 t，占比 11.6%，综合利用量为 3.3 亿 t(其中利用往年贮存量 491.9 万 t)，综合利用率为 88.7%。冶炼废渣产生量最大的行业是黑色金属冶炼和压延加工业，其产生量为 3.3 亿 t，综合利用率为 91.8%；其次是有色金属冶炼和压延加工业，其产生量为 2691.7 万 t，综合利用率为 60.5%。

5) 炉渣

炉渣是指企业燃烧设备从炉膛排出的灰渣，不包括燃料燃烧过程中产生的烟尘。

2018 年，生态环境部重点发表调查工业企业的炉渣产生量为 3.1 亿 t，占比 9.6%，综合利用量为 2.2 亿 t(其中利用往年贮存量 156.6 万 t)，综合利用率为 71.0%。炉渣产生量最大的行业是电力、热力生产和供应业，其产生量为 1.6 亿 t，综合利用率为 71.5%；其次是黑色金属冶炼和压延加工业，产生量为 7261.2 万 t，综合利用率为 82.5%；第三位的行业是化学原料和化学制品制造业，产生量为 3761.4 万 t，综合利用率为 56.0%。

6) 脱硫石膏

脱硫石膏指废气脱硫的湿式石灰石/石膏法工艺中，吸收剂与烟气中二氧化硫等反应后生成的副产物。

2018 年，生态环境部重点发表调查工业企业的脱硫石膏产生量为 1.20 亿 t，占比 3.9%，综合利用量为 9223.3 万 t(其中利用往年贮存量 121.8 万 t)，综合利用率为 73.6%。脱硫石膏产生量最大的行业是电力、热力生产和供应业，其产生量为 1.0 亿 t，综合利用率为 74.3%；其次为黑色金属冶炼和压延加工业，有色金属冶炼和压延加工业，化学原料和化学制品制造业，其产生量分别为 746.0 万 t、575.7 万吨和 388.7 万 t，综合利用率分别为 73.9%、66.4%、62.7%。

3. 危险废物

危险废物的术语是在20世纪70年代初得到社会认可的，对危险废物的定义不同的国家和组织各有不同的表述。美国于1976年通过《资源保护和回收法》(RCRA)后，又用了四年的时间，对危险废物做出如下定义：“危险废物是固体废物，由于不适当的处理、贮存、运输、处置或其他管理方面，它能引起或明显地影响各种疾病和死亡，或对人体健康或环境造成显著的威胁。”

联合国环境规划署(UNEP)在1985年12月举行的危险废物环境管理专家工作组会议上，对危险废物做出了如下定义：“危险废物是指除放射性以外的那些废物(固体、污泥、液体和用容器装的气体)，由于它们的化学反应性、毒性、易爆性、腐蚀性或其他特性引起或可能引起的对人类健康或环境的危害。不管它是单独的或与其他废物混在一起，不管是产生的或是被处置的或正在运输中的，在法律上都称为危险废物。”而世界卫生组织(WHO)的定义是：“危险废物是一种具有物理、化学或生物特性的废物，需要特殊的管理与处置过程，以免引起健康危害或产生其他有害环境的作用。”日本《废物处理法》将“具有爆炸性、毒性或感染性及可能产生对人体健康或环境的危害的物质”定义为“特别管理废物”，相当于通称的“危险废物”。

2020年修订的《固体法》规定：“危险废物，是指列入国家危险废物名录或者根据国家规定的危险废物鉴别标准和鉴别方法认定的具有危险特性的固体废物。”《国家危险废物名录》定义的危险废物为“具有腐蚀性、毒性、易燃性、反应性或者感染性等一种或者几种危险特性的”或“不排除具有危险特性，可能对环境或者人体健康造成有害影响，需要按照危险废物进行管理的”固体废物(包括液态废物)。

危险废物具有腐蚀性、毒性、易燃性、反应性或者感染性等一种或者几种特性，由于其特有的性质，对环境的污染严重，危害显著，因此，对它的严格管理具有特殊意义。例如，20世纪50年代至70年代发生在日本的水俣病和“痛痛病”事件，以及20世纪70年代末发生在美国的“拉夫运河事件”都曾震惊世界。类似对危险废物管理不当造成的严重教训在国内外均有不少。因而1984年联合国环境规划署把危险废物的污染危害列为全球性环境问题之一。

由于处置危险废物在征地、投资、技术、环保等方面的困难，有不法厂商千方百计将自己的危险废物向其他国家转移，致使接受国深受其害。1976年7月10日，意大利北部小城Seveso一家生产2,4,5-三氯苯酚(TCP)的工厂发生了爆炸事故。这个事故在几年后成为引起一场关于二噁英问题和危险废物越境迁移问题国际论争的导火索。该化学工厂爆炸产生了约2.0kg的二噁英，造成了周围1810hm^{2}土地污染。在现场清理过程中，收集了20万m^{3}污染严重的土壤和41

罐反应残渣，这些污染土壤和反应残渣的净化，约需耗资 2 亿美元。1 年后废物被转移到法国，1985 年又被转移到瑞士的巴塞尔，并以 250 万美元的价格进行了焚烧处理。

这一事件引起了国际社会的高度重视，1989 年 3 月联合国环境规划署颁布了《控制危险废物越境转移及其处置巴塞尔公约》，并于 1992 年 5 月 5 日正式生效，到 1995 年 9 月的第三次缔约国会议，缔约国达到 92 个。

《控制危险废物越境转移及其处置巴塞尔公约》列出了“应加以控制的废物类别”共 45 类，“须加特别考虑的废物类别”共 2 类。1998 年 1 月 4 日，我国国家环境保护局、国家经济贸易委员会、对外贸易经济合作部和公安部联合颁布，并于 1998 年 7 月 1 日实施了《国家危险废物名录》(环发〔1998〕089 号) (以下简称《名录》)，根据该《名录》，我国危险废物共分为 47 大类。2008 年 6 月 14 日我国环境保护部与国家发展和改革委员会颁布修订后的《名录》，根据该《名录》，国家规定的危险废物共分为 49 大类，增加了 HW48“有色金属冶炼废物”和 HW49“其他废物”。2016 年 8 月 1 日起施行的《名录》，将危险废物调整为 46 大类别 467 种。2020 年 11 月再次颁布了 2021 年版新《名录》，2021 年版新《名录》由正文、附表和附录三部分构成。其中，正文规定原则性要求，附表规定具体危险废物种类、名称和危险特性等，附录规定危险废物豁免管理要求，表 1-2 为附表中危险废物类别及行业来源，表 1-3 为附录中危险废物豁免管理清单。2021 年版新《名录》对三部分均进行了修改和完善。

表 1-2　危险废物类别及行业来源

废物类别	行业来源
HW01 医疗废物	卫生
HW02 医药废物	化学药品原料药制造，化学药品制剂制造，兽用药品制造，生物药品制品制造
HW03 废药物、药品	非特定行业
HW04 农药废物	农药制造，非特定行业
HW05 木材防腐剂废物	木材加工，专用化学产品制造，非特定行业
HW06 废有机溶剂与含有机溶剂废物	非特定行业
HW07 热处理含氰废物	金属表面处理及热处理加工
HW08 废矿物油与含矿物油废物	石油开采，天然气开采，精炼石油产品制造，电子元件及专用材料制造，橡胶制品业，非特定行业

续表

废物类别	行业来源
HW09 油/水、烃/水混合物或乳化液	非特定行业
HW10 多氯(溴)联苯类废物	非特定行业
HW11 精(蒸)馏残渣	精炼石油产品制造，煤炭加工，燃气生产和供应业，基础化学原料制造，石墨及其他非金属矿物制品制造，环境治理业，非特定行业
HW12 染料、涂料废物	涂料、油墨、颜料及类似产品制造，非特定行业
HW13 有机树脂类废物	合成材料制造，非特定行业
HW14 新化学物质废物	非特定行业
HW15 爆炸性废物	炸药、火工及焰火产品制造
HW16 感光材料废物	专用化学产品制造，印刷，电子元件及电子专用材料制造，影视节目制作，摄影扩印服务，非特定行业
HW17 表面处理废物	金属表面处理及热处理加工
HW18 焚烧处置残渣	环境治理业
HW19 含金属羰基化合物废物	非特定行业
HW20 含铍废物	基础化学原料制造
HW21 含铬废物	毛皮鞣制及制品加工，基础化学原料制造，铁合金冶炼，金属表面处理及热处理加工，电子元件及电子专用材料制造
HW22 含铜废物	玻璃制造，电子元件及电子专用材料制造
HW23 含锌废物	金属表面处理及热处理加工，电池制造，炼钢，非特定行业
HW24 含砷废物	基础化学原料制造
HW25 含硒废物	基础化学原料制造
HW26 含镉废物	电池制造
HW27 含锑废物	基础化学原料制造

续表

废物类别	行业来源
HW28 含碲废物	基础化学原料制造
HW29 含汞废物	天然气开采，常用有色金属矿采选，贵金属矿采选，印刷，基础化学原料制造，合成材料制造，常用有色金属冶炼，电池制造，照明器具制造，通用仪器仪表制造，非特定行业
HW30 含铊废物	基础化学原料制造
HW31 含铅废物	玻璃制造，电子元件及电子专用材料制造，电池制造，工艺美术及礼仪用品制造，非特定行业
HW32 无机氟化物废物	非特定行业
HW33 无机氰化物废物	贵金属矿采选，金属表面处理及热处理加工，非特定行业
HW34 废酸	精炼石油产品制造，涂料、油墨、颜料及类似产品制造，基础化学原料制造，钢压延加工，金属表面处理及热处理加工，电子元件及电子专用材料制造，非特定行业
HW35 废碱	精炼石油产品制造，基础化学原料制造，毛皮鞣制及制品加工，纸浆制造，非特定行业
HW36 石棉废物	石棉及其他非金属矿采选，基础化学原料制造，石膏、水泥制品及类似制品制造，耐火材料制品制造，汽车零部件及配件制造，船舶及相关装置制造，非特定行业
HW37 有机磷化合物废物	基础化学原料制造，非特定行业
HW38 有机氰化物废物	基础化学原料制造
HW39 含酚废物	基础化学原料制造
HW40 含醚废物	基础化学原料制造
HW45 含有机卤化物废物	基础化学原料制造
HW46 含镍废物	基础化学原料制造，电池制造，非特定行业
HW47 含钡废物	基础化学原料制造，金属表面处理及热处理加工
HW48 有色金属冶炼废物	常用有色金属矿采选，常用有色金属冶炼，稀有稀土金属冶炼
HW49 其他废物	石墨及其他非金属矿物制品制造，环境治理，非特定行业
HW50 废催化剂	精炼石油产品制造，基础化学原料制造，农药制造，化学药品原料药制造，兽用药品制造，生物药品制造，环境治理，非特定行业

表 1-3　危险废物豁免管理清单

序号	废物类别/代码	危险废物	豁免环节	豁免条件	豁免内容
1	生活垃圾中的危险废物	家庭日常生活或者为日常生活提供服务的活动中产生的废药品、废杀虫剂和消毒剂及其包装物、废油漆和溶剂及其包装物、废矿物油及其包装物、废胶片及废相纸、废荧光灯管、废含汞温度计、废含汞血压计、废铅蓄电池、废镍镉电池和氧化汞电池以及电子类危险废物等	全部环节	未集中收集的家庭日常生活中产生的生活垃圾中的危险废物	全过程不按危险废物管理
			收集	按照各市、县生活垃圾分类要求，纳入生活垃圾分类收集体系进行分类收集，且运输工具和暂存场所满足分类收集体系要求	从分类投放点收集转移到所设定的集中贮存点的收集过程不按危险废物管理
2	HW01	床位总数在 19 张以下(含 19 张)的医疗机构产生的医疗废物(重大传染病疫情期间产生的医疗废物除外)	收集	按《医疗卫生机构医疗废物管理办法》等规定进行消毒和收集	收集过程不按危险废物管理
			运输	转运车辆符合《医疗废物转运车技术要求(试行)》(GB 19217)要求	不按危险废物进行运输
		重大传染病疫情期间产生的医疗废物	运输	按事发地的县级以上人民政府确定的处置方案进行运输	不按危险废物进行运输
			处置	按事发地的县级以上人民政府确定的处置方案进行处置	处置过程不按危险废物管理
3	841-001-01	感染性废物	运输	按照《医疗废物高温蒸汽集中处理工程技术规范(试行)》(HJ/T 276)或《医疗废物化学消毒集中处理工程技术规范(试行)》(HJ/T 228)或《医疗废物微波消毒集中处理工程技术规范(试行)》(HJ/T 229)进行处理后按生活垃圾运输	不按危险废物进行运输
			处置	按照《医疗废物高温蒸汽集中处理工程技术规范(试行)》(HJ/T 276)或《医疗废物化学消毒集中处理工程技术规范(试行)》(HJ/T 228)或《医疗废物微波消毒集中处理工程技术规范(试行)》(HJ/T 229)进行处理后进入生活垃圾填埋场填埋或进入生活垃圾焚烧厂焚烧	处置过程不按危险废物管理
4	841-002-01	损伤性废物	运输	按照《医疗废物高温蒸汽集中处理工程技术规范(试行)》(HJ/T 276)或《医疗废物化学消毒集中处理工程技术规范(试行)》(HJ/T 228)或《医疗废物微波消毒集中处理工程技术规范(试行)》(HJ/T 229)进行处理后按生活垃圾运输	不按危险废物进行运输

续表

序号	废物类别/代码	危险废物	豁免环节	豁免条件	豁免内容
4	841-002-01	损伤性废物	处置	按照《医疗废物高温蒸汽集中处理工程技术规范(试行)》(HJ/T 276)或《医疗废物化学消毒集中处理工程技术规范(试行)》(HJ/T 228)或《医疗废物微波消毒集中处理工程技术规范(试行)》(HJ/T 229)进行处理后进入生活垃圾填埋场填埋或进入生活垃圾焚烧厂焚烧	处置过程不按危险废物管理
5	841-003-01	病理性废物(人体器官除外)	运输	按照《医疗废物化学消毒集中处理工程技术规范(试行)》(HJ/T 228)或《医疗废物微波消毒集中处理工程技术规范(试行)》(HJ/T 229)进行处理后按生活垃圾运输	不按危险废物进行运输
			处置	按照《医疗废物化学消毒集中处理工程技术规范(试行)》(HJ/T 228)或《医疗废物微波消毒集中处理工程技术规范(试行)》(HJ/T 229)进行处理后进入生活垃圾焚烧厂焚烧	处置过程不按危险废物管理
6	900-003-04	农药使用后被废弃的与农药直接接触或含有农药残余物的包装物	收集	依据《农药包装废弃物回收处理管理办法》收集农药包装废弃物并转移到所设定的集中贮存点	收集过程不按危险废物管理
			运输	满足《农药包装废弃物回收处理管理办法》中的运输要求	不按危险废物进行运输
			利用	进入依据《农药包装废弃物回收处理管理办法》确定的资源化利用单位进行资源化利用	利用过程不按危险废物管理
			处置	进入生活垃圾填埋场填埋或进入生活垃圾焚烧厂焚烧	处置过程不按危险废物管理
7	900-210-08	船舶含油污水及残油经船上或港口配套设施预处理后产生的需通过船舶转移的废矿物油与含矿物油废物	运输	按照水运污染危害性货物实施管理	不按危险废物进行运输
8	900-249-08	废铁质油桶(不包括900-041-49类)	利用	封口处于打开状态、静置无滴漏且经打包压块后用于金属冶炼	利用过程不按危险废物管理
9	900-200-08 900-006-09	金属制品机械加工行业珩磨、研磨、打磨过程，以及使用切削油或切削液进行机械加工过程中产生的属于危险废物的含油金属屑	利用	经压榨、压滤、过滤除油达到静置无滴漏后打包压块用于金属冶炼	利用过程不按危险废物管理

续表

序号	废物类别/代码	危险废物	豁免环节	豁免条件	豁免内容
10	252-002-11 252-017-11 451-003-11	煤炭焦化、气化及生产燃气过程中产生的满足《煤焦油标准》(YB/T 5075)技术要求的高温煤焦油	利用	作为原料深加工制取萘、洗油、蒽油	利用过程不按危险废物管理
		煤炭焦化、气化及生产燃气过程中产生的高温煤焦油	利用	作为黏合剂生产煤质活性炭、活性焦、碳块衬层、自焙阴极、预焙阳极、石墨碳块、石墨电极、电极糊、冷捣糊	利用过程不按危险废物管理
		煤炭焦化、气化及生产燃气过程中产生的中低温煤焦油	利用	作为煤焦油加氢装置原料生产煤基氢化油，且生产的煤基氢化油符合《煤基氢化油》(HG/T 5146)技术要求	利用过程不按危险废物管理
		煤炭焦化、气化及生产燃气过程中产生的煤焦油	利用	作为原料生产炭黑	利用过程不按危险废物管理
11	900-451-13	采用破碎分选方式回收废覆铜板、线路板、电路板中金属后的废树脂粉	运输	运输工具满足防雨、防渗漏、防遗撒要求	不按危险废物进行运输
			处置	满足《生活垃圾填埋场污染控制标准》(GB 16889)要求进入生活垃圾填埋场填埋，或满足《一般工业固体废物贮存、处置场污染控制标准》(GB 18599)要求进入一般工业固体废物处置场处置	填埋处置过程不按危险废物管理
12	772-002-18	生活垃圾焚烧飞灰	运输	经处理后满足《生活垃圾填埋场污染控制标准》(GB16889)要求，且运输工具满足防雨、防渗漏、防遗撒要求	不按危险废物进行运输
			处置	满足《生活垃圾填埋场污染控制标准》(GB 16889)要求进入生活垃圾填埋场填埋	填埋处置过程不按危险废物管理
			处置	满足《水泥窑协同处置固体废物污染控制标准》(GB 30485)和《水泥窑协同处置固体废物环境保护技术规范》(HJ 662)要求进入水泥窑协同处置	水泥窑协同处置过程不按危险废物管理
13	772-003-18	医疗废物焚烧飞灰	处置	满足《生活垃圾填埋场污染控制标准》(GB 16889)要求进入生活垃圾填埋场填埋	填埋处置过程不按危险废物管理
		医疗废物焚烧处置产生的底渣	全部环节	满足《生活垃圾填埋场污染控制标准》(GB 16889)要求进入生活垃圾填埋场填埋	全过程不按危险废物管理

续表

序号	废物类别/代码	危险废物	豁免环节	豁免条件	豁免内容
14	772-003-18	危险废物焚烧处置过程产生的废金属	利用	用于金属冶炼	利用过程不按危险废物管理
15	772-003-18	生物制药产生的培养基废物经生活垃圾焚烧厂焚烧处置产生的焚烧炉底渣、经水煤浆气化炉协同处置产生的气化炉渣、经燃煤电厂燃煤锅炉和生物质发电厂焚烧炉协同处置以及培养基废物专用焚烧炉焚烧处置产生的炉渣和飞灰	全部环节	生物制药产生的培养基废物焚烧处置或协同处置过程不应混入其他危险废物	全过程不按危险废物管理
16	193-002-21	含铬皮革废碎料(不包括鞣制工段修边、削匀过程产生的革屑和边角料)	运输	运输工具满足防雨、防渗漏、防遗撒要求	不按危险废物进行运输
			处置	满足《生活垃圾填埋场污染控制标准》(GB 16889)要求进入生活垃圾填埋场填埋，或满足《一般工业固体废物贮存、处置场污染控制标准》(GB 18599)要求进入一般工业固体废物处置场处置	填埋处置过程不按危险废物管理
		含铬皮革废碎料	利用	用于生产皮件、再生革或静电植绒	利用过程不按危险废物管理
17	261-041-21	铬渣	利用	满足《铬渣污染治理环境保护技术规范(暂行)》(HJ/T 301)要求用于烧结炼铁	利用过程不按危险废物管理
18	900-052-31	未破损的废铅蓄电池	运输	运输工具满足防雨、防渗漏、防遗撒要求	不按危险废物进行运输
19	092-003-33	采用氰化物进行黄金选矿过程中产生的氰化尾渣	处置	满足《黄金行业氰渣污染控制技术规范》(HJ 943)要求进入尾矿库处置或进入水泥窑协同处置	处置过程不按危险废物管理
20	HW34	仅具有腐蚀性危险特性的废酸	利用	作为生产原料综合利用	利用过程不按危险废物管理
			利用	作为工业污水处理厂污水处理中和剂利用，且满足以下条件：废酸中第一类污染物含量低于该污水处理厂排放标准，其他《危险废物鉴别标准 浸出毒性》(GB 5085.3)所列特征污染物含量低于GB 5085.3 限值的 1/10	利用过程不按危险废物管理

续表

序号	废物类别/代码	危险废物	豁免环节	豁免条件	豁免内容
21	HW35	仅具有腐蚀性危险特性的废碱	利用	作为生产原料综合利用	利用过程不按危险废物管理
			利用	作为工业污水处理厂污水处理中和剂利用，且满足以下条件：液态碱或固态碱按 HJ/T 299 方法制取的浸出液中第一类污染物含量低于该污水处理厂排放标准，其他《危险废物鉴别标准 浸出毒性》(GB 5085.3)所列特征污染物低于 GB 5085.3 限值的 1/10	利用过程不按危险废物管理
22	321-024-48 321-026-48	铝灰渣和二次铝灰	利用	回收金属铝	利用过程不按危险废物管理
23	323-001-48	仲钨酸铵生产过程中碱分解产生的碱煮渣(钨渣)和废水处理污泥	处置	满足《水泥窑协同处置固体废物污染控制标准》(GB 30485)和《水泥窑协同处置固体废物环境保护技术规范》(HJ 662)要求进入水泥窑协同处置	处置过程不按危险废物管理
24	900-041-49	废弃的含油抹布、劳保用品	全部环节	未分类收集	全过程不按危险废物管理
25	突发环境事件产生的危险废物	突发环境事件及其处理过程中产生的 HW 900-042-49 类危险废物和其他需要按危险废物进行处理处置的固体废物，以及事件现场遗留的其他危险废物和废弃危险化学品	运输	按事发地的县级以上人民政府确定的处置方案进行运输	不按危险废物进行运输
			利用、处置	按事发地的县级以上人民政府确定的处置方案进行利用或处置	利用或处置过程不按危险废物管理
26	历史遗留危险废物	历史填埋场地清理，以及水体环境治理过程产生的需要按危险废物进行处理处置的固体废物	运输	按事发地的设区市级以上生态环境部门同意的处置方案进行运输	不按危险废物进行运输
			利用、处置	按事发地的设区市级以上生态环境部门同意的处置方案进行利用或处置	利用或处置过程不按危险废物管理
		实施土壤污染风险管控、修复活动中，属于危险废物的污染土壤	运输	修复施工单位制定转运计划，依法提前报所在地和接收地的设区市级以上生态环境部门	不按危险废物进行运输
			处置	满足《水泥窑协同处置固体废物污染控制标准》(GB 30485)和《水泥窑处置固体废物环境保护技术规范》(HJ 662)要求进入水泥窑协同处置	处置过程不按危险废物管理

续表

序号	废物类别/代码	危险废物	豁免环节	豁免条件	豁免内容
27	900-044-49	阴极射线管含铅玻璃	运输	运输工具满足防雨、防渗漏、防遗撒要求	不按危险废物进行运输
28	900-045-49	废弃电路板	运输	运输工具满足防雨、防渗漏、防遗撒要求	不按危险废物进行运输
29	772-007-50	烟气脱硝过程中产生的废钒钛系催化剂	运输	运输工具满足防雨、防渗漏、防遗撒要求	不按危险废物进行运输
30	251-017-50	催化裂化废催化剂	运输	采用密闭罐车运输	不按危险废物进行运输
31	900-049-50	机动车和非道路移动机械尾气净化废催化剂	运输	运输工具满足防雨、防渗漏、防遗撒要求	不按危险废物进行运输
32	—	未列入本《危险废物豁免管理清单》中的危险废物或利用过程不满足本《危险废物豁免管理清单》所列豁免条件的危险废物	利用	在环境风险可控的前提下，根据省级生态环境部门确定的方案，实行危险废物“点对点”定向利用，即：一家单位产生的一种危险废物，可作为另外一家单位环境治理或工业原料生产的替代原料进行使用	利用过程不按危险废物管理

“序号”指列入本目录危险废物的顺序编号。“废物类别/代码”指列入本目录危险废物的类别或代码。“危险废物”指列入本目录危险废物的名称。“豁免环节”指可不按危险废物管理的环节。“豁免条件”指可不按危险废物管理应具备的条件。“豁免内容”指可不按危险废物管理的内容。《医疗废物分类目录》对医疗废物有其他豁免管理内容的，按照该目录有关规定执行。本清单引用文件中，凡是未注明日期的引用文件，其最新版本适用于本清单。

正文部分：增加了“第七条 本名录根据实际情况实行动态调整”的内容，删除了2016年版《名录》中第三条和第四条规定。

附表部分：主要对部分危险废物类别进行了增减、合并及表述的修改。《名录》共计列入467种危险废物，较2016年版《名录》减少了12种。

附录部分：新增豁免16个种类危险废物，豁免的危险废物共计达到32个种类。

《名录》除列出了废物类别和行业来源外，还详细列出了废物代码和危险废物的名称以及危险特性。根据《名录》的规定：具有下列情形之一的固体废物(包括液态废物)，列入本名录：①具有腐蚀性、毒性、易燃性、反应性或者感染性等一种或者几种危险特性的；②不排除具有危险特性，可能对环境或者人体健康造成有害影响，需要按照危险废物进行管理的。

对不明确是否具有危险特性的固体废物，应当按照国家规定的危险废物鉴别标准和鉴别方法予以认定。经鉴别具有危险特性的，属于危险废物，应当根据其主要有害成分和危险特性确定所属废物类别，并按代码“900-000-××”(××为危险废物类别代码)进行归类管理。经鉴别不具有危险特性的，不属于危险废物。危险废物与其他固体废物的混合物，以及危险废物处理后的废物的属性判定，按照国家规定的危险废物鉴别标准执行。

4. 农业固体废物

1995 年制定的《固体法》没有对农业废物(agriculture waste)的处置提出要求，也没有将农村生活垃圾纳入管理体系。随着农业产业化发展和农村生活水平的提高，农业废物和农村生活垃圾所造成的污染问题已经开始显现。对城乡垃圾的区别对待，不仅使农村生活垃圾处于无序堆放的状态，还导致城市生活垃圾向农村转移，造成垃圾围城、土壤和水源污染、农村卫生条件恶化。为了逐步消除农村固体废物污染，改善农村卫生条件，将农村固体废物纳入固体废物污染防治体系是非常必要的。因此，2015 年修正的《固体法》规定，“使用农用薄膜的单位和个人，应当采取回收利用等措施，防止或者减少农用薄膜对环境的污染”，“从事畜禽规模养殖应当按照国家有关规定收集、贮存、利用或者处置养殖过程中产生的畜禽粪便，防止污染环境；禁止在人口集中地区、机场周围、交通干线附近以及当地人民政府划定的区域露天焚烧秸秆”，明确了农业废物的主要类型及管理要求，同时，将“城市生活垃圾污染环境的防治”一节修改为“生活垃圾污染环境的防治”，使管理覆盖面扩大到农村，并明确“农村生活垃圾污染环境防治的具体办法，由地方性法规规定”，将农业废物和农村生活垃圾纳入了固体废物污染防治体系进行管理。

2016 年修正的《固体法》第三十八条明确了“县级以上人民政府应当统筹安排建设城乡生活垃圾收集、运输、处置设施，提高生活垃圾的利用率和无害化处置率，促进生活垃圾收集、处置的产业化发展，逐步建立和完善生活垃圾污染环境防治的社会服务体系”。将城乡生活垃圾纳入了统一管理体系。因此，在本书中生活垃圾包括城市生活垃圾和乡村生活垃圾，乡村生活垃圾不再归入农业垃圾范围内。

农业废物中产生量最大的是农作物秸秆。我国是农业大国，农作物秸秆具有数量大、种类多和分布广的特点。据统计，2017 年我国秸秆理论资源约 8.84 亿 t，可收集资源为 7.36 亿 t，我国秸秆以水稻、小麦和玉米为主，其中稻草占比为 25.1%，麦秸占比为 18.3%，玉米秸秆占比为 32.5%，棉秆占比为 3.1%，油料作物秸秆(主要为油菜和花生)占比为 4.4%。目前利用方式主要包括秸秆肥料化(秸秆还田)、饲料化(秸秆养畜)、基料化、原料化和燃料化等。2016 年修正后的《固体法》也没有专门列出农业废物，只是在第二十条中规定：“从事畜禽规模养殖应当按照国家有关规定收集、贮存、利用或者处置养殖过程中产生的畜禽粪便，防止污染环境；禁止在人口集中地区、机场周围、交通干线附近以及当地人民政府划定的区域露天焚烧秸秆。”2020 年修订的《固体法》首次将农业固体废物单独分类管理，规定：“县级以上人民政府农业农村主管部门负责指导农业固体废物回收利用体系建设，鼓励和引导有关单位和其他生产经营者依法收集、贮存、运输、利用、处置农业固体废物，加强监督管理，防止污染环境。”《固体法》第六十五条规定：“从事畜禽规模养殖应当及时收集、贮存、利用或者处置养殖过程中产生的畜禽粪污等固体废物，避免造成环境污染；禁止在人口集中地区、机场周围、交通干线附近以及当地人民政府划定的其他区域露天焚烧秸秆；国家鼓励研究开发、生产、销售、使用在环境中可降解且无害的农用薄膜。”

5. 建筑垃圾

伴随着我国城镇化进程的加快，国内建筑垃圾的总量庞大且增速迅猛。据统计，近几年我国每年的建筑垃圾产生量在 15.5 亿～24 亿 t，资源利用化率不足 10%。2020 年修订的《固体法》增加了建筑垃圾的单独分类，将建筑垃圾纳入固体废物污染防治体系进行管理，明确应当“加强建筑垃圾污染环境的防治，建立建筑垃圾分类处理制度”。其对建筑垃圾的定义为：建设单位、施工单位新建、改建、扩建和拆除各类建筑物、构筑物、管网等，以及居民装饰装修房屋过程中产生的弃土、弃料和其他固体废物。

目前国内建筑垃圾大多数未经处理，数量巨大的建筑垃圾直接被露天堆放或者简易填埋，由此造成了严重的环境污染问题，甚者引发一定程度上的社会问题。2018 年我国陆续开展建筑垃圾的治理工作，开展城市建筑垃圾试点治理，出台了一些相关政策措施，2020 年修订的《固体法》第六十二条规定：县级以上地方人民政府环境卫生主管部门负责建筑垃圾污染环境防治工作，建立建筑垃圾全过程管理制度，规范建筑垃圾产生、收集、贮存、运输、利用、处置行为，推进综合利用，加强建筑垃圾处置设施、场所建设，保障处置安全，防止污染环境。

6. 其他废物

由于放射性废物(radioactive waste)在管理方法和处置技术等方面与其他废物有着明显的差异，大多数国家都不将其包含在危险废物范围内。1995 年发布的《固体法》第二条明确规定“固体废物污染海洋环境的防治和放射性固体废物污染环境的防治不适用本法”。但随着核能和核技术在各个领域得到广泛利用，核能和核技术开发利用方面的安全问题以及放射性污染防治问题日益突出，为此，我国于 2003 年颁布实施了《中华人民共和国放射性污染防治法》，该法对放射性固体废物的管理和处置进行了明确的规定。

放射性同位素含量超过国家规定限值的固体、液体和气体废物，统称为放射性废物。从处理和处置的角度，按比活度和半衰期将放射性废物分为高放长寿命、中放长寿命、低放长寿命、中放短寿命和低放短寿命等五类。低、中水平放射性固体废物在符合国家规定的区域实行近地表处置，高水平放射性固体废物和 α 放射性固体废物实行集中的深地质处置。禁止在内河水域和海洋上处置放射性固体废物。

灾害性废物(disaster waste)主要是指突发性事件特别是自然灾害(如海啸、地震等)造成的固体废物，其主要特点是产生不可预见、产生量大、组分特别复杂，若处置不及时会有传播疾病的隐患。目前对灾害性废物的收运和处理处置的研究还相当缺乏，需要和相应的应急系统一并考虑，才能起到最好的效果。

1.2　固体废物的污染特点及其环境影响

1.2.1　固体废物对环境潜在污染的特点

固体废物的固有特性及其对环境的潜在污染危害决定了对其进行管理和污染控制的管理方法和管理体制。概括地讲，固体废物对环境潜在污染的特点具有以下几个方面。

1. 产生量大、种类繁多、成分复杂

我国的固体废物污染控制已成为环境保护领域的突出问题之一，粗放式工业化生产的出现、人口的增加和居民生活水平的提高，使得各类固体废物的产生量逐年增加。根据生态环境部发布的《2019 年全国大、中城市固体废物污染环境防治年报》，2018 年 200 个大、中城市一般工业固体废物产生量达 15.5 亿 t，生活垃圾产生量 2.11473 亿 t，医疗废物产生量 81.7 万 t，工业危险废物产生量达 4643.0 万 t。

固体废物的来源十分广泛，种类繁多，有工业生产过程产生的一般工业废物，如采矿业产生的尾矿、煤矸石，冶金业产生的各种冶金炉渣、赤泥等，燃煤产生的粉煤灰、炉渣，化工行业产生的各种废渣等，各种环保设施处理过程产生的含硫石膏、废弃催化剂等；有建设过程中产生的建筑垃圾、废钢、废有色金属、废塑料、废轮胎、化工废弃物等；有生产和生活过程中产生的各种危险废物，达 46 大类 467 种；还有农业、林业和畜牧业生产过程中产生的各种垃圾。总之，固体废物在人们日常生产和生活过程中随时会产生，其成分也十分复杂。

2. 污染物滞留期长、危害性强

固体废物除直接占用土地和空间外，其对环境的危害影响需要通过水、气或

土壤等介质方能进行。以固态形式存在的有害物质向环境中的扩散速率相对比较缓慢，例如，渗沥液中的有机物和重金属在黏土层中的迁移速率，大约在每年厘米级，其对地下水和土壤的污染需要经过数年甚至数十年才能显现出来。与废水、废气污染环境的特点相比，固体废物污染环境的滞后性非常强，但一旦发生了固体废物对环境的污染，其后果将非常严重，因此，固体废物对环境的影响具有长期性、潜在性和不可恢复性。

1.2.2　固体废物对环境的影响

由于固体废物对环境潜在污染的复杂性、危害的全方位性、危害的持久性和严重性，一旦潜在污染风险变为污染现实，造成的影响是巨大的，而要消除这些污染往往要耗费较大的代价。

固体废弃物成分复杂、含有大量有毒有害成分，如处置不当将对人类和环境造成危害，其对环境的污染主要包括水体、大气和土壤等三个方面，对人类的危害主要通过水体、大气、土壤和食物链进行[1]。

1. 对土地的影响

固体废物的堆放需要占用大量的土地，据估计，每堆积 1 万 t 废渣需占用土地 0.067hm^2。2017 年我国 202 个大、中城市一般工业固体废物产生量达 13.1 亿 t，综合利用量 7.7 亿 t，处置量 3.1 亿 t，贮存量 7.3 亿 t，倾倒丢弃量 9.0 万 t。仅 2017 年储存和倾倒的废物总量达 7.3 亿 t，需要占地 4891hm^2，占用了宝贵的土地资源。我国许多欠发达地区城市的近郊和乡村也常常是生活垃圾的堆放场所，形成了垃圾山。固体废物的任意露天堆放，其累积的存放量越多，所占用的面积也越大，同时破坏地貌和植被，如此一来，势必使可耕地面积短缺加剧。

随着我国经济发展和人们生活水平的提高，固体废物的产生量会越来越大，如不加以妥善管理，固体废物侵占土地的问题会变得更加严重。即使是固体废物的填埋处置，若不着眼于场地的选择评定以及场基的工程处理和封场后的科学管理，废物中的有害物质还会通过不同途径释入环境中，甚至对生物包括人类产生危害。

2. 对水体的影响

固体废物对水体的污染途径有直接污染和间接污染两种：前者是把水体作为固体废物的接纳体，向水体直接倾倒废物，从而导致水体的直接污染；而后者是固体废物在堆积过程中，经过自身分解和雨水浸淋产生的渗沥液流入江河、湖泊和渗入地下而导致地表和地下水的污染。

固体废物对水体的污染因子主要是重金属、有机污染物和其他有毒有害物质。这些污染因子进入水体将降低甚至消除水资源的利用价值，影响水生生物的繁殖和动植物的生长，甚至会造成一定水域生物死亡。同时有毒有害物质也将通过水生植物和水生动物的富集进入食物链，进而危害人类健康。

历史上，世界范围内有不少国家直接将固体废物倾倒于河流、湖泊或海洋，甚至将后者当成处置固体废物的场所之一。例如，美国仅在 1968 年就向太平洋、大西洋和墨西哥湾倾倒固体废物 4800 多万 t。而国际上最著名的公害病之一的水俣病，就是工业废物向水体的排放造成的。该病是由甲基汞引起的神经系统疾病，这种病最初发生在日本熊本县的水俣市，由此而得名“水俣病”。最初关于水俣病的报道是在 1956 年 5 月，据调查，从 1953 年前后开始就有此类患者出现，1962 年首先从日本某工厂的废渣中检测出了甲基汞。1966 年 7 月该工厂停止生产有机汞，1968 年废除了乙醛生产线。据调查，汞在鱼贝类体内的富集浓度最高为 1966 年的 80mg/kg，1971 年降低为 4mg/kg。截至 1991 年 3 月，被确诊为水俣病患者的人数达 2248 人，死亡 1004 人。1974～1989 年共处理总汞含量超过 25mg/kg 的底泥 151 万 m^3，清除后总汞浓度降低到平均 4.65mg/kg。就我国而言，截至 2002 年，每年仍有超过 2000 万 t 的工业固体废物排入环境，其中约有 1/3 直接排入天然水体，成为地表水和地下水的重要污染源之一[1]。

2019 年 3 月 21 日 14 时 48 分，江苏省盐城市响水县生态化工园区的天嘉宜化工有限公司化学储罐发生爆炸事故，并波及周边 16 家企业，事故造成 78 人死亡，76 人重伤，640 人住院治疗。据江苏省生态环境厅报道，爆炸造成了部分水体的污染，在爆炸点下游的新丰河闸内，3 月 26 日 10 时氨氮浓度为 256mg/L，超出《地表水环境质量标准》(GB 3838—2002)标准 127 倍；二氯甲烷为 0.85mg/L，超标 41.5 倍；苯胺类为 3.24mg/L，超标 31.4 倍；化学需氧量为 334mg/L，超标 7.4 倍；二氯乙烷为 0.074mg/L，超标 1.5 倍；苯为 0.024mg/L，超标 1.4 倍；三氯甲烷为 0.088mg/L，超标 0.5 倍。闸外氨氮为 2.97mg/L，超标 0.5 倍；其余各项监测指标均低于标准限值。

固体废物弃置于水体，将使水质直接受到污染，严重危害水生生物的生存条件，并影响水资源的充分利用。此外，堆积的固体废物经过雨水的浸渍和废物本身的分解，其渗沥液和有害化学物质的转化和迁移，将对附近地区的河流及地下水系和资源造成污染。

3. 对大气的影响

堆积的固体废弃物中质量较小的物质和垃圾中的尘粒随风飞扬，挥发性污染物挥发至空气中，污染大气。固体废物对大气污染的因子主要有：粉尘、持久性有机挥发物、无机挥发物、反应过程中产生的有毒有害气体和挥发性重金属、附着在微小颗粒物上的细菌、病毒等微生物以及反应过程中产生的有害物质在大气中因光合作用而产生的二次污染物。例如，露天堆放和填埋的固体废物会由于有机组分的分解而产生沼气，一方面沼气中的氨气、硫化氢、甲硫醇等的扩散会造成恶臭，另一方面沼气的主要成分甲烷是一种温室气体，其温室效应是二氧化碳的21倍，而甲烷在空气中含量达到5%～15%时很容易发生爆炸，对生命安全造成很大威胁。1995年10月27日，位于北京市昌平县阳坊镇的某公司员工宿舍发生了剧烈爆炸，造成三人严重烧伤，其中一人烧伤面积达95%，三度烧伤面积达65%。其原因是该员工宿舍紧靠一垃圾堆放场，该堆放场是利用一个废弃的取沙坑对城市生活垃圾进行简易处置，垃圾中的有机物经过一段时间的腐化，产生大量的沼气，由于填埋场没有进行防渗处理，四周土质疏松，透气性好，造成沼气通过土层进入室内并富集，遇明火发生爆炸[1]。

另外，固体废物在焚烧过程中会产生粉尘、酸性气体、二噁英等，也会对大气环境造成污染。堆放的固体废物中的细微颗粒、粉尘等可随风飞扬，从而对大气环境造成污染。研究表明：4级以上风力时，在粉煤灰或尾矿堆表层的厚度为1～1.5cm的粉末将出现剥离，其飘扬的高度可达20～50m，大气能见度剧烈下降，在季风期间可使平均视程降低30%～70%。

4. 对土壤和生物群落的影响

固体废弃物对土壤的污染主要是经过雨雪浸湿后渗出的有毒有害物质进入土壤中，也有部分是污染物直接接触土壤或通过大气沉降进入土壤中导致土壤污染，被污染的土壤会杀死土壤中的微生物而破坏其生态平衡，改变土壤结构和土质，妨碍植物生长；同时有毒有害物质也能通过农作物的富集进入食物链从而危害人类健康。例如，1943～1953年，在美国纽约州尼亚加拉瀑布城的一段废弃运河的河床上，两家化学公司填埋处置了大约21000t、80余种化学废物。从1976年开始，当地居民家中的地下室发现了有害物质浸出，同时还发现在当地居民中有癌症、呼吸道疾病、流产等多发现象。当地政府对约900户居民采取紧急避难措施，并对处置场地实施了污染修复工程，前后共耗资约1.4亿美元[2]。该事件就是国际上有名的“拉夫运河事件”，它是国际上危险废物污染环境的典型案例，它不仅带来了美国危险废物管理政策上的重大变化，而且给世界各国在危险废物最终处置问题上敲响了警钟。据美国EPA调查，到1977年美国约有75万个企业将其所产生的6000万t危险废物分别在5万多个填埋场进行了处置，随时都有可能发生第二个“拉夫运河事件”。针对这种状况，美国国会于1980年通过了《综合环境响应、赔偿和责任法》，即《超级基金法》；又于1984年颁布了《危险及固体废物修正案》，该修正案规定，危险废物不能直接进行陆地处置，并要求新建安全填埋场必须采取双衬层防渗措施。

此外，生物群落特别是一些水生动物的休克死亡，可以认为是固体废物处置场释出污染物质的前兆。例如，在雨季填埋场产生的渗沥液会通过地表径流或地下水进入江河湖泊，引起大量鱼群死亡。这类危害效应可从个体发展到种群，直到生物链，并将导致受影响地区营养物循环的改变或产量降低。

1.2.3　固体废物对人体健康的影响

固体废物，特别是危险废物，在露天存放、处理或处置过程中，其中的有害成分在物理、化学和生物的作用下会发生浸出，含有害成分的浸出液可通过地表水、地下水、大气和土壤等环境介质直接或间接被人体吸收，从而对人体健康造成威胁。图 1-1 表示出固体废物进入环境的途径，以及其中化学物质对人类造成感染并致疾病的途径。

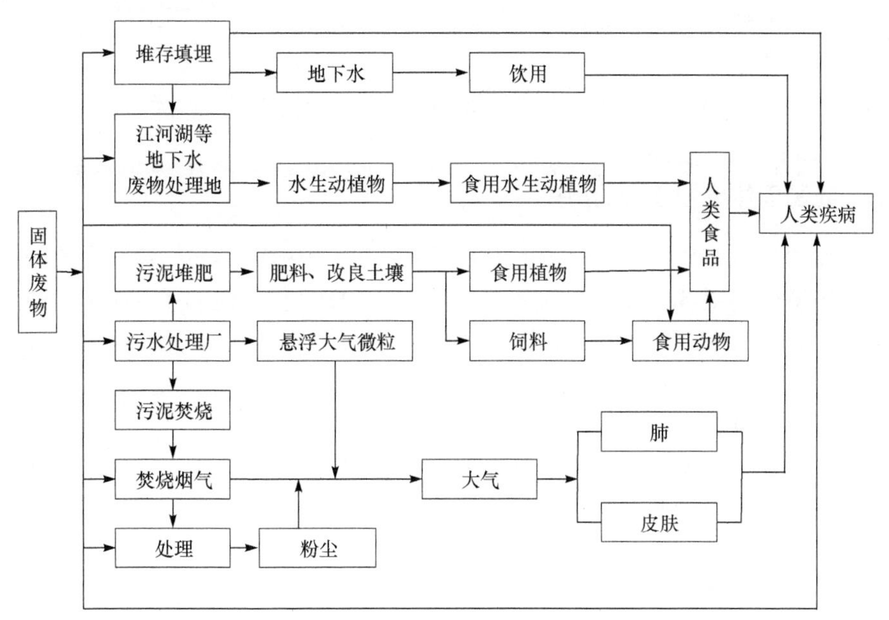

图 1-1　固体废物进入环境的途径以及其中化学物质对人类造成感染并致疾病的途径

根据物质的化学特性，当某些不相容物相混时，可能发生不良反应，包括热反应(燃烧或爆炸)、产生有毒气体(砷化氢、氰化氢、氯气等)和产生可燃性气体(氢气、乙炔等)。例如，1993 年 8 月 5 日，深圳市清水河危险品仓库发生爆炸，造成 15 人死亡，25 人重伤，101 人住院治疗，直接经济损失超过 2 亿元人民币。事故的原因主要是不同化学品的混合堆放，该事故暴露了我国危险品管理的严重缺陷，同时，爆炸产生的 20000 多 t 危险废物也给深圳市造成了潜在的环境危害。又如 2015 年 8 月 12 日，天津市滨海新区天津港的瑞海公司危险品仓库发生火灾爆炸事故，造成 165 人遇难，8 人失踪，798 人受伤；304 幢建筑物、12428 辆商品汽车、7533个集装箱受损，同时给爆炸当地的环境造成了一定的影响。

另外，若人体皮肤与废强酸或废强碱接触，将发生烧灼性腐蚀作用。若误吸收一定量农药，能引起急性中毒，出现呕吐、头晕等症状。贮存化学物品的空容器，若未经适当处理或管理不善，能引起严重中毒事件。化学废物的长期暴露会产生对人类健康有不良影响的恶性物质。

20世纪30～70年代，国内外不乏因工业废渣处理不当，其中毒性物质在环境中扩散而引起祸及居民的公害事件，如20世纪50～70年代发生在日本富士山县的由于含镉废渣排入土壤而引起的“痛痛病”事件，美国纽约州“拉夫运河事件”，我国锦州的镉露天堆积污染井水事件等。不难看出，这些公害事件已给人类带来灾难性后果。尽管近十多年来，严重的污染事件发生较少，但固体废物污染环境对人类健康的潜在危害和影响是难以估量的。

1.3 我国固体废物的产生和管理现状

1.3.1 我国固体废物管理的历史及发展

在我国，随着社会、工业和经济的高速发展，固体废物的环境污染控制问题已成为环境保护领域的突出问题之一。由于生产技术和管理水平不能满足国民经济急速发展的需求，相当一部分资源没有得到充分、合理的利用，从而变成了固体废物。对固体废物进行妥善管理是实现固体废物资源化利用和无害化处置的重要途径。但我国的固体废物管理和处理处置工作起步较晚，与水污染控制和大气污染控制相比，其对环境的污染控制问题在相当一段时间内没有得到应有的重视，存在着管理法规不健全、资金投入不足、缺少成套的处理处置技术以及缺乏足够数量的管理和技术人才等问题。在现有处理处置技术中，技术水平普遍偏低，远远不能满足固体废物污染控制的需要。从这个意义上来说，为了保护、改善和提高我国的环境质量，实现可持续发展的社会经济，对固体废物实行全面管理和安全处理处置已成为当务之急。自20世纪90年代初开始，固体废物管理问题逐渐受到重视，国家也逐步加大了对固体废物管理和处理处置技术研究开发的投资力度，并于1995年颁布实施了《固体法》，并且随着人们对固体废物的管理和资源化利用要求的进一步提高，我国于2004年、2013年、2015年、2016年和2020年数次修订/修正《固体法》。该法的实施将我国固体废物处理处置工作纳入了法制化管理的轨道，对我国固体废物污染防治和资源化利用工作起到了积极的推进作用，不仅使我国固体废物的污染控制和资源化利用从无到有，逐步形成一系列覆盖范围较广、涉及内容较全的管理制度，同时也使我国工业固体废物的综合利用水平、城市生活垃圾和危险废物的资源化利用及无害化处置水平逐年得以提高。2016 年修正的《固体法》首次提出了国家对固体废物污染环境防治实行污染者依法负责的原则，即产品的生产者、销售者、进口者、使用者对其产生的固体废物依法承担污染防治责任；提出了将城市生活垃圾和农村生活垃圾纳入统一体系；提出了国家对固体废物污染环境的防治，实行减少固体废物的产生量和危害性、充分合理利用固体废物和无害化处置固体废物的原则，促进清洁生产和循环经济发展，对固体废物实行充分回收和合理利用。2018 年 12 月 29 日，《国务院办公厅关于印发"无废城市"建设试点工作方案的通知》(国办发〔2018〕128 号)提出了"无废城市"理念和目标。

1.3.2　我国城市生活垃圾的产量和管理现状

随着中国城市化进程的加快和人民生活水平的不断提高以及卫生城市的建设，垃圾清运率不断提高，生活垃圾产生量增加很快，2014 年以前基本上每年以 3.5%至 4%左右的速度增长。2015 年、2016 年，由于新农村建设，农村生活垃圾归入城乡一体化，因此这两年的生活垃圾产生量增长速度非常快，分别为 7.18%和 12.32%。2017 年由于国家倡导垃圾分类和少数城市开展生活垃圾强制分类试点，生活垃圾清运量较前一年有较大幅度的负增长，详见表 1-4。

表 1-4　历年生活垃圾产生量及无害化处置设施数量

数据	年份								
	2001	2002	2003	2004	2005	2006	2007	2008	2009
清运量/万 t	13470	13650	14857	15509	15577	14841	15215	15438	15734
较上年增长率/%	—	1.34	8.84	4.39	0.44	–4.72	2.52	1.47	1.91
无害化处置设施数量/座	741	651	575	559	471	419	458	509	567
无害化处理量/万 t	7840	7404	7545	8089	8051	7873	9438	10307	11220

数据	年份								
	2010	2011	2012	2013	2014	2015	2016	2017	2018
清运量/万 t	15805.2	16395.7	17080.9	17238.7	17860.3	19141.9	21500.5	21520.86	22801.75
较上年增长率/%	0.45	3.74	4.18	0.92	3.61	7.18	12.32	–6.07	4.13
无害化处置设施数量/座	628	677	701	765	818	890	940	1013	1091
无害化处理量/万 t	12318	13090	14490	15394	16394	18013	19674	21034	22565.4

数据来源：《中国城乡建设统计年鉴》。

据《中国城乡建设统计年鉴》，2017 年底，全国垃圾清运量 21520.86 万 t，处理量 21305.19 万 t；无害化处置场 1013 座，其中：卫生填埋场 654 座，焚烧发电厂 286 座，其他 73 座；无害化处理能力为 67.9889 万 t/d，其中：卫生填埋处理能力 36.0524 万 t/d，焚烧处理能力 29.8062 万 t/d，其他处理能力 2.1303 万 t/d；无害化处理量 21034 万 t，其中：卫生填埋 12037.62 万 t，焚烧 8463.32 万 t，其他 533.06 万 t。

2018 年底，全国垃圾清运量 22801.75 万 t，处理量 22684.75 万 t；无害化处置场 1091 座，其中：卫生填埋场 663 座，焚烧发电厂 331 座，其他 97 座；无害化处理能力为 76.6195 万 t/d，其中：卫生填埋处理能力 37.3498 万 t/d，焚烧处理能力 36.4595 万 t/d，其他处理能力 2.8102 万 t/d；无害化处理量 22565.4 万 t，其中卫生填埋 11706.02 万 t，焚烧 10184.92 万 t，其他 674.46 万 t。

受经济发展水平的限制和认识的局限，中国城市生活垃圾无害化处理起步晚，起点低，经历了一个曲折的发展过程。20 世纪 80 年代前，全国城市生活垃圾无害化处理率还不足 2%，大量的生活垃圾以在城市近郊简单堆存填埋为主，无防渗等设施，农村生活垃圾则到处乱倒。20 世纪 80 年代中期，大城市和经济较为发达的城市开始建设一批无害化设施，当时主要以卫生填埋为主。在此期间，国内也开发出堆肥、热解等处理技术，但由于堆肥工艺的产品和技术等问题、热解工艺技术问题未得到突破，早年建设的生活垃圾堆肥厂和热解厂在以后的几年内均处于停产和半停产状态，目前已基本上拆除改造成焚烧发电工艺。20 世纪 90 年代以来，城市快速扩张，原来在城市近郊的卫生填埋场发展成为城市建成区，卫生填埋造成的周边低空空气污染问题日益突显，填埋场选址越来越困难，土地资源越来越紧张，生活垃圾无法得到资源化和减量化以及存在地下水被污染的潜在风险等诸多弊端。因此，1988 年，深圳清水河引进日本三菱重工马丁焚烧炉技术，建设 150t/d 的焚烧炉，建成我国第一座生活垃圾焚烧发电厂。随后，随着国民经济和城市建设的发展，垃圾焚烧发电处置工艺开始受到重视。一些经济比较发达的沿海城市，通过外国政府贷款，引进国外技术和设备建设垃圾焚烧发电厂，国内众多企业和科研院校也纷纷投入到中小规模的垃圾焚烧设备的开发中，并建设了一批小型垃圾焚烧厂，但其中大多数已建的焚烧设备技术不成熟，问题较多，烟气处理不能满足新的排放标准，难以正常运行。20 世纪 90 年代后期，由于国家实行基础设施投资倾斜政策，中国城市生活垃圾焚烧发电行业得到了迅速发展，全国垃圾处理设施数量和规模增长很快。从 1987 年起步到 2017 年底，全国共建成投产的垃圾焚烧发电厂 286 座，日焚烧处理能力 29.8062 万 t，年垃圾焚烧量 8463.32 万 t，占无害化处理总量的 40.24%，而同期卫生填埋量 12037.62 万 t，占无害化处理总量的 57.23%。

截至 2018 年底全国共建成投产垃圾焚烧发电厂 331 座，焚烧能力达

36.4595 万 t/d，比上年增长 6.6533 万 t/d，增长率 22.32%；年垃圾焚烧量 10184.92 万 t，占无害化处理总量的 45.14%，比上年增长 20.34%。而同期卫生填埋量 11706.02 万 t，占无害化处理总量的 51.88%，卫生填埋量比上年减少 2.75%。据了解，目前我国城市生活垃圾累积堆存量已达 70 亿 t，吞噬的土地面积超过 130 万亩(1 亩≈666.67m^2)，已经成为严重影响环境、关系人民生活的大问题。

1.3.3　我国工业固体废物的产生及处理现状

表 1-5 列出了 1985～2018 年我国工业固体废物产生及处理处置状况(部分年份数据缺失)。由此可见，随着工业生产规模的扩大，工业固体废物的产生量呈逐年递增趋势，进入 20 世纪 90 年代后年产生量超过 6 亿 t，到 2009 年达到峰值，固体废物年产生量超过 20 亿 t，这与我国当时国民经济的高速发展是成正比的。近年来随着我国经济发展从粗放型至精细化管理发展、从资源型经济向供给侧改变，固体废物产生量逐年降低，从 2009 年的 203943 万 t 峰值逐年降低，2016 年产量为 148000 万 t，2017 年进一步减少至 131000 万 t，与 2009 年峰值相比，年产生量减少了 35.8%。

表 1-5　1985～2018 年我国工业固体废物产生及处理处置状况

年份	产生量/万 t	综合利用量/万 t	综合利用率/%	贮存量/万 t	处置量/万 t	排放量/万 t
1985	52309	12186	23.3	—	15497	—
1990	57797	16943	29.3	—	32026	4767
1992	61884	25554	41.3	26836	13986	2587
1995	64474	28511	44.2	24779	14204	2242
1996	65898	28365	43	26364	11491	1690
1997	105849	42777	40.4	29912	19461	18412
1998	80068	33387	41.7	27546	10527	7048
1999	78442	35756	45.6	26295	10764	3880
2000	81608	37451	45.9	28921	9152	3183
2001	88746	47285	53.3	30166	14489	2894
2002	94509	50061	53	30040	16618	2635
2003	100428	56040	55.8	27667	17751	1941
2004	120030	67796	56.5	26012	26635	1762
2005	134449	76933	57.2	27876	31259	1655
2006	151541	92601	61.1	22398	42883	1302
2007	175632	110311	62.8	24119	41350	1197

续表

年份	产生量/万 t	综合利用量/万 t	综合利用率/%	贮存量/万 t	处置量/万 t	排放量/万 t
2008	190127	123482	64.9	21883	48291	782
2009	203943	138186	67.8	20926	47488	710
2014	192000	120000	62.5	26000	48000	13.5
2015	191000	118000	61.8	34000	44000	17.0
2016	148000	86000	58.1	55000	38000	11.7
2017	131000	77000	58.8	73000	31000	9.0
2018	155000	86000	55.5	81000	39000	4.6

虽然近年来固体废物总产生量逐年减少，但值得关注的另外一个问题是，我国固体废物总的综合利用率不高，在产量最高的 2009 年综合利用率达到了最高的 67.8%。近几年固体废物综合利用率随着产量的减少呈逐年降低的趋势，2016 年、2017 年和 2018 年分别为 58.1%、58.8%和 55.5%。究其原因，主要是较容易综合回收利用的固体废物已基本做到了回收利用，剩余的固体废物在综合回收利用方面存在技术瓶颈或经济效益很差，企业难以长期维持下去。

近年来人们对环境的重视程度和国家对环保执法力度不断加强，但固体废物总的综合利用率不高，徘徊在 45%～60%。有大量的废物仍采取贮存的方式处置，有 40%～55%的废物没有得到妥善的处理，只是在企业内部临时贮存，甚至每年仍有少量的固体废物直接排放在环境中。据不完全统计，历年累计贮存的废物总量达 60 亿 t 以上，占用大量的土地资源。有些大型企业虽然建起了填埋场，但由于没有采取严格的防渗措施和缺乏科学的管理，仍存在污染地下水的情况。

1.3.4　我国危险废物的产生及处理现状

中国是危险废物产生大国。但在 1995 年以前，中国没有危险废物产生量的统计数据。

表 1-6 是历年全国危险废物产生量[2]。可以看出，在 2010 年以前，各年危险废物产量在 830 万～1600 万 t，且呈增长的趋势，符合当时经济发展的趋势。2011～2016 年较以前有一个跳跃式的增长，增长至 3400 万～5400 万 t，主要原因是对危险废物的统计口径进行了调整。2016 年 11 月 7 日，随着《最高人民法院、最高人民检察院关于办理环境污染刑事案件适用法律若干问题的解释》(法释〔2016〕29 号)的出台，2016 年危险废物数量比 2015 年剧增了 1371 万 t，增幅为 34.5%；2017 年比 2015 年剧增 2570 万 t，增幅为 64.6%。

表 1-6　历年全国危险废物产生量

年份	1996	1997	1998	1999	2000	2001	2002	2003
产量/万 t	993	1010	974	1015	830	952	1001	1170
年份	2004	2005	2006	2007	2008	2009	2010	2011
产量/万 t	994	1162	1084	1077	1356	1428	1586	3431
年份	2012	2013	2014	2015	2016	2017	2018	
产量/万 t	3465	3157	3634	3976	5347	6546	4643	

我国危险废物具有产生源分布广泛、产生量相对集中的特点。危险废物来自几乎国民经济的所有行业。危险废物产生源数目最多的工业行业分别是非金属矿物制造业(占 11.23%)、化学原料及化学制品制造业(占 6.53%)、金属制造业(占 5.67%)、机械制造业(占 5.10%)等。从产生量来看，仅化学原料及化学制品制造业产生的危险废物就占危险废物产生总量的 40.05%。

根据《2018 年全国大、中城市固体废物污染环境防治年报》，从地区分布看，危险废物产生量前十位的分别是山东、江苏、湖南、浙江、内蒙古、四川、广东、广西、吉林、新疆。

我国正处于经济高速发展的阶段，工业固体废物的产生量增加较快，而工业危险废物在工业固体废物中占 7%以上，其产生量仍然会随着工业固体废物的增长而不断增长。

对环境和人体健康有较大危害的危险废物，主要包括废油、多氯联苯(PCBs)、铬渣、砷渣等。废油中含有 3,4-苯并芘(强致癌物)、多氯联苯、锌及酚类化合物等多种毒性物质。如不妥当处理，将造成严重的环境污染。PCBs 是一组化学性质稳定的氯代烃类化合物，绝大部分用作电力电容器的浸渍剂，此外还用作涂料、农药、塑料的添加剂等。我国自 1965 年开始生产 PCBs，到 1975 年，共生产 10000 余吨，其中三氯联苯 9000t，主要用于电力电容器浸渍剂，五氯联苯 1000 余吨，用作涂料添加剂等。此外，我国引进的电力设备中还带进约 6000tPCBs，所以总共约有 16000t PCBs 分散在我国各地区。由于 PCBs 在自然界难以降解，长期存留且可通过食物链浓缩聚集，对人类存在潜在的危害，被公认为是全球性极为严重的污染物之一，已被各国禁止生产和使用。

我国是世界上最大的电池生产国、出口国和消费国。每年用于电池生产行业的金属汞约 60～68t，其中用于干电池生产的约 18t，其余主要用于含汞纽扣电池(氧化汞电池)的生产。城市生活中产生的各种各样含汞废物中，最常见的是废荧光灯管。据中国照明学会统计，我国国内每年消耗的荧光灯数量为 4.2 亿支左右，用汞量约 12.6t。另外，其他社会源产生的含铅废物每年约 10 万 t。

经过多年的努力，我国已基本形成了较为完善的危险废物污染防治法规体系，以《固体法》为基础，相关行政法规、部门规章、标准规范及规范性文件相配套的危险废物污染防治法律法规体系基本形成。危险废物经营许可、转移联单、应急预案、经营情况报告等相关制度得到积极推行，截至 2017 年底，全国各级环保部门共颁发危险废物经营许可证 2722 份，持证单位经营规模为 8178 万 t/年，其中回收利用占比约 73%，处置规模占 18%(不含医疗废物)，医疗废物处置占 4%。

我国危险废物污染防治工作起步较晚、基础薄弱、历史欠账多。我国危险废物产生量居高不下，随着经济的快速发展，危险废物产生量持续增长的趋势难以改变。我国大型危险废物产生单位配套的危险废物贮存、利用和处置设施不健全，危险废物无害化利用和处置整体水平不高，部分利用处置设施超标排放，技术和运行管理达到国际先进水平的危险废物利用处置单位屈指可数。另外，我国目前危险废物还存在危险废物利用处置能力区域不平衡、结构不合理的现象，新建危险废物焚烧和填埋处置设施选址难，以及危险废物产生单位自行利用处置危险废物的设施水平参差不齐等突出问题，使得我国危险废物污染防治的压力在相当长的时间内依然巨大，隐患依然突出，形势依然严峻。

1.4　固体废物的管理原则

固体废物的有效管理是环境保护的一项重要内容，《固体法》首先确立了固体废物管理的“三化”基本原则。近年来，根据上述原则逐渐形成了按照循环经济模式对固体废物进行管理的基本框架，近来开始进行无废城市试点。

1.4.1　“三化”基本原则

《固体法》第三条规定：“国家推行绿色发展方式，促进清洁生产和循环经济发展。国家倡导简约适度、绿色低碳的生活方式，引导公众积极参与固体废物污染环境防治。”第四条规定：“固体废物污染环境防治坚持减量化、资源化和无害化的原则。任何单位和个人都应当采取措施，减少固体废物的产生量，促进固体废物的综合利用，降低固体废物的危害性。”这就从法律上确立了固体废物污染防治的“三化”基本原则，即固体废物污染防治的“减量化、资源化、无害化”原则，并以此作为我国固体废物管理的基本技术政策。

1. 减量化原则

减量化，一方面是通过采用合适的管理和技术手段减少固体废物的产生量和排放量。实现固体废物减量化实际上包括两方面内容，首先，要从源头上解决问题，这也就是通常所说的“源削减”；其次，要对产生的废物进行最大限度的回收利用，以减少固体废物的最终处置量，实现物质循环。减量化主要通过四种途径实现：①选用合适的生产原料；②采用先进的无废或低废工艺；③提高产品质量，延长使用寿命；④开发废物综合利用技术。

目前固体废物的排放量十分巨大，如我国工业固体废物年产生量在 13.1 亿 t，城市垃圾年产生量在 2.0 亿 t。如果能够采取措施，最小限度地产生和排放固体废物，就可以从源头上直接减少或减轻固体废物对环境和人体健康的危害，可以最大限度地合理开发利用资源和能源。减量化的要求，不只是减少固体废物的数量和减少其体积，还包括尽可能地减少其种类、降低危险废物的有害成分的浓度、减轻或清除其危险特性等。减量化是对固体废物的数量、体积、种类、有害性质的全面管理，应积极开展清洁生产工艺。

另一方面，减量化是要减少固体废物在处理、处置过程中对环境和人类的危害，降低其危害性，促进清洁生产。因此，减量化是防止固体废物污染环境的优先措施。就国家而言，应当改变粗放经营的发展模式，鼓励和支持开展清洁生产，开发和推广先进的生产技术和设备，充分合理地利用原材料、能源和其他资源，目前正在推行的“无废城市”试点工作就是减量化的最好诠释。

2. 资源化原则

资源化是指采取管理和工艺措施从固体废物中回收物质和能源，加速物质和能源的循环，创造经济价值的广泛的技术方法。自然界中并不存在绝对的废物，废物只是失去原有的使用价值而被丢弃的物质，并不是永远没有使用价值。

从便于固体废物管理的观点来说，资源化的定义包括以下三个范畴：①物质回收，即从处理的废物中回收一定的二次物质如纸张、玻璃、金属等；②物质转换，即利用废物制取新形态的物质，如利用废玻璃和废橡胶生产铺路材料，利用炉渣生产水泥和其他建筑材料，利用有机垃圾生产堆肥等；③能量转换，即从废物处理过程中回收能量，以生产热能或电能，如通过有机废物的焚烧处理回收热量，进一步发电，利用垃圾厌氧消化产生沼气，作为能源向居民和企业供热或发电。

固体废物也被称为“放错地方的资源”，一切废物都是尚未被利用的资源，是自然界有限资源的一部分，因此，探索废物开发利用新途径，不仅可以节约投资、降低能耗和生产成本，而且可减少自然资源的开采，保持生态系统的良性循环，实现生产经济和环境保护的和谐发展。

3. 无害化原则

无害化是指对已产生又无法或暂时尚不能综合利用的固体废物，采用物理、化学或生物手段，进行无害或低危害的安全处理、处置，达到消毒、解毒或稳定化，以防止并减少固体废物对环境的污染危害。固体废物一经产生，就无法消除，必须采用各种手段使之资源化，发挥其剩余价值，但是由于科学技术水平或其他种种因素的限制，总会有一些固体废物无法继续利用。既然产生不可避免，只能最大限度地将其中的有害物质、有害成分进行处理。对不同的固体废物，可根据不同的物质特性，采用各种不同的处理工艺和处理方法，来实现固体废物的无害化，避免给环境带来破坏。

在固体废物的无害化处理中，已有多种技术得到了应用，如固体废物的焚烧处理技术、危险废物的稳定化/固化处理技术、有机废物的热处理技术、固体废物填埋处置技术等。

1.4.2 生产者责任延伸的原则

《固体法》第五条规定："固体废物污染环境防治坚持污染担责的原则。产生、收集、贮存、运输、利用、处置固体废物的单位和个人，应当采取措施，防止或者减少固体废物对环境的污染，对所造成的环境污染依法承担责任。"2016年12月国务院办公厅印发《生产者责任延伸制度推行方案》，实施生产者责任延伸制度，即将生产者对其产品承担的资源环境责任从生产环节延伸到产品设计、流通消费、回收利用、废物处置等全生命周期，将生产者责任延伸的范围界定为开展生态设计、使用再生原料、规范回收利用和加强信息公开等四个方面，率先确定对电器电子、汽车、铅酸蓄电池和包装物等4类产品实施生产者责任延伸制度。到2020年，生产者责任延伸制度相关政策体系初步形成，产品生态设计取得重大进展，重点品种的废弃产品规范回收与循环利用率平均达到40%。到2025年，生产者责任延伸制度相关法律法规基本完善，重点领域生产者责任延伸制度运行有序，产品生态设计普遍推行，重点产品的再生原料使用比例达到20%，废弃产品规范回收与循环利用率平均达到50%。只有这样，才能真正落实"谁污染，谁治理"的原则，将其落实在产品全生命周期内。

1.4.3 全过程管理原则

固体废物的污染控制与其他环境问题一样，经历了从简单处理到全面管理的发展过程。在初期，世界各国都把注意力放在末端治理上。在经历了许多事故与教训之后，人们越来越意识到对固体废物实行首端控制的重要性，于是出现了"从摇篮到坟墓(cradle-to-grave)"的固体废物全过程管理的新概念。目前，在世界范围内取得共识的解决固体废物污染控制问题的基本对策是清洁生产(clean)、综合利用(cycle)和妥善处置(control)的3C原则。

《固体法》也确立了对固体废物进行全过程管理的原则，即对固体废物的产生、收集、贮存、运输、利用、处置全过程及各个环节都实行控制管理和开展污染防治。

对危险废物而言，由于其种类繁多，性质复杂，危害特性和方式各有不同，应根据不同的危害特性与危害程度，采取区别对待、分类管理的原则，即对具有特别严重危害性质的危险废物，要实行严格控制和重点管理。因此，在针对危险废物收集、运输、贮存、处理过程中的各类技术标准、规范，较一般废物收集、运输、贮存和处理过程的技术标准和规范要求更高，标准更严格，并采取经营许可证制度。以危险废物的全过程管理为例，其管理体系如图 1-2 所示。固体废物从产生到处置可分为五个连续或不连续的环节进行控制。其中，采取有效的清洁生产工艺是第一个阶段，在这一阶段，通过改变原材料、改进生产工艺和更换产品等，来控制减少或避免固体废物的产生。在此基础上，对生产过程中产生的固体废物，尽量进行系统内的回收/利用，这是管理体系的第二个阶段。当然，在各种生产和生活活动中不可避免地要产生固体废物，建立和健全与之相适应的处理处置体系也是必不可少的，但在很多情况下，清洁生产技术的采用和系统内的回收利用，作为首端控制措施显得尤为重要。

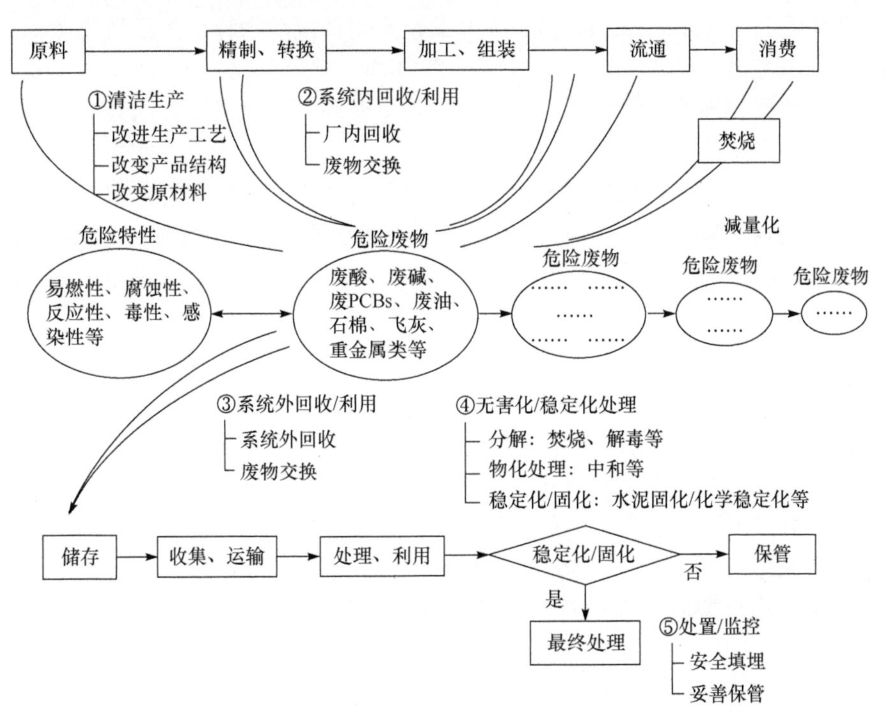

图 1-2 危险废物从产生到处置的全过程管理体系

对于已产生的固体废物，则通过第三阶段系统外回收/利用(如废物交换等)、第四阶段无害化/稳定化处理、第五阶段处置/监控来实现其安全处理处置。

在固体废物的全过程管理原则中，对源头的生产，尤其是工业生产的生产工艺(包括原材料和产品结构等)进行改革与更新，尽量采用“清洁生产工艺”显得更为重要[1]。

1.4.4 循环经济理念下的固体废物管理原则

2004 年修订的《固体法》已经引入了循环经济理念，第三条规定：“国家对固体废物污染环境的防治，实行减少固体废物的产生量和危害性、充分合理利用固体废物和无害化处置固体废物的原则，促进清洁生产和循环经济发展。国家采取有利于固体废物综合利用活动的经济、技术政策和措施，对固体废物实行充分回收和合理利用”。2016 年修正的《固体法》不仅强化了循环经济的理念，而且融入了清洁生产的要求。2020 年修订的《固体法》第三条指出：“国家推行绿色发展方式，促进清洁生产和循环经济发展。国家倡导简约适度、绿色低碳的生活方式，引导公众积极参与固体废物污染环境防治。”不仅再次强调了清洁生产和循环经济的发展，而且首次提出倡导和推行绿色发展、低碳生活方式。

循环经济(circular economy)是一种以物质闭环流动为特征的经济模式，一改传统的以单纯追求经济利益为目标的线性(资源—产品—废物)经济发展模式，借鉴生态学原理和规律，将经济、社会生活的每个环节与自然生态的各个要素有机地结合成一个整体，运用生态学规律指导人类社会的经济活动，使物质和能源在“资源—产品—废物—资源”的封闭循环过程中得到最大限度的合理、高效和持久的利用，并把经济活动对自然环境的影响降低到尽可能小的程度，从而形成“低开采、高利用、低排放”的新型经济发展模式，实现可持续发展所要求的环境与经济的双赢。

因此，循环经济是一种运用生态学规律指导人类社会经济活动的发展理念，该体系下要求所有物质和能源能够通过不断的经济循环体系得到合理和持久的利用，从而将人类经济活动对自然的影响尽可能降低到最低限度。循环经济倡导建立与自然和谐的经济发展模式，以低开采、高利用、低排放为特征，要求人类经济活动形成“资源—产品—再生资源”的正反馈。针对固体废物管理，需要综合运用生态学、环境学、经济学的理论作为管理规划的基础，强调循环再生原则和废物最小化原则，在统计区域或者不同区域层面之间建立“链”式管理模式(图 1-3)。

1. 循环再生原则

循环再生原则是循环经济理念下固体废物管理中必须遵循的重要调控原则之一。其基本思想就是要在城市的生态系统内部形成一套完整的生态工艺流程。

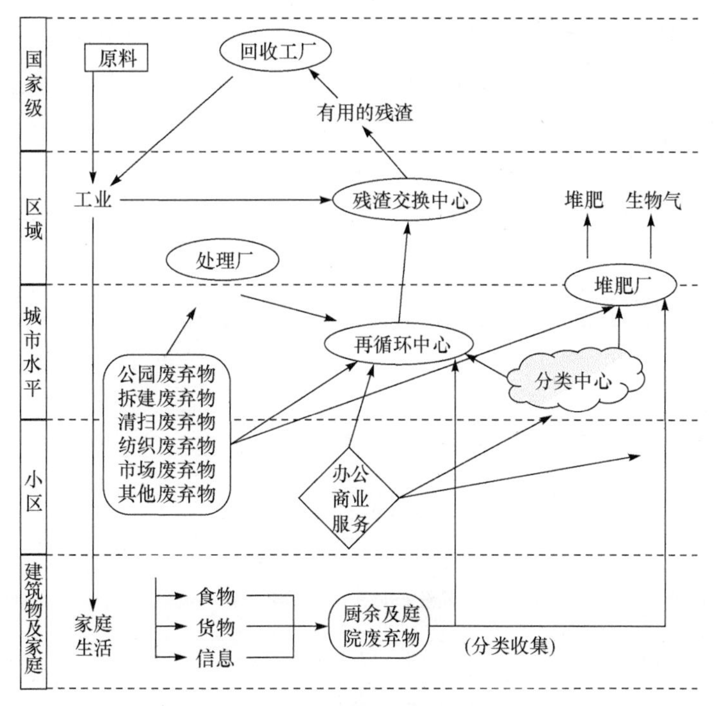

图 1-3　“链”式固体废物管理模式示意图

这个生态工艺流程要求每一组分既是下一组分的“源”，又是上一组分的“汇”，即在系统中不再有“因”和“果”之分，也没有“资源”和“废物”之分。所有的物质都将在其中得到循环往复和充分利用。

循环再生原则包括生态系统内物质循环再生、能量梯级利用、时间生命周期、气候变化周期，以及信息反馈、关系网络、因果效应等循环。

2. 废物最小化原则

废物最小化原则包括两层含义：一是降低城市生活和生产过程中产生的废物，使其最小化；二是降低资源的损耗，如城市管网系统中因管道渗漏而造成的损耗。废物最小化的目标之一就是要实现人类资源需求的最小化，这就意味着在人类生产生活过程中尽量减少资源利用，同时最大限度地循环再利用，更大程度地依赖修理而不是替换。

废物最小化原则需要大量的创新，包括延长产品寿命、消除商店内的商品积压、减少和再利用大型发电厂的废热等。废物最小化原则必须应用于产品的整个生命循环周期中，而不是仅仅强调循环环节或结尾环节，因而目标控制必须应用到原料开采、生产、产品使用、处理和循环再利用。

释放到环境中的废物最小化就意味着要在全社会范围进行更大程度的物质

回收、循环和再利用，我们不仅需要寿命更长的产品，也要保证这些产品能通过简单的维修后继续使用，同时要能够获得一些必要的闲置的部件。

循环经济理念下的固体废物管理要求将再生利用原则和废物最小化原则运用于人类社会生产生活的各个环节中，包括“资源提取—生产—加工、装配—消费—固体废物贮存—收运—处理—最终处理”的整个过程(图 1-4)。

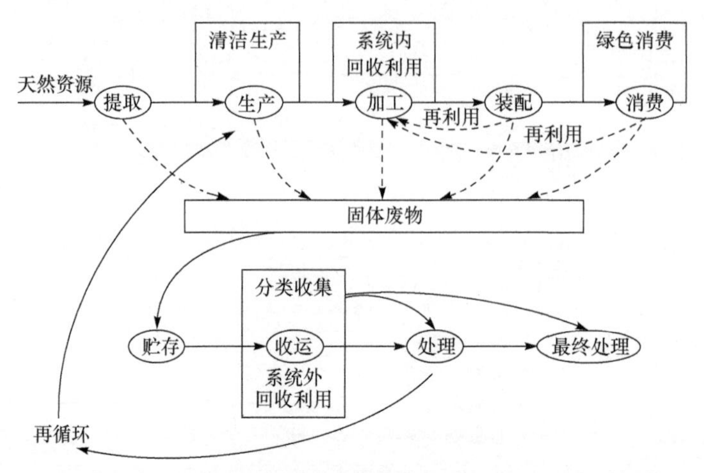

图 1-4 循环经济模式下固体废物管理系统概念图

对于社会生产过程中产生的固体废物来说，循环经济要求对其从产生到处置的整个过程实行全程管理。

对于生活消费领域产生的固体废物来说，首先应通过实施绿色消费，从源头上减少固体废物的产生。对于不可避免产生的生活垃圾，由于其中包含废纸、废塑料、废玻璃、废金属、废橡胶等多种可回收利用的组分，资源化价值较大，因此应将其中可回收利用部分与其他垃圾分离开来，并进行再生利用。否则垃圾混合收集的做法将导致垃圾中有用部分和无用部分混杂在一起，从而使其中的有用部分受到不同程度的污染，给资源回收带来巨大障碍。另外，对于城市生活垃圾中的可降解有机部分，可以通过厌氧消化或堆肥等处理方式，变废为宝，达到造福社会，同时又不污染环境的目的。

1.4.5 清洁生产理念下的固体废物管理原则

1. 清洁生产的定义

清洁生产(cleaner production)在不同的发展阶段或者不同的国家有不同的叫法，如废物减量化、无废工艺、污染预防等。但其基本内涵是一致的，即对产品和产品的生产过程、服务采取预防污染的策略来减少污染物的产生[1]。

联合国环境规划署工业与环境规划中心采用“清洁生产”这一术语，来表征从原料、生产工艺到产品使用全过程的广义的污染防治途径，给出了以下定义：清洁生产是一种新的创造性的思想，该思想将整体预防的环境战略持续应用于生产过程、产品和服务中，以增加生态效率和减少人类及环境的风险。对生产过程，要求节约原材料与能源，淘汰有毒原材料，减降所有废弃物的数量与毒性；对产品，要求减少从原材料提炼到产品最终处置的全生命周期的不利影响；对服务，要求将环境因素纳入设计与所提供的服务中。

在美国，清洁生产又称为“污染预防”或“废物最小量化”。废物最小量化是美国清洁生产的初期表述，后用污染预防一词代替。美国对污染预防的定义为：“污染预防是在可能的最大限度内减少生产厂地所产生的废物量，它包括通过源削减(源削减指在进行再生利用、处理和处置以前，减少流入或释放到环境中的任何有害物质、污染物或污染成分的数量；减少与这些有害物质、污染物或组分相关的对公共健康与环境的危害)、提高能源效率、在生产中重复使用投入的原料以及降低水消耗量来合理利用资源，常用的两种源削减方法是改变产品和改进工艺(包括设备与技术更新、工艺与流程更新、产品的重组与设计更新、原材料的替代以及促进生产的科学管理、维护、培训或仓储控制)。污染预防不包括废物的厂外再生利用、废物处理、废物的浓缩或稀释以及减少其体积或有害性、毒性成分从一种环境介质转移到另一种环境介质中的活动。”

《中国 21 世纪议程——中国 21 世纪人口、环境与发展白皮书》的定义为：清洁生产是指既可满足人们的需要又可合理使用自然资源和能源并保护环境的实用生产方法和措施，其实质是一种物料和能耗最少的人类生产活动的规划和管理，将废物减量化、资源化和无害化，或消灭于生产过程之中。同时对人体和环境无害的绿色产品的生产也将随着可持续发展进程的深入而日益成为今后产品生产的主导方向。

对生产过程与产品采取整体预防性的环境策略，以减少其对人类及环境可能的危害；对生产过程而言，清洁生产节约原材料与能源，尽可能不用有毒有害原材料并在全部排放物和废物离开生产过程以前，就减少它们的数量和毒性；对产品而言，则是由生命周期分析，使得从原材料取得至产品的最终处理过程中，竭尽可能将对环境的影响减至最低。

2. 清洁生产的内涵

清洁生产从本质上来说，就是对生产过程与产品采取整体预防的环境策略，减少或者消除它们对人类及环境的可能危害，同时充分满足人类需要，使社会经济效益最大化的一种生产模式。具体措施包括：不断改进设计；使用清洁的能源和原料；采用先进的工艺技术与设备；改善管理；综合利用；从源头削减污染，提高资源利用效率；减少或者避免生产、服务和产品使用过程中污染物的产生和排放。清洁生产是实施可持续发展的重要手段。

清洁生产的观念主要强调以下三个重点。

(1) 清洁能源。包括开发节能技术，尽可能开发利用再生能源以及合理利用常规能源。

(2) 清洁生产过程。包括尽可能不用或少用有毒有害原料和中间产品。对原材料和中间产品进行回收，改善管理，提高效率。

(3) 清洁产品。包括以不危害人体健康和生态环境为主导因素来考虑产品的制造过程甚至使用之后的回收利用，减少原材料和能源使用。

清洁生产是生产者、消费者、社会三方面谋求利益最大化的集中体现：

(1) 它是从资源节约和环境保护两个方面对工业产品生产从设计开始，到产品使用后直至最终处置，给予全过程的考虑和要求。

(2) 它不仅对生产，而且对服务也要求考虑对环境的影响。

(3) 它对工业废弃物实行费用有效的源削减，一改传统的不顾费用有效或单一末端控制办法。

(4) 它可提高企业的生产效率和经济效益，与末端处理相比，成为受到企业欢迎的新事物。

(5) 它着眼于全球环境的彻底保护，为人类社会共建一个洁净的地球带来了希望。

3. 清洁生产的必然性

清洁生产的出现是人类工业生产迅速发展的历史必然，是一项迅速发展中的新生事物，是人类对工业化大生产所制造出的有损于自然生态的人类自身污染这种负面作用逐渐认识所作出的反应和行动[1]。

发达国家在 20 世纪 60 年代和 70 年代初，由于经济快速发展，忽视对工业污染的防治，致使环境污染问题日益严重，公害事件不断发生，如日本的水俣病事件，对人体健康造成极大危害，生态环境受到严重破坏，社会反应非常强烈。环境问题逐渐引起各国政府的极大关注，并采取了相应的环保措施和对策，如增大环保投资、建设污染控制和处理设施、制定污染物排放标准、实行环境立法等，以控制和改善环境污染问题，取得了一定的成绩。

但是通过十多年的实践发现：这种仅着眼于控制排污口(末端)，使排放的污染物通过治理达标排放的办法，虽在一定时期内或在局部地区起到一定的作用，但并未从根本上解决工业污染问题。其原因如下：

第一，随着生产的发展和产品品种的不断增加，以及人们环境意识的提高，对工业生产所排污染物的种类检测越来越多，规定控制的污染物(特别是有毒有害污染物)的排放标准也越来越严格，从而对污染治理与控制的要求也越来越高，为达到排放的要求，企业要花费大量的资金，大大提高了治理费用，即使如此，一些要求还难以达到。

第二，由于污染治理技术有限，治理污染实质上很难达到彻底消除污染的目的。因为一般末端治理污染的办法是先通过必要的预处理，再进行生化处理后排放。而有些污染物是不能生物降解的，只是稀释排放，不仅污染环境，甚至有的治理不当还会造成二次污染；有的治理只是将污染物转移，废气变废水，废水变废渣，废渣堆放填埋，污染土壤和地下水，形成恶性循环，破坏生态环境。

第三，只着眼于末端处理的办法，不仅需要投资，而且使一些可以回收的资源(包含未反应的原料)得不到有效的回收利用而流失，致使企业原材料消耗增高，产品成本增加，经济效益下降，从而影响企业治理污染的积极性和主动性。

第四，预防优于治理。根据日本环境厅 1991 年的报告，从经济上计算，在污染前采取防治对策比在污染后采取措施治理更为节省费用。例如，就整个日本的硫氧化物造成的大气污染而言，排放后不采取对策所产生的受害金额是预防这种危害所需费用的 10 倍。以水俣病而言，其推算结果则为 100 倍。可见两者之差极其悬殊。

据美国 EPA 统计，美国用于空气、水和土壤等环境介质污染控制总费用(包括投资和运行费)，1972 年为 260 亿美元(占 GNP 的 1%)，1987 年猛增至 850 亿美元，20 世纪 80 年代末达到 1200 亿美元(占 GNP 的 2.8%)。例如，杜邦公司每磅(1 磅(lb)=0.453592kg)废物的处理费用以每年 20%～30%的速率增加，焚烧一桶危险废物可能要花费 300～1500 美元。即使如此高的经济代价仍未能达到预期的污染控制目标，末端处理在经济上已不堪重负。

因此，发达国家通过治理污染的实践，逐步认识到防治工业污染不能只依靠治理排污口(末端)的污染，要从根本上解决工业污染问题，必须“预防为主”，将污染物消除在生产过程之中，实行工业生产全过程控制。20 世纪 70 年代末期以来，不少发达国家的政府和各大企业集团(公司)都纷纷研究开发和采用清洁工艺，开辟污染预防的新途径，把推行清洁生产作为经济和环境协调发展的一项战略措施。

4. 清洁生产的基本内容

1) 清洁生产过程

清洁生产的定义包含了两个清洁过程控制：生产全过程和产品周期全过程。

对生产过程而言，清洁生产包括节约原材料与能源，淘汰有毒有害的原材料，并在全部排放物和废物离开生产过程以前，尽最大可能减少它们的排放量和毒性。对产品而言，清洁生产旨在减少产品整个生命周期过程中从原料的提取到产品的最终处置对人类和环境的影响。

清洁生产思考方法与其不同之处在于：过去考虑对环境的影响时，把注意力集中在污染物产生之后如何处理，以减小对环境的危害，而清洁生产则是要求把污染物消除在它产生之前。

2) 清洁生产目标

根据经济可持续发展对资源和环境的要求，清洁生产谋求达到两个目标：①通过资源的综合利用、短缺资源的代用、二次能源的利用，以及节能、降耗、节水，合理利用自然资源，减缓资源的耗竭。②减少废物和污染物的排放，促进工业产品的生产、消耗过程与环境相融，降低工业活动对人类和环境的风险。

5. 微观措施

1) 实施产品绿色设计

企业实行清洁生产，在产品设计过程中，一要考虑环境保护，减少资源消耗，实现可持续发展战略；二要考虑商业利益，降低成本，减少潜在的责任风险，提高竞争力。具体做法是，在产品设计之初就注意未来的可修改性，容易升级以及可生产几种产品的基础设计，提供减少固体废物污染的实质性机会。产品设计要达到只需要重新设计一些零件就可更新产品的目的，从而减少固体废物。在产品设计时还应考虑在生产中使用更少的材料或更多的节能成分，优先选择无毒、低毒、少污染的原辅材料替代原有毒性较大的原辅材料，防止原料及产品对人类和环境产生危害。

2) 实施生产全过程控制

清洁的生产过程要求企业采用少废、无废的生产工艺技术和高效生产设备；尽量少用、不用有毒有害的原料；减少生产过程中的各种危险因素和有毒有害的中间产品；使用简便、可靠的操作和控制；建立良好的操作规范(GMP)、卫生标准操作程序(SSOP)及危害分析和关键控制点(HACCP)；组织物料的再循环；建立全面质量管理系统(TQMS)；优化生产组织；进行必要的污染治理，实现清洁、高效的利用和生产。

3) 实施材料优化管理

材料优化管理是企业实施清洁生产的重要环节。选择材料、评估化学使用安全性、估计生命周期是提高材料管理的重要方面。企业实施清洁生产，在选择材料时要关心再使用与可循环性，具有再使用与再循环性的材料可以通过提高环境质量和减少成本获得经济与环境收益；实行合理的材料闭环流动，主要包括原材料和产品的回收处理过程的材料流动、产品使用过程的材料流动和产品制造过程的材料流动。

原材料的加工循环是自然资源到成品材料的流动过程以及开采、加工过程中产生的废弃物的回收利用所组成的一个封闭过程。产品制造过程的材料流动，是材料在整个制造系统中的流动过程，以及在此过程中产生的废弃物的回收处理形成的循环过程。制造过程的各个环节直接或间接影响着材料的消耗。产品使用过程的材料流动是在产品的寿命周期内，产品的使用、维修、保养以及服务等过程和在这些过程中产生的废弃物的回收利用过程。产品的回收过程的材料流动是产品使用后的处理过程，其组成主要包括：可重用的零部件、可再生的零部件、不可再生的废弃物。在材料消耗的四个环节里，都要将废弃物减量化、资源化和无害化，或消灭在生产过程之中，不仅要实现生产过程的无污染或不污染，还要使生产出来的产品也没有污染。

6. 清洁生产的意义

清洁生产是一种新的创造性理念，这种理念将整体预防的环境战略持续应用于生产过程、产品和服务中，以增加生态效率和减少人类及环境的风险。清洁生产是环境保护战略由被动反应向主动行动的一种转变。二十世纪 80 年代以后，随着经济建设的快速发展，全球性的环境污染和生态破坏日益加剧，资源和能源的短缺制约着经济的发展，人们也逐渐认识到仅仅依靠开发有效的污染治理技术对所产生的污染进行末端治理所实现的环境效益是非常有限的。关心产品和生产过程对环境的影响，依靠改进生产工艺和加强管理等措施来消除污染可能更为有效，因此清洁生产的概念和实践随之出现了，并以其旺盛的生命力在世界范围内迅速推广。

首先，清洁生产体现的是预防为主的环境战略。传统的末端治理与生产过程相脱节，先污染，再去治理，这是发达国家曾经走过的道路；清洁生产要求从产品设计开始，到选择原料、工艺路线和设备以及废物利用、运行管理的各个环节，通过不断地加强管理和技术进步，提高资源利用率，减少乃至消除污染物的产生，体现了预防为主的思想。

其次，清洁生产体现的是集约型的增长方式。清洁生产要求改变以牺牲环境为代价的、传统的粗放型的经济发展模式，走内涵发展道路。要实现这一目标，企业必须大力调整产品结构，革新生产工艺，优化生产过程，提高技术装备水平，加强科学管理，提高人员素质，实现节能、降耗、减污、增效，合理、高效配置资源，最大限度地提高资源利用率。

最后，清洁生产体现了环境效益与经济效益的统一。传统的末端治理，投入多、运行成本高、治理难度大，只有环境效益，没有经济效益；清洁生产的最终结果是企业管理水平、生产工艺技术水平得到提高，资源得到充分利用，环境从根本上得到改善。清洁生产与传统的末端治理的最大不同是找到了环境效益与经济效益相统一的结合点，能够调动企业防治工业污染的积极性。

7. 清洁生产特点

1) 清洁生产是一项系统工程

推行清洁生产需企业建立一个预防污染、保护资源所必需的组织机构，要明确职责并进行科学的规划，制定发展战略、政策、法规。清洁生产是包括产品设计、能源与原材料的更新与替代、开发少废无废清洁工艺、排放污染物处置及物料循环等的一项系统工程。

2) 重在预防和有效性

清洁生产是对产品生产过程中产生的污染进行综合预防，以预防为主，通过污染物产生远的削减和回收利用。使废物减至最少，有效防治污染物的产生。

3) 经济性良好

在技术可靠前提下执行清洁生产、预防污染的方案，进行社会、经济、环境效益分析，使生产体系运行最优化，以及产品具备最佳的质量价格。

4) 与企业发展相适应

清洁生产结合企业产品特点和工艺生产要求，使其目的符合企业生产经营发展的需要。环境保护工作要考虑不同经济发展阶段的要求和企业经济的支撑能力，这样清洁生产不仅推进企业生产的发展，而且保护了生态环境和自然资源。

5) 废物循环利用，建立生产闭合圈

工业生产中物料的转化不可能达到 100%。生产过程中工件的传递、物料的输送，加热反应中物料的挥发、沉淀，加之操作不当、物料泄漏等原因，总会造成物料的流失。工业生产中的“三废”实质上是生产过程中流失的原料、中间体和副产品及废品废料。尤其是我国农药、染料工业，主要原料利用率一般只有 30%～40%，其余都以“三废”形式排入环境。因此对废物的有效处理和回收利用，既可创造财富，又可减少污染。

6) 发展环保技术，搞好末端治理

为了实现清洁生产，在全过程控制中还需包括必要的末端治理，使之成为一种在采取其他措施之后的防治污染最终手段。这种厂内末端处理，往往是集中处理前的预处理措施。在这种情况下，它的目标不再是达标排放，而只需处理到集中处理设施可接纳的程度。因此，对生产过程也需提出一些新的要求。

为实现有效的末端处理，必须努力开发一些技术先进、处理效果好、占地面积小、投资少、见效快、可回收有用物质、有利于组织物料再循环的实用环保技术。20 世纪 80 年代中期以来，我国已成功开发很多环保实用技术，如粉煤灰处理和综合利用技术、钢渣处理及综合利用技术、苯系列有机气体催化净化技术、氯碱法处理含氰废水等。然而，我国还有不少环保上的难题尚未彻底解决，如处理含二氧化硫废气的脱硫技术、造纸黑液的治理与回收碱技术、萘系列和蒽系列及醌系列燃料中间体生产废水的治理和回收技术、汽车尾气的处理技术、高浓度有机废液的处理及综合利用技术等。因此，还需依靠科学技术的研究成果，继续努力开发最佳实用技术，使末端处理更加行之有效，真正起到污染控制的“把关”作用。

1.5　我国固体废物管理体系

固体废物污染环境的防治工作是环境保护的一项重要内容。但由于固体废物污染环境的滞后性和复杂性，人们对固体废物污染防治的重视程度尚不如对废水和废气那样深刻，长期以来尚未形成一个完善的、有效的固体废物管理体系。只是在 1995 年《固体法》颁布之后我国才初步形成了固体废物的管理体系，并且随着国内外形势的发展和人们对固体废物认识的提高，固体废物的管理体系得到了进一步的发展和完善。

1.5.1　我国固体废物环境管理的法律法规体系

我国固体废物环境管理的法律法规体系主要包括法律、行政法规和部门规章，以下分别介绍。

1. 法律

《中华人民共和国环境保护法》和《固体法》是固体废物环境管理的基本法，1989 年颁布的《中华人民共和国环境保护法》，开启了我国的环境保护工作；1995 年颁布的《固体法》，在法律层面上进一步细化了对固体废物的管理，相对完善、有效的固体废物管理体系基本形成。根据形势发展的需要，《中华人民共和国环境保护法》在 2014 年进行了修订，《固体法》相继在 2004 年、2013 年、2015 年、2016 年和 2020 年数次进行了修订/修正，这进一步促进了我国固体废物管理体系的健康发展。修订后的《固体法》，根据实际情况扩大了固体废物的调整范围，将建筑垃圾和农业固体废物纳入管理范围之内，将城乡生活垃圾纳入统一管理体系；完善相关的法律责任，包括增加监督管理部门法律责任；明确各级政府部门、企业事业单位及其他生产经营者、个人的监督管理权限及责任，并且加重了对违法行为处罚力度，如第一百二十一条规定：“固体废物污染环境、破坏生态，损害国家利益、社会公共利益的，有关机关和组织可以依照《中华人民共和国环境保护法》、《中华人民共和国民事诉讼法》、《中华人民共和国行政诉讼法》等法律的规定向人民法院提起诉讼。”同时，2016 年 11 月 7 日，《最高人民法院、最高人民检察院关于办理环境污染刑事案件适用法律若干问题的解释》

(法释〔2016〕29号)对环境违法行为的惩罚更具有可操作性。

2. 行政法规

行政法规主要由国务院制定，近几年针对固体废物环境管理的迫切需要和日益恶化的环境状况，出台了数十部与固体废物环境管理相关的行政法规，包括：《建设项目环境保护管理条例》、《医疗废物管理条例》、《危险废物经营许可证管理办法》、《废弃电器电子产品回收处理管理条例》、《关于进一步加强城市生活垃圾处理工作的意见》和《污染地块土壤环境管理办法(试行)》等。其中，除了《建设项目环境保护管理条例》与固体废物环境管理相关外，其他几部行政法规都与固体废物环境管理直接有关。2018年12月29日，国务院办公厅发布《"无废城市"建设试点工作方案》。

3. 部门规章

部门规章主要由国务院组成部门负责制定，到目前仅由生态环境部(原环境保护部)负责制定的环境保护规章就有 100 多部，另外，住房和城乡建设部、国家发展和改革委员会等部门也有一些与环境保护相关的部门规章出台，其中部分与固体废物环境管理有关的规章包括：《危险废物转移联单管理办法》、《电子废物污染环境防治管理办法》、《危险废物出口核准管理办法》、《防止含多氯联苯电力装置及其废物污染环境的规定》、《防治尾矿污染环境管理规定》和《固体废物进口管理办法》等。

1.5.2 固体废物环境管理制度

根据固体废物的特点以及我国国情，《中华人民共和国环境保护法》和《固体法》对我国固体废物的管理制定了一系列有效的制度。这些管理制度包括以下内容。

1. 将循环经济理念和绿色发展方式融入各级政府执行理念和责任

如前所述，《固体法》规定"国家推行绿色发展方式，促进清洁生产和循环经济发展。国家倡导简约适度、绿色低碳的生活方式，引导公众积极参与固体废物污染环境防治。固体废物污染环境防治坚持减量化、资源化和无害化的原则。任何单位和个人都应当采取措施，减少固体废物的产生量，促进固体废物的综合利用，降低固体废物的危害性。"在政府责任方面，《固体法》第七条规定："地方各级人民政府对本行政区域固体废物污染环境防治负责。"第八条规定："各级人民政府应当加强对固体废物污染环境防治工作的领导，组织、协调、督促有关部门依法履行固体废物污染环境防治监督管理职责。省、自治区、直辖市之间可以协商建立跨行政区域固体废物污染环境的联防联控机制，统筹规划制定、设施建设、固体废物转移等工作。”第九条明确了“国务院生态环境主管部门对全国固体废物污染环境防治工作实施统一监督管理。国务院发展改革、工业和信息化、自然资源、住房城乡建设、交通运输、农业农村、商务、卫生健康、海关等主管部门在各自职责范围内负责固体废物污染环境防治的监督管理工作。地方人民政府生态环境主管部门对本行政区域固体废物污染环境防治工作实施统一监督管理。地方人民政府发展改革、工业和信息化、自然资源、住房城乡建设、交通运输、农业农村、商务、卫生健康等主管部门在各自职责范围内负责固体废物污染环境防治的监督管理工作。”在宣传教育方面，第十一条规定：“国家机关、社会团体、企业事业单位、基层群众性自治组织和新闻媒体应当加强固体废物污染环境防治宣传教育和科学普及，增强公众固体废物污染环境防治意识。学校应当开展生活垃圾分类以及其他固体废物污染环境防治知识普及和教育。”在消费者责任方面，第六条规定：“国家推行生活垃圾分类制度。生活垃圾分类坚持政府推动、全民参与、城乡统筹、因地制宜、简便易行的原则。”

2018 年修正的《中华人民共和国循环经济促进法》第三条和第四条规定：“发展循环经济是国家经济社会发展的一项重大战略，应当遵循统筹规划、合理布局，因地制宜、注重实效，政府推动、市场引导，企业实施、公众参与的方针。”“发展循环经济应当在技术可行、经济合理和有利于节约资源、保护环境的前提下，按照减量化优先的原则实施。在废物再利用和资源化过程中，应当保障生产安全，保证产品质量符合国家规定的标准，并防止产生再次污染。”

2018 年修正的《中华人民共和国循环经济促进法》规定了各级政府部门的责任，如第五条规定：“国务院循环经济发展综合管理部门负责组织协调、监督管理全国循环经济发展工作；国务院生态环境等有关主管部门按照各自的职责负责有关循环经济的监督管理工作。县级以上地方人民政府循环经济发展综合管理部门负责组织协调、监督管理本行政区域的循环经济发展工作；县级以上地方人民政府生态环境等有关主管部门按照各自的职责负责有关循环经济的监督管理工作。”第六条规定：“国家制定产业政策，应当符合发展循环经济的要求。县级以上人民政府编制国民经济和社会发展规划及年度计划，县级以上人民政府有关部门编制环境保护、科学技术等规划，应当包括发展循环经济的内容。”第八条规定：“县级以上人民政府应当建立发展循环经济的目标责任制，采取规划、财政、投资、政府采购等措施，促进循环经济发展。”

同时，循环经济和绿色发展、低碳生活既需要政府政策的引导，更离不开全社会参与，因此 2018 年修正的《中华人民共和国循环经济促进法》第九条规定：“企业事业单位应当建立健全管理制度，采取措施，降低资源消耗，减少废物的产生量和排放量，提高废物的再利用和资源化水平。”第十条规定：“公民应当增强节约资源和保护环境意识，合理消费，节约资源。国家鼓励和引导公民使用节能、节水、节材和有利于保护环境的产品及再生产品，减少废物的产生量和排放量。公民有权举报浪费资源、破坏环境的行为，有权了解政府发展循环经济的信息并提出意见和建议。”

2. 生态保护补偿制度

《中华人民共和国环境保护法》第三十一条明确规定：“国家建立、健全生态保护补偿制度。国家加大对生态保护地区的财政转移支付力度。有关地方人民政府应当落实生态保护补偿资金，确保其用于生态保护补偿。国家指导受益地区和生态保护地区人民政府通过协商或者按照市场规则进行生态保护补偿。”该制度的出台，有效地平衡了各地区的利益，有效消除了地方保护主义。

2016 年 4 月 28 日国务院办公厅印发《国务院办公厅关于健全生态保护补偿机制的意见》(国办发〔2016〕31 号)(以下简称《意见》)。《意见》指出，实施生态保护补偿是调动各方积极性、保护好生态环境的重要手段，是生态文明制度建设的重要内容。近年来，各地区、各有关部门有序推进生态保护补偿机制建设，取得了阶段性进展，但总体来看，生态保护补偿的范围仍然偏小、标准偏低，保护者和受益者良性互动的体制机制尚不完善，一定程度上影响了生态环境保护措施行动的成效，须进一步健全生态保护补偿机制。

《意见》强调，要全面贯彻党的十八大和十八届三中、四中、五中全会精神，深入贯彻习近平总书记系列重要讲话精神，坚持“四个全面”战略布局，牢固树立创新、协调、绿色、开放、共享的发展理念，按照党中央、国务院决策部署，不断完善转移支付制度，探索建立多元化生态保护补偿机制，逐步扩大补偿范围，合理提高补偿标准，有效调动全社会参与生态环境保护的积极性，促进生态文明建设迈上新台阶。

《意见》提出，按照权责统一、合理补偿，政府主导、社会参与，统筹兼顾、转型发展，试点先行、稳步实施的原则，着力落实保护补偿任务。到 2020 年，实现森林、草原、湿地、荒漠、海洋、水流、耕地等重点领域和禁止开发区域、重点生态功能区等重要区域生态保护补偿全覆盖，补偿水平与经济社会发展状况相适应，跨地区、跨流域补偿试点示范取得明显进展，多元化补偿机制初步建立，基本建立符合我国国情的生态保护补偿制度体系，促进形成绿色生产方式和生活方式。

《意见》明确，将推进七个方面的体制机制创新。一是建立稳定投入机制，多渠道筹措资金，加大生态保护补偿力度。二是完善重点生态区域补偿机制。划定并严守生态保护红线，研究制定相关生态保护补偿政策。三是推进横向生态保护补偿。研究制定以地方补偿为主、中央财政给予支持的横向生态保护补偿机制办法。四是健全配套制度体系。加快建立生态保护补偿标准体系，以生态产品产出能力为基础，完善测算方法。五是创新政策协同机制。研究建立生态环境损害赔偿、生态产品市场交易与生态保护补偿协同推进生态环境保护的新机制。六是结合生态保护补偿推进精准脱贫。探索生态脱贫新路子，开展贫困地区生态综合补偿试点，创新资金使用方式。七是加快推进法制建设。不断推进生态保护补偿制度化和法制化。

《意见》要求，各地区各有关部门要强化组织领导，建立协调机制，研究解决生态保护补偿机制建设中的重大问题，加强对各项任务的统筹推进和落实。加强督促落实，对生态保护补偿工作落实不力的，启动追责机制。加强舆论宣传，引导全社会树立生态产品有价、保护生态人人有责的意识，营造珍惜环境、保护生态的良好氛围。

3. 排污许可管理制度

《中华人民共和国环境保护法》第四十五条明确规定“国家依照法律规定实行排污许可管理制度。实行排污许可管理的企业事业单位和其他生产经营者应当按照排污许可证的要求排放污染物；未取得排污许可证的，不得排放污染物”。2019 年 12 月，生态环境部令(第 11 号)公布了《固定污染源排污许可分类管理名录(2019 年版)》，国家根据排放污染物的企业事业单位和其他生产经营者(以下简称排污单位)污染物产生量、排放量、对环境的影响程度等因素，实行排污许可重点管理、简化管理和登记管理。对污染物产生量、排放量或者对环境的影响程度较大的排污单位，实行排污许可重点管理；对污染物产生量、排放量和对环境的影响程度较小的排污单位，实行排污许可简化管理。对污染物产生量、排放量和对环境的影响程度很小的排污单位，实行排污登记管理。实行登记管理的排污单位，不需要申请取得排污许可证，应当在全国排污许可证管理信息平台填报排污登记表，登记基本信息、污染物排放去向、执行的污染物排放标准以及采取的污染防治措施等信息。《固定污染源排污许可分类管理名录(2019 年版)》第四条规定：现有排污单位应当在生态环境部规定的实施时限内申请取得排污许可证或者填报排污登记表。新建排污单位应当在启动生产设施或者发生实际排污之前申请取得排污许可证或者填报排污登记表。

《固定污染源排污许可分类管理名录(2019 年版)》第七条规定：属于本名录第 108 类行业的排污单位，涉及本名录规定的通用工序重点管理、简化管理或者登记管理的，应当对其涉及的本名录第 109 至 112 类规定的锅炉、工业炉窑、表面处理、水处理等通用工序申请领取排污许可证或者填报排污登记表；有下列情形之一的，还应当对其生产设施和相应的排放口等申请取得重点管理排污许可证：①被列入重点排污单位名录的；②二氧化硫或者氮氧化物年排放量大于 250t

的；③烟粉尘年排放量大于500t的；④化学需氧量年排放量大于30t，或者总氮年排放量大于10t，或者总磷年排放量大于0.5t的；⑤氨氮、石油类和挥发酚合计年排放量大于30t的；⑥其他单项有毒有害大气、水污染物污染当量数大于3000的。污染当量数按照《中华人民共和国环境保护税法》的规定计算。

《固定污染源排污许可分类管理名录(2017年版)》对于推动排污许可改革起到了重要作用，取得了阶段性成果。在排污许可制实施的过程中，发现一些问题：一是与污染防治攻坚战重点任务结合还不够，一些重点行业未纳入2017年版名录，不能适应生态环境保护工作新形势需求；二是没有将一些行业产排污量很小的排污单位纳入排污许可管理，没有实现固定污染源全覆盖；三是随着行业生产工艺和环保治理技术的进步，部分行业产排污状况也在不断变化，一些行业管理类别划分不够科学合理，原有的管理类别划分标准需要更新；四是《国民经济行业分类》修订调整后，行业类别划分发生了一定变化，名录行业分类与《国民经济行业分类》(2017年)等不对应。因此，生态环境部决定对2017年版名录予以修订完善。2019年12月，生态环境部公布了《固定污染源排污许可分类管理名录(2019年版)》，同时2017版废止。修订后，国民经济行业分类共1382个行业小类，其中涉及固定污染源的有706个，全部已纳入2019年版名录。通过增加登记管理类别，2019年版名录已实现陆域固定源的全覆盖。按照2019年版名录，分别于2020年4月底前完成已发证行业固定污染源清理整顿工作、2020年9月底前基本完成所有行业排污许可证核发和排污信息登记工作，切实做到“核发一个行业、清理一个行业、规范一个行业、达标一个行业”，实现固定污染源排污许可全覆盖。

通过排污许可证推动网络化和精细化的管理，全面收集摸清工业排污信息，建设全国排污许可证管理信息平台，分流域、分区域、分行业地对污染物排放实行排污许可证网络化、信息化管理。加强环境监管执法，逐一排查工业企业的排污情况，对企业实行黄牌警示和红牌关停。2016年起定期公布环保红牌和黄牌的企业名单，禁止无证排放和不按许可证规定排放，同时要推进和最高人民法院、最高人民检察院、公安部门建立信息共享、联席会议、联合督办机制。

4. 重点污染物排放总量控制制度

《中华人民共和国环境保护法》第四十四条明确规定：“国家实行重点污染物排放总量控制制度。重点污染物排放总量控制指标由国务院下达，省、自治区、直辖市人民政府分解落实。企业事业单位在执行国家和地方污染物排放标准的同时，应当遵守分解落实到本单位的重点污染物排放总量控制指标。对超过国家重点污染物排放总量控制指标或者未完成国家确定的环境质量目标的地区，省级以上人民政府环境保护主管部门应当暂停审批其新增重点污染物排放总量的建设项目环境影响评价文件。”

重点污染物排放总量控制制度是以环境质量目标为基本依据，根据环境质量标准中的水体、空气参数及其允许浓度，对区域内各种污染源的污染物的排放总量实施控制的管理制度。在实施总量控制时，污染物的排放总量应小于或等于允许排放总量。区域的允许排污量应当等于该区域环境允许的纳污量。环境允许纳污量则由环境允许负荷量和环境自净容量确定。污染物总量控制管理比排放浓度控制管理具有较明显的优点，它与实际的环境质量目标相联系，在排污量的控制上宽、严适度。执行污染物总量控制，可避免浓度控制所引起的不合理稀释排放废水、浪费水资源等问题，有利于区域水污染控制费用的最小化。

总量控制的原则当局部不可避免地增加污染物排放时，应对同行业或区域内进行污染物排放量削减，使区域内污染源的污染物排放负荷控制在一定数量内，使污染物的受纳水体、空气等的环境质量可达到规定的环境目标。污染物排放总量控制制度的执行将促进结构优化、技术进步和资源节约，有利于实现环境资源的合理配置，有利于贯彻国家产业政策，有利于提高治理污染的积极性，有利于推动经济增长方式的根本转变。实施污染物总量控制，有可能成为我国环境与发展的有力结合点。

5. 产品、包装的生产者责任制度

借鉴日本、德国、欧盟、美国等国家和地区以及我国台湾在固体废物减量和回收利用方面的成功经验，《固体法》在《中华人民共和国清洁生产促进法》企业责任的基础上，明确规定：“固体废物污染环境防治坚持污染担责的原则。产生、收集、贮存、运输、利用、处置固体废物的单位和个人，应当采取措施，防止或者减少固体废物对环境的污染，对所造成的环境污染依法承担责任。”第六十八条规定：“产品和包装物的设计、制造，应当遵守国家有关清洁生产的规定。国务院标准化主管部门应当根据国家经济和技术条件、固体废物污染环境防治状况以及产品的技术要求，组织制定有关标准，防止过度包装造成环境污染。生产经营者应当遵守限制商品过度包装的强制性标准，避免过度包装。县级以上地方人民政府市场监督管理部门和有关部门应当按照各自职责，加强对过度包装的监督管理。生产、销售、进口依法被列入强制回收目录的产品和包装物的企业，应当按照国家有关规定对该产品和包装物进行回收。电子商务、快递、外卖等行业应当优先采用可重复使用、易回收利用的包装物，优化物品包装，减少包装物的使用，并积极回收利用包装物。县级以上地方人民政府商务、邮政等主管部门应当加强监督管理。”

2018 年修正的《中华人民共和国循环经济促进法》第十五条规定：“生产列入强制回收名录的产品或者包装物的企业，必须对废弃的产品或者包装物负责回收；对其中可以利用的，由各该生产企业负责利用；对因不具备技术经济条件而不适合利用的，由各该生产企业负责无害化处置。对前款规定的废弃产品或者包装物，生产者委托销售者或者其他组织进行回收的，或者委托废物利用或者处置企业进行利用或者处置的，受托方应当依照有关法律、行政法规的规定和合同的约定负责回收或者利用、处置。对列入强制回收名录的产品和包装物，消费者应当将废弃的产品或者包装物交给生产者或者其委托回收的销售者或者其他组织。强制回收的产品和包装物的名录及管理办法，由国务院循环经济发展综合管理部门规定。”第十九条规定：“从事工艺、设备、产品及包装物设计，应当按照减少资源消耗和废物产生的要求，优先选择采用易回收、易拆解、易降解、无毒无害或者低毒低害的材料和设计方案，并应当符合有关国家标准的强制性要求。对在拆解和处置过程中可能造成环境污染的电器电子等产品，不得设计使用国家禁止使用的有毒有害物质。禁止在电器电子等产品中使用的有毒有害物质名录，由国务院循环经济发展综合管理部门会同国务院生态环境等有关主管部门制定。设计产品包装物应当执行产品包装标准，防止过度包装造成资源浪费和环境污染。”

6. 危险废物申报登记制度

《固体法》第七十八条规定：“产生危险废物的单位，应当按照国家有关规定制定危险废物管理计划；建立危险废物管理台账，如实记录有关信息，并通过国家危险废物信息管理系统向所在地生态环境主管部门申报危险废物的种类、产生量、流向、贮存、处置等有关资料。前款所称危险废物管理计划应当包括减少危险废物产生量和降低危险废物危害性的措施以及危险废物贮存、利用、处置措施。危险废物管理计划应当报产生危险废物的单位所在地生态环境主管部门备案。”同时第八十二条规定：“转移危险废物的，应当按照国家有关规定填写、运行危险废物电子或者纸质转移联单。跨省、自治区、直辖市转移危险废物的，应当向危险废物移出地省、自治区、直辖市人民政府生态环境主管部门申请。移出地省、自治区、直辖市人民政府生态环境主管部门应当及时商经接受地省、自治区、直辖市人民政府生态环境主管部门同意后，在规定期限内批准转移该危险废物，并将批准信息通报相关省、自治区、直辖市人民政府生态环境主管部门和交通运输主管部门。未经批准的，不得转移。危险废物转移管理应当全程管控、提高效率，具体办法由国务院生态环境主管部门会同国务院交通运输主管部门和公安部门制定。”申报登记制度是国家带有强制性的规定，通过申报登记制度的实施，可以使环境保护主管部门掌握危险废物的种类、产生量、流向以及对环境的影响等情况，有助于防止危险废物对环境的污染。

7. 固体废物建设项目环境影响评价制度

为了实施可持续发展战略，预防因规划和建设项目实施后对环境造成不良影响，促进经济、社会和环境的协调发展，必须对建设项目进行环境影响评价，因此，我国已于 2003 年实施了《中华人民共和国环境影响评价法》，并于 2016 年和 2018 年两度修正。为加强固体废物建设项目的管理，《固体法》第十七条规定："建设产生、贮存、利用、处置固体废物的项目，应当依法进行环境影响评价，并遵守国家有关建设项目环境保护管理的规定。"

8. 固体废物污染防治设施的"三同时"制度

《中华人民共和国环境保护法》第四十一条规定："建设项目中防治污染的设施，应当与主体工程同时设计、同时施工、同时投产使用。防治污染的设施应当符合经批准的环境影响评价文件的要求，不得擅自拆除或者闲置。"《固体法》第十八条规定："建设项目的环境影响评价文件确定需要配套建设的固体废物污染环境防治设施，应当与主体工程同时设计、同时施工、同时投入使用。建设项目的初步设计，应当按照环境保护设计规范的要求，将固体废物污染环境防治内容纳入环境影响评价文件，落实防治固体废物污染环境和破坏生态的措施以及固体废物污染环境防治设施投资概算。"

"三同时"制度适用于所有从事对环境有影响的建设项目，包括中国境内所有新建、扩建、改建和技术改造项目。

"三同时"制度旨在从源头上消除各类建设项目可能产生的污染，从根本上消除环境问题产生的根源，减轻事后治理所要付出的代价，把环境影响控制在生态环境能够承受的限度之内。其作用主要以"防"为基础，要求集中力量治理老污染源，严格控制新的污染行为，减少污染物的产生和排放量，对已经造成的环境污染和破坏应积极采取措施加以治理，根据环境问题的具体特点和自然规律，改变过去"单纯治理、单项治理"的模式，推行综合整治，加强建设项目环境管理，实现全面规划、合理布局，把环境保护纳入国民经济与社会发展计划中进行综合平衡。

"三同时"制度强调项目主体工程必须与污染防治设施同时投产使用，这就保证了生产过程中产生污染的过程与污染防治设施对污染进行治理同步进行，而且与主体工程配套建设的污染防治设施必须经环保验收合格后方能正式投产，这样就保证所建设的污染防治设施能够及时把生产过程中产生的污染予以治理，将污染消灭在生产过程中。

"三同时"制度更注重对污染的预防和治理。因此，预防产生新的污染，治理旧的污染，恢复生态环境，是"三同时"制度的重要功能。项目主体工程和污染防治设施同时投产使用，不仅为污染治理奠定了坚实的物质基础，提供了条件，使彻底治理污染成为可能，而且污染防治设施停止运行必须提前报环保部门审批，经审查同意后方可停止运行，擅自闲置、拆除或不正常运行的，将承担相应的法律责任，这样就保证了治理污染的效果。

9. 建立流域性防治机制

《中华人民共和国环境保护法》第二十条规定“国家建立跨行政区域的重点区域、流域环境污染和生态破坏联合防治协调机制，实行统一规划、统一标准、统一监测、统一的防治措施”。建立京津冀协同发展和长江大保护等。

2015 年 4 月 30 日，中共中央政治局审议通过《京津冀协同发展规划纲要》。《京津冀协同发展规划纲要》指出，推动京津冀协同发展是一个重大国家战略，核心是有序疏解北京非首都功能，要在京津冀交通一体化、生态环境保护、产业升级转移等重点领域率先取得突破。京津冀地区同属京畿重地，战略地位十分重要。当前区域总人口已超过 1 亿人，面临着生态环境持续恶化、城镇体系发展失衡、区域与城乡发展差距不断扩大等突出问题。实现京津冀协同发展、创新驱动，推进区域发展体制机制创新，是面向未来打造新型首都经济圈、实现国家发展战略的需要。京津冀空间协同发展、城镇化健康发展对于全国城镇群地区可持续发展具有重要示范意义。京津冀协同发展应包括以下内容。

(1) 坚持生态优先为前提，推进产业结构调整，建设绿色、可持续的人居环境。以区域资源环境，特别是水资源、大气环境承载力等为约束，严格划定保障区域可持续发展的生态红线，明确城镇发展边界，合作推进“环首都国家公园”和区域性生态廊道建设。提高城镇的用地集约利用效率，实现“存量挖潜、增量提质”，构建生态、生产、生活相协调的城乡空间格局。加强城乡地域特点和人文特色塑造，保护传统村落，共同构建区域文化网络体系。

(2) 坚持区域一体、协同发展的原则，谋求城镇体系、区域空间、重大基础设施的协同发展与布局。促进城镇功能合理分工，优化城镇规模结构，着力培育区域次中心城市和沿海新开发地区。强化京津高端服务功能合作对接，京津冀共同构筑面向国际的开放平台。加快建立“网络化、低碳化、安全化”的区域交通运输体系。

(3) 破除阻碍区域人口和要素自由流动的体制壁垒和制度障碍，促进多种形式的跨地区合作。重点加强创新、文化、教育、医疗、旅游等的跨区域合作交流，推进多种形式的经贸合作。通过区域治理创新，促进共建共享，建立区域竞合发展的良性格局，提升区域整体竞争力。

(4) 建立跨区域规划的编制与实施工作的新体制、新机制。应充分发挥京津冀空间协同发展规划的综合协调平台作用，开展专项规划对接，加强重大空间布局问题的协商沟通。充分利用区域内智力资源密集的优势，以京津冀的协同发展为目标，大力推进城镇群发展理论与规划实践的创新。

2016 年 3 月 25 日，中共中央政治局审议通过《长江经济带发展规划纲要》，《长江经济带发展规划纲要》从规划背景、总体要求、大力保护长江生态环境、加快构建综合立体交通走廊、创新驱动产业转型升级、积极推进新型城镇化、努力构建全方位开放新格局、创新区域协调发展体制机制、保障措施等方面描绘了长江经济带发展的宏伟蓝图，是推动长江经济带发展重大国家战略的纲领性文件。

长江拥有独特的生态系统，是我国重要的生态宝库。目前，沿江工业发展各自为政，沿岸重化工业高密度布局，环境污染隐患日趋增多。长江流域生态环境保护和经济发展的矛盾日益严重，发展的可持续性面临严峻挑战。长江经济带发展的基本思路就是生态优先、绿色发展，立足于大保护，而不是大开发。

《长江经济带发展规划纲要》明确提出，把保护和修复长江生态环境摆在首要位置，共抓大保护，不搞大开发，全面落实主体功能区规划，明确生态功能分区，划定生态保护红线、水资源开发利用红线和水功能区限制纳污红线，强化水质跨界断面考核，推动协同治理，严格保护一江清水，努力建成上中下游相协调、人与自然相和谐的绿色生态廊道。重点要做好四方面工作：一是保护和改善水环境，重点是严格治理工业污染、严格处置城镇污水垃圾、严格控制农业面源污染、严格防控船舶污染。二是保护和修复水生态，重点是妥善处理江河湖泊关系、强化水生生物多样性保护、加强沿江森林保护和生态修复。三是有效保护和合理利用水资源，重点是加强水源地特别是饮用水源地保护、优化水资源配置、建设节水型社会、建立健全防洪减灾体系。四是有序利用长江岸线资源，重点是合理划分岸线功能、有序利用岸线资源。

长江生态环境保护是一项系统工程，涉及面广，必须打破行政区划界限和壁垒，有效利用市场机制，更好发挥政府作用，加强环境污染联防联控，推动建立地区间、上下游生态补偿机制，加快形成生态环境联防联治、流域管理统筹协调的区域协调发展新机制。一是建立负面清单管理制度。按照全国主体功能区规划要求，建立生态环境硬约束机制，明确各地区环境容量，制定负面清单，强化日常监测和监管，严格落实党政领导干部生态环境损害责任追究问责制度。二是加强环境污染联防联控。完善长江环境污染联防联控机制和预警应急体系，推行环境信息共享，建立健全跨部门、跨区域、跨流域突发环境事件应急响应机制。建立环评会商、联合执法、信息共享、预警应急的区域联动机制，研究建立生态修复、环境保护、绿色发展的指标体系。三是建立长江生态保护补偿机制。通过生态补偿机制等方式，激发沿江省市保护生态环境的内在动力。依托重点生态功能区开展生态补偿示范区建设，实行分类分级的补偿政策。按照“谁受益谁补偿”

的原则，探索上中下游开发地区、受益地区与生态保护地区进行横向生态补偿。四是开展生态文明先行示范区建设。全面贯彻大力推进生态文明建设要求，以制度建设为核心任务、以可复制可推广为基本要求，全面推动资源节约、环境保护和生态治理工作，探索人与自然和谐发展有效模式。

2018 年 4 月，生态环境部印发了《关于聚焦长江经济带 坚决遏制固体废物非法转移和倾倒专项行动方案》，重点围绕开展固体废物大排查、严厉打击非法转移违法犯罪活动、落实企业和地方责任以及建立健全监管长效机制四个方面进行工作部署。

10. 排污许可制和排污收费制

《中华人民共和国环境保护法》第四十五条规定“国家依照法律规定实行排污许可管理制度。实行排污许可管理的企业事业单位和其他生产经营者应当按照排污许可证的要求排放污染物；未取得排污许可证的，不得排放污染物”。

排污许可制是覆盖所有固定污染源的环境管理基础制度，排污许可证是排污单位生产运营期排放行为的唯一行政许可。下列排污单位应当实行排污许可管理：排放工业废气或者排放国家依法公布的有毒有害大气污染物的企业事业单位；集中供热设施的燃煤热源生产运营单位；直接或间接向水体排放工业废水和医疗污水的企业事业单位和其他生产经营者；城镇污水集中处理设施的运营单位；设有污水排放口的规模化畜禽养殖场；依法实行排污许可管理的其他排污单位。

生态环境部公布了《固定污染源排污许可分类管理名录(2019 年版)》，国家根据排放污染物的企业事业单位和其他生产经营者污染物产生量、排放量、对环境的影响程度等因素，实行排污许可重点管理、简化管理和登记管理。

此外，《中华人民共和国环境保护法》第四十三条规定“排放污染物的企业事业单位和其他生产经营者，应当按照国家有关规定缴纳排污费。排污费应当全部专项用于环境污染防治，任何单位和个人不得截留、挤占或者挪作他用。依照法律规定征收环境保护税的，不再征收排污费”。

11. 固体废物转移报告单制度

《固体法》第二十二条规定“转移固体废物出省、自治区、直辖市行政区域贮存、处置的，应当向固体废物移出地的省、自治区、直辖市人民政府生态环境主管部门提出申请。移出地的省、自治区、直辖市人民政府生态环境主管部门应当及时商经接受地的省、自治区、直辖市人民政府生态环境主管部门同意后，在规定期限内批准转移该固体废物出省、自治区、直辖市行政区域。未经批准的，不得转移”。《固体法》第八十二条规定“转移危险废物的，应当按照国家有关规定填写、运行危险废物电子或者纸质转移联单。跨省、自治区、直辖市转移危险废物的，应当向危险废物移出地省、自治区、直辖市人民政府生态环境主管部门申请。移出地省、自治区、直辖市人民政府生态环境主管部门应当及时商经接受地省、自治区、直辖市人民政府生态环境主管部门同意后，在规定期限内批准转移该危险废物，并将批准信息通报相关省、自治区、直辖市人民政府生态环境主管部门和交通运输主管部门。未经批准的，不得转移”。

固体废物(危险废物)转移报告制可保证固体废物的运输安全，防止固体废物的非法转移和非法处置，保证固体废物的安全监控，防止固体废物污染事故的发生。为此，国家修订了《危险废物经营许可证管理办法》、颁布了《危险废物转移联单管理办法》等规定。

12. 固体废物环境污染限期治理制度

《中华人民共和国环境保护法》第六十条规定“企业事业单位和其他生产经营者超过污染物排放标准或者超过重点污染物排放总量控制指标排放污染物的，县级以上人民政府环境保护主管部门可以责令其采取限制生产、停产整治等措施；情节严重的，报经有批准权的人民政府批准，责令停业、关闭”。

限期治理就是抓住重点污染源，集中有限的人力、财力和物力，解决最突出的问题。对严重影响环境的排污单位，可以令停业、关闭。

13. 固体废物进口审批制度

《固体法》第二十三规定“禁止中华人民共和国境外的固体废物进境倾倒、堆放、处置”。第二十四条规定“国家逐步实现固体废物零进口，由国务院生态环境主管部门会同国务院商务、发展改革、海关等主管部门组织实施”。第二十五条规定“海关发现进口货物疑似固体废物的，可以委托专业机构开展属性鉴别，并根据鉴别结论依法管理”。此规定有效地遏制了曾受到国内外瞩目的“洋垃圾入境”的势头，维护了国家尊严和主权，防止了境外固体废物对我国的污染。

此外，《固体法》第八十九条明确规定“禁止经中华人民共和国过境转移危险废物”。

14. 固体废物行政代执行制度

《固体法》第七十九条规定：“产生危险废物的单位，应当按照国家有关规定和环境保护标准要求贮存、利用、处置危险废物，不得擅自倾倒、堆放。”第一百一十三条规定：“违反本法规定，危险废物产生者未按照规定处置其产生的危险废物被责令改正后拒不改正的，由生态环境主管部门组织代为处置，处置费用由危险废物产生者承担；拒不承担代为处置费用的，处代为处置费用一倍以上三倍以下的罚款。”

《固体法》第一百零八条规定：“违反本法规定，城镇污水处理设施维护运营单位或者污泥处理单位对污泥流向、用途、用量等未进行跟踪、记录，或者处理后的污泥不符合国家有关标准的，由城镇排水主管部门责令改正，给予警告；造成严重后果的，处十万元以上二十万元以下的罚款；拒不改正的，城镇排水主管部门可以指定有治理能力的单位代为治理，所需费用由违法者承担。违反本法规定，擅自倾倒、堆放、丢弃、遗撒城镇污水处理设施产生的污泥和处理后的污泥的，由城镇排水主管部门责令改正，处二十万元以上二百万元以下的罚款，对直接负责的主管人员和其他直接责任人员处二万元以上十万元以下的罚款；造成严重后果的，处二百万元以上五百万元以下的罚款，对直接负责的主管人员和其他直接责任人员处五万元以上五十万元以下的罚款；拒不改正的，城镇排水主管部门可以指定有治理能力的单位代为治理，所需费用由违法者承担。”本规定中所指的“行政代执行制度”是一种行政强制执行措施，以确保危险废物能得到妥善和适当的处置，而处置所涉及的费用则由固体废物产生者承担，也符合“谁污染谁治理”的基本原则。

15. 危险废物经营单位许可证制度

《固体法》第八十条规定“从事收集、贮存、利用、处置危险废物经营活动的单位，应当按照国家有关规定申请取得许可证。许可证的具体管理办法由国务院制定。禁止无许可证或者未按照许可证规定从事危险废物收集、贮存、利用、处置的经营活动。禁止将危险废物提供或者委托给无许可证的单位或者其他生产经营者从事收集、贮存、利用、处置活动”。这一规定明确了并非任何单位和个人都能从事危险废物的收集、贮存、处理、处置等经营活动，必须具备符合要求的设施、专业技术和能力人员才能取得一定范围内的经营资质，才能从事危险废物的收集、贮存、处理、处置活动。

1.5.3 固体废物管理系统

固体废物管理是运用环境管理的理论和方法，通过法律、经济、技术、教育和行政等手段，鼓励废物资源化利用和控制固体废物污染环境，促进经济与环境的可持续发展。我国固体废物管理体系是以环境保护主管部门为主，结合有关的工业主管部门以及城市建设主管部门，共同对固体废物实行全过程管理。《固体法》对各个主管部门的分工有着明确的规定。

1. 国务院和县级以上人民政府有关部门

国务院和县级以上人民政府有关部门是指国务院、各地人民政府下属有关部门，如工业、农业和交通等部门。《固体法》第十三条规定“县级以上人民政府应当将固体废物污染环境防治工作纳入国民经济和社会发展规划、生态环境保护规划，并采取有效措施减少固体废物的产生量、促进固体废物的综合利用、降低固体废物的危害性，最大限度降低固体废物填埋量”。第九十二条规定“国务院有关部门、县级以上地方人民政府及其有关部门在编制国土空间规划和相关专项规划时，应当统筹生活垃圾、建筑垃圾、危险废物等固体废物转运、集中处置等设施建设需求，保障转运、集中处置等设施用地”。其主要职责是制定总体规划，统筹发展，对所管辖范围内的有关单位的固体废物污染环境防治工作进行监督管理；对造成固体废物严重污染环境的企事业单位进行限期治理；制定防治工业固体废物污染环境的技术政策，组织推广先进的防治工业固体废物污染环境的生产工艺和设备；组织、研究、开发和推广减少工业固体废物产生量的生产工艺和设备，限期淘汰产生严重污染环境的工业固体废物的落后生产工艺、落后设备；制定工业固体废物污染环境防治工作规划；组织建设工业固体废物和危险废物贮存、处置设施。

2. 县级以上生态环境主管部门

《固体法》第十四条规定“国务院生态环境主管部门应当会同国务院有关部门根据国家环境质量标准和国家经济、技术条件，制定固体废物鉴别标准、鉴别程序和国家固体废物污染环境防治技术标准”。第十六条规定“国务院生态环境主管部门应当会同国务院有关部门建立全国危险废物等固体废物污染环境防治信息平台，推进固体废物收集、转移、处置等全过程监控和信息化追溯”。第二十八条规定“生态环境主管部门应当会同有关部门建立产生、收集、贮存、运输、利用、处置固体废物的单位和其他生产经营者信用记录制度，将相关信用记录纳入全国信用信息共享平台”。第三十二条规定“国务院生态环境主管部门应当会同国务院发展改革、工业和信息化等主管部门对工业固体废物对公众健康、生态环境的危害和影响程度等作出界定，制定防治工业固体废物污染环境的技术政策，组织推广先进的防治工业固体废物污染环境的生产工艺和设备”。第七十五条规定“国务院生态环境主管部门应当会同国务院有关部门制定国家危险废物名录，规定统一的危险废物鉴别标准、鉴别方法、识别标志和鉴别单位管理要求。国家危险废物名录应当动态调整。国务院生态环境主管部门根据危险废物的危害特性和产生数量，科学评估其环境风险，实施分级分类管理，建立信息化监管体系，并通过信息化手段管理、共享危险废物转移数据和信息”。第二十九条规定“设区的市级人民政府生态环境主管部门应当会同住房城乡建设、农业农村、卫生健康等主管部门，定期向社会发布固体废物的种类、产生量、处置能力、利用处置状况等信息”。其主要工作包括：制定有关固体废物管理的规定、规则和标准；建立固体废物污染环境的监测制度；建立产生、收集、贮存、运输、利用、处置固体废物的单位和其他生产经营者信用记录制度，将相关信用记录纳入全国信用信息共享平台；建立危险废物信息化监管体系，并通过信息化手段管理、共享危险废物转移数据和信息；审批产生固体废物的项目以及建设贮存、处置固体废物的项目的环境影响评价；验收、监督和审批固体废物污染环境防治设施的“三同时”及其关闭、拆除；对与固体废物污染环境防治有关的单位进行现场检查；对固体废物的转移、处置进行审批、监督；进口可用作原料的废物的审批；制定防治工业固体废物污染环境的技术政策，组织推广先进的防治工业固体废物污染环境的生产工艺和设备；制定工业固体废物污染环境防治工作规划；组织工业固体废物和危险废物的申报登记；对所产生的危险废物不处置或处置不符合国家有关规定的单位实行行政代执行审批、颁发危险废物经营许可证；对固体废物污染事故进行监督、调查和处理。

3. 国务院建设行政主管部门和县级以上地方人民政府环境卫生行政主管部门

《固体法》第四十七条规定“设区的市级以上人民政府环境卫生主管部门应当制定生活垃圾清扫、收集、贮存、运输和处理设施、场所建设运行规范，发布生活垃圾分类指导目录，加强监督管理”。第四十八条规定“县级以上地方人民政府环境卫生等主管部门应当组织对城乡生活垃圾进行清扫、收集、运输和处理，可以通过招标等方式选择具备条件的单位从事生活垃圾的清扫、收集、运输和处理”。其主要工作包括：组织有关城乡生活垃圾管理的规定和环境卫生标准；组织建设生活垃圾的清扫、贮存、运输和处置设施，并对其运转进行监督管理；对生活垃圾的清扫、贮存、运输和处置经营单位进行统一管理。

1.6 我国固体废物环境管理标准体系

环境污染控制标准是各项环境保护法规、政策以及污染物处理处置技术得以落实的基本保障。近年来，各国都致力于制定更加严格、科学和合理的固体废物环境污染控制标准，提高固体废物综合利用效率。为了防治固体废物污染环境和提高固体废物综合利用效率，中国也制定了一系列管理措施，加强对固体废物的监测和管理，与固体废物有关的政策体系和国家标准基本形成。生态环境部负责制定有关污染控制、环境保护、分类、监测方面的标准，住房和城乡建设部负责制定有关垃圾清扫、运输、处理和处置的标准。概括起来讲，我国所颁布的与固体废物有关的标准主要分为固体废物分类标准、固体废物监测标准、固体废物污染控制标准和固体废物综合利用标准四类。

1.6.1　固体废物分类标准

这类标准主要包括 2020 年修订的 2021 年版《国家危险废物名录》、2017 年发布的《生活垃圾分类制度实施方案》。

《国家危险废物名录》共涉及 46 大类废物 467 种种危险废物和 2828 种废弃危险化学品，详见 1.1.3 小节。

1.6.2　固体废物鉴别方法标准

这类标准包括 GB 5085.1～7、HJ 298、GB/T 15555.1、GB/T 15555.3、GB/T 15555.4、GB/T 15555.5、GB/T 15555.7、GB/T 15555.8、GB/T 15555.10、GB/T 15555.11、GB/T 15555.12、HJ/T 299 等。

1.6.3　固体废物污染控制标准

这类标准是固体废物管理标准中最重要的标准，是环境影响评价、"三同时"、限期治理、日常监管、排污收费等一系列管理制度的基础和依据，其数量也是最多的。

第一类是污染物控制标准，是强制执行标准，如《生活垃圾填埋场污染控制标准》(GB 16889—2008)、《危险废物焚烧污染控制标准》(GB 18484—2020)、《生活垃圾焚烧污染控制标准》(GB 18485—2014)、《危险废物贮存污染控制标准》(GB 18597—2001)、《医疗废物处理处置污染控制标准》(GB 39707—2020)、《火电厂大气污染物排放标准》(GB 13223—2011)、《一般工业固体废物贮存和填埋污染控制标准》(GB 18599—2020)、《水泥窑协同处置固体废物污染控制标准》(GB30485—2013)等。

第二类标准是固体废物收集、运输、设施建设、运营等技术性规范和标准，这类标准和规范一般为非强制性标准，如《垃圾发电厂烟气净化系统技术规范》(DL/T 1967—2019)、《水泥窑协同处置固体废物技术规范》(GB/T 30760—2014)、《废弃电器电子产品回收处理污染控制导则》(GB/T 32357—2015)、《生活垃圾卫生填埋处理技术规范》(GB 50869—2013)、《危险废物处置工程技术导则》(HJ 2042—2014)、《危险废物集中焚烧处置设施运行监督管理技术规范(试行)》(HJ 515—2009)、《危险废物集中焚烧处置工程建设技术规范》(HJ/T 176—2005)、《医疗废物集中焚烧处置工程建设技术规范》(HJ/T 177—2005)、《餐厨垃圾处理技术规范》(CJJ 184—2012)、《生活垃圾卫生填埋气体收集处理及利用工程运行维护技术规程》(CJJ 175—2012)等，这类标准数量庞大，不再一一列举。

第三类为技术政策，如《城市生活垃圾处理及污染防治技术政策》(建城

〔2000〕120 号)、《危险废物污染防治技术政策》(环发〔2001〕199 号)、《可再生能源发电价格和费用分摊管理试行办法》(发改价格〔2006〕7 号)等。

1.6.4 固体废物综合利用标准

这类标准包括：GB/T 32328—2015《工业固体废物综合利用产品环境与质量安全评价技术导则》、GB/T32326—2015《工业固体废物综合利用技术评价导则》、GB/T2118—2017《再生铅及铅合金锭》、GB/T26311—2010《再生铜及铜合金棒》、GB/T38471—2019《再生铜原料》、YS/T793—2012《电工用火法精炼再生铜线坯》、YS/T 810—2012《导电用再生铜条》、GB/T 21651—2018《再生锌及锌合金锭》、YS/T1093—2015《再生锌原料》等。

1.7 “十三五”行业规划

为促进行业快速、健康发展，国务院办公厅、国家发展和改革委员会、住房和城乡建设部、生态环境部、工业和信息化部发布了一系列设施建设投资、污染防治及科技创新等多个行业发展规划，极大地刺激了固废行业的发展。“十三五”行业规划纷纷出台，具体有以下几方面。

1.7.1 “十三五”生态环境保护规划

2016 年 11 月 24 日，国务院印发了《“十三五”生态环境保护规划》(国发〔2016〕65 号)。《“十三五”生态环境保护规划》共十章，从目前全国生态环境保护形势、指导思想、源头防控、规划目标、保证措施等方面进行了全面规划，规划指出：生态环境是全面建成小康社会的突出短板，推动循环发展。实施循环发展引领计划，推进城市低值废弃物集中处置，开展资源循环利用示范基地和生态工业园区建设，建设一批循环经济领域国家新型工业化产业示范基地和循环经济示范市县。深化工业固体废物综合利用基地建设试点，建设产业固体废物综合利用和资源再生利用示范工程。依托国家“城市矿产”示范基地，培育一批回收和综合利用骨干企业、再生资源利用产业基地和园区。健全再生资源回收利用网络，规范完善废钢铁、废旧轮胎、废旧纺织品与服装、废塑料、废旧动力电池等综合利用行业管理。尝试建立逆向回收渠道，推广“互联网+回收”、智能回收等新型回收方式，实行生产者责任延伸制度。到 2020 年，全国工业固体废物综合利用率提高到 73%。提高城市生活垃圾处理减量化、资源化和无害化水平，全国城市生活垃圾无害化处理率达到 95%以上，90%以上村庄的生活垃圾得到有效治理。大中型城市重点发展生活垃圾焚烧发电技术，鼓励区域共建共享焚烧处理设施，积极发展生物处理技术，合理统筹填埋处理技术，到 2020 年，垃圾焚烧处理率达到 40%。完善收集储运系统，设市城市全面推广密闭化收运，实现干、湿分类收集转运。加强垃圾渗沥液处理处置、焚烧飞灰处理处置、填埋场甲烷利用和恶臭处理，向社会公开垃圾处置设施污染物排放情况。加快建设城市餐厨废弃物、建筑垃圾和废旧纺织品等资源化利用和无害化处理系统。以大中型城市为重点，建设生活垃圾分类示范城市(区)、生活垃圾存量治理示范项目，大中型城市建设餐厨垃圾处理设施。支持水泥窑协同处置城市生活垃圾。

提高危险废物处置水平，合理配置危险废物安全处置能力。鼓励产生量大、种类单一的企业和园区配套建设危险废物收集贮存、预处理和处置设施，引导和规范水泥窑协同处置危险废物。开展典型危险废物集中处置设施累积性环境风险评价与防控，淘汰一批工艺落后、不符合标准规范的设施，提标改造一批设施，规范管理一批设施。明确危险废物利用处置二次污染控制要求及综合利用过程环境保护要求，制定综合利用产品中有毒有害物质含量限值，促进危险废物安全利用。

推进医疗废物安全处置，实施医疗废物焚烧设施提标改造工程，建立医疗废物特许经营退出机制，严格落实医疗废物处置收费政策。

1.7.2 生活垃圾“十三五”规划

2016 年 12 月，《“十三五”全国城镇生活垃圾无害化处理设施建设规划》发布，从目标、任务、保证措施等方面对生活垃圾和餐厨垃圾进行了全面规划。

1. 主要目标

(1) 到 2020 年底，直辖市、计划单列市和省会城市(建成区)生活垃圾无害化处理率达到 100%；其他设市城市生活垃圾无害化处理率达到 95%以上，县城(建成区)生活垃圾无害化处理率达到 80%以上，建制镇生活垃圾无害化处理率达到 70%以上，特殊困难地区可适当放宽。

(2) 到 2020 年底，具备条件的直辖市、计划单列市和省会城市(建成区)实现原生垃圾“零填埋”，建制镇实现生活垃圾无害化处理能力全覆盖。

(3) 到 2020 年底，设市城市生活垃圾焚烧处理能力占无害化处理总能力的 50%以上，其中东部地区达到 60%以上。

(4) 到 2020 年底，直辖市、计划单列市和省会城市生活垃圾得到有效分类；生活垃圾回收利用率达到 35%以上，城市基本建立餐厨垃圾回收和再生利用体系。

(5) 到 2020 年底，建立较为完善的城镇生活垃圾处理监管体系。

2. 生活垃圾无害化处理主要任务

(1) 加快处理设施建设，尚不具备处理能力的设市城市和县城要在 2018 年前具备无害化处理能力。建制镇产生的生活垃圾就近纳入县级或市级垃圾处理设施集中处理。“十三五”期间，全国规划新增生活垃圾无害化处理能力 50.97t/d(包含“十二五”续建 12.9 万 t/d)，设市城市生活垃圾焚烧处理能力占无害化处理总能力的比例达到 50%，东部地区达到 60%。

(2) 坚持资源化优先，因地制宜选择安全可靠、先进环保、省地节能、经济适用的处理技术，严格按照相关建设、技术和环保标准进行设施建设，配备完善的污染控制及监控设施。经济发达地区和土地资源短缺、人口基数大的城市，优先采用焚烧处理技术，减少原生垃圾填埋量。建设焚烧处理设施的同时要考虑垃圾焚烧残渣、飞灰处理处置设施的配套。卫生填埋处理技术作为生活垃圾的最终处置方式，是各地必须具备的保障手段，重点用于填埋焚烧残渣和达到豁免条件的飞灰以及应急使用，剩余库容宜满足该地区 10 年以上的垃圾焚烧残渣及生活垃圾填埋处理要求。不鼓励建设处理规模小于 300t/d 的焚烧处理设施和库容小于 50 万 m^3 的填埋设施。

(3) 完善垃圾收运体系，城市建成区应实现生活垃圾全收集，建制镇应建立完善的生活垃圾收运系统。建立与生活垃圾分类、回收利用和无害化处理等相衔接的收运体系。积极构建“互联网+资源回收”新模式，打通生活垃圾回收网络与再生资源回收网络通道，整合回收队伍和设施，实现“两网融合”。“十三五”期间，新增收运能力 44.22 万 t/d。

(4) 加大存量治理力度，对因历史原因形成的非正规生活垃圾堆放点、不达标生活垃圾处理设施以及库容饱和的填埋场进行治理，使其达到标准规范要求。“十三五”期间，预计实施存量治理项目 803 个。

(5) 继续推进餐厨垃圾无害化处理和资源化利用能力建设，根据各地餐厨垃圾产生量及分布等因素，统筹安排、科学布局，鼓励使用餐厨垃圾生产油脂、沼气、有机肥、土壤改良剂、饲料添加剂等。鼓励餐厨垃圾与其他有机可降解垃圾联合处理。到“十三五”末，力争新增餐厨垃圾处理能力 3.44 万 t/d，城市基本建立餐厨垃圾回收和再生利用体系。

(6) 要求根据当地餐厨垃圾产生规模、组分和理化性质，科学选择成熟可靠的处理工艺路线和技术设备，可选择肥料化、饲料化(饲料添加剂)、能源化等工艺，工艺选择须符合《餐厨垃圾处理技术规范》等要求。强化产品应用管控，加强对餐厨垃圾资源化利用产品的质量监管和流向监控，严格规范餐厨垃圾肥料化和饲料化产品的销售、使用。

(7) 大力推动生活垃圾分类，结合各地实际，合理确定垃圾分类范围、品种、要求、方法、收运方式，形成统一完整、协同高效的垃圾分类收集、运输、资源化利用和终端处置的全过程管理体系。科学设定垃圾分类类别，鼓励对厨余等易腐垃圾进行单独分类。完善垃圾分类与再生资源回收投放点，建立分类回收与废旧物资回收相结合的管理和运作模式。

3. 资金规划

根据规划，“十三五”期间全国城镇生活垃圾无害化处理设施建设总投资约2518.4 亿元。其中，无害化处理设施建设投资 1699.3 亿元，收运转运体系建设投资 257.8 亿元，餐厨垃圾专项工程投资 183.5 亿元，存量整治工程投资 241.4 亿元，垃圾分类示范工程投资 94.1 亿元，监管体系建设投资 42.3 亿元。

4. 保障措施

从完善法规标准、加大政策支持、建立多元机制、强化创新引领、加强宣传引导和强化监督管理等六个方面进行了规划。

1.7.3　国家环境保护标准“十三五”发展规划

2017 年 4 月 5 日环境保护部发布的《国家环境保护标准“十三五”发展规划》指出，“十三五”期间，我国将启动约 300 项环保标准制修订项目，以及 20 项解决环境质量标准、污染物排放(控制)标准制修订工作中有关达标判定、排放量核算等关键和共性问题项目，发布约 800 项环保标准。其中涉及固体废物污染控制标准的要求是：根据《土壤污染防治行动计划》中加强工业废物处理处置的要求，按照全过程管理与风险防范的原则，进一步完善固体废物收集、贮存、处理处置与资源再生利用全过程的污染控制标准体系。修订一般工业固体废物贮存、处置场污染控制标准，完善防扬散、防流失、防渗漏等控制要求。制修订皮革废料、煤化工废渣等固体废物污染控制标准，促进行业固体废物的减量化和无害化处理处置。修订危险废物贮存、填埋、焚烧等处理处置污染控制标准，强化危险废物全过程管理。修订医疗废物、含多氯联苯废物的处理处置污染控制标准，针对环境风险控制重点环节，完善污染控制要求。制订生物有机质堆肥污染控制标准，促进固体废物综合利用。

1.8　产 业 政 策

自 2002 年以来，国家有关部门先后制定了一系列的法律、法规，以促进产业的发展，基本上形成了较为完善的政策体系，主要如下。

1.8.1 垃圾焚烧发电相关政策

垃圾焚烧发电相关政策详见表 1-7。

表 1-7 垃圾焚烧发电相关政策

文件名	发布单位	主要内容
中华人民共和国可再生能源法	全国人民代表大会常务委员会	推广应用可再生能源及激励监督措施
关于进一步开展资源综合利用意见的通知	国务院	对城市垃圾等综合利用电厂并网的优惠措施
关于实行城市生活垃圾处理收费制度促进垃圾处理产业化的通知	国家发展和改革委员会、财政部、建设部、国家环境保护总局	生活垃圾处理费交纳对象、收费标准的核定原则及支付用途
国家税务总局关于垃圾处置费征收营业税问题的批复	国家税务总局	对垃圾处置费免收营业税
国家发展改革委关于印发《可再生能源发电价格和费用分摊管理试行办法》的通知	国家发展和改革委员会	可再生能源电价标准
国家发展改革委关于印发《可再生能源发电有关管理规定》的通知	国家发展和改革委员会	可再生能源并网发电项目的接入系统，由电网企业建设和管理。明确了外网投资、建设、管理的主体
国家发展改革委关于印发《可再生能源电价附加收入调配暂行办法》的通知	国家发展和改革委员会	电力接网费用标准
环境保护部、国家发展和改革委员会、国家能源局关于进一步加强生物质发电项目环境影响评价管理工作的通知	环境保护部、国家发展和改革委员会、国家能源局	生活垃圾焚烧发电项目选址依据及环境影响评价报告编制要点
生活垃圾填埋场污染控制标准	环境保护部、国家质量监督检疫总局	生活垃圾焚烧飞灰经处理后满足规定条件的，可进入生活垃圾填埋场填埋处理
环境保护部、外交部、国家发展改革委、科技部、工业和信息化部、财政部、住房和城乡建设部、商务部、国家质量监督检验检疫总局关于加强二噁英污染防治的指导意见	环境保护部、外交部等九部委	推进高标准废弃物焚烧设施建设，优先选用成熟技术，淘汰落后技术
国家发展改革委关于完善垃圾焚烧发电价格政策的通知	国家发展和改革委员会	每吨生活垃圾折算上网电量暂定为 280kW · h，并执行全国统一垃圾发电标杆电价每千瓦时 0.65 元(含税)
政府核准的投资项目目录(2016年本)	国务院	通知中垃圾焚烧发电未列入政府核准范围内，为备案制，简化了工作程序

续表

文件名	发布单位	主要内容
可再生能源发电全额保障性收购管理办法	国家发展和改革委员会	根据国家确定的上网标杆电价和保障性收购利用小时数，通过落实优先发电制度，在确保供电安全的前提下，全额收购规划范围内的可再生能源发电项目的上网电量
生活垃圾焚烧发电厂自动监测数据用于环境管理的规定(试行) (征求意见稿)	生态环境部	对因环境违法受处罚的垃圾焚烧发电厂运维单位限制其享受增值税即征即退，并对因烟气污染物超标排放或焚烧工艺不正常运行的垃圾焚烧厂核减其可再生能源电价附加补贴资金
国务院关于印发“十三五”控制温室气体排放工作方案的通知	国家发展和改革委员会	推进绿色低碳发展，确保完成“十三五”规划纲要确定的低碳发展目标任务，推动我国二氧化碳排放 2030 年左右达到峰值并争取尽早达峰
可再生能源发电全额保障性收购管理办法	国家发展和改革委员会	对于风力发电、太阳能发电、生物质能发电、地热能发电、海洋能发电等非水可再生能源，由电网企业(含电力调度机构)根据国家确定的上网标杆电价和保障性收购利用小时数，结合市场竞争机制，通过落实优先发电制度，在确保供电安全的前提下，全额收购规划范围内的可再生能源发电项目的上网电量
可再生能源调峰机组优先发电试行办法	国家发展和改革委员会、国家能源局	可再生能源优先参与调峰上网
生物质能发展“十三五”规划	国家能源局	到 2020 年，生物质能基本实现商业化和规模化利用。生物质能年利用量约 5800 万 t 标准煤。生物质发电总装机容量达到 1500 万 kW，年发电量 900 亿 kW · h，其中农林生物质直燃发电 700 万 kW，城镇生活垃圾焚烧发电 750 万 kW，沼气发电 50 万 kW；生物天然气年利用量 80 亿 m^3；生物液体燃料年利用量 600 万 t；生物质成型燃料年利用量 3000 万 t

国家能源局起草的《可再生能源电力配额及考核办法(试行)》(下称《考核办法》)，于 2018 年 3 月、2018 年 9 月公开征求意见，2018 年 11 月国家能源局下发的《关于实行可再生能源电力配额制的通知》(征求意见稿)中：①对各省级行政区域全社会用电量规定最低的可再生能源电力消费比重指标；②可再生能源电力实施配额制，强制摊销；③对于未达到配额指标的省级行政区域，国务院能源主管部门通过暂停下达或减少该区域化石能源电源建设规模、取消该区域申请示范项目资格、取消该区域国家按区域开展的能源类示范称号等措施，按区域限批其新增高载能工业项目。表 1-8 为各省级行政区域 2018 年可再生能源电力总量配额指标。

表 1-8　各省级行政区域 2018 年可再生能源电力总量配额指标

省(区、市)	2018 年配额指标/%	2020 年预期指标/%
北京	11	13.5
天津	11	13.5
河北	11	13.5
山西	14	16
内蒙古	14	16
辽宁	10.5	10.5
吉林	20	25.5
黑龙江	18.5	24.5
上海	30.5	31.5
江苏	13.5	13.5
浙江	17	17.5
安徽	15.5	17.5
福建	22.5	23
江西	23	29.5
山东	8.5	11
河南	14	18.5
湖北	36	36.5
湖南	50.5	56.5
广东	29.4	27.8
广西	50.4	44.1
海南	10	11.5
重庆	47	45
四川	91	88.5
贵州	29.2	21.6
云南	80	70
西藏	59	68.5
陕西	15.5	18.5
甘肃	41	38
青海	58.5	69
宁夏	23	23
新疆	26.5	29.5

注：数据来源于《关于实行可再生能源电力配额的通知》(征求意见稿)2018 年 11 月。

我国政府对焚烧处理一直持鼓励的态度，先后出台了一系列政策法规给予支持。2010 年 4 月 1 日实施的《中华人民共和国可再生能源法》规定，电网企业应当与按照可再生能源开发利用规划建设，依法取得行政许可或者报送备案的可再生能源发电企业签订并网协议，全额收购其电网覆盖范围内符合并网技术标准的可再生能源并网发电项目的上网电量。对于垃圾发电实行收入补贴政策：一是垃圾处理补贴，当地政府按吨支付定额垃圾处理费；二是政府对上网电价支付电价补贴为每千瓦时 0.65 元。

1.8.2　危险废物和医疗废物相关政策

危险废物和医疗废物相关政策详见表 1-9。

表 1-9　危险废物和医疗废物相关政策

文件名	发布单位	主要内容
固体法	全国人民代表大会常务委员会	以立法的形式要求控制和治理固体废弃物污染
国家危险废物名录	生态环境部、国家发展和改革委员会、公安部	明确危险废物种类
全国危险废物和医疗废物处置设施建设规划	国家环境保护总局、国家发展和改革委员会	危险废物和医疗废物项目建设地、建设内容及建设规模的规划
危险废物污染防治技术政策	国家环境保护总局、国家经济贸易委员会、科技部	规范技术
关于实行危险废物处置收费制度促进危险废物处置产业化的通知	国家发展和改革委员会、国家环境保护总局等五部委	处理费交纳对象、收费标准的核定原则及支付用途
危险废物和医疗废物处置设施建设项目复核大纲	国家环保总局	工程建设技术文件
中华人民共和国循环经济促进法	全国人民代表大会常务委员会	要求促进废物资源化和再利用，保护和改善环境，实现可持续发展
国家环境保护“十二五”规划	国务院	明确提出加大工业固体废物污染防治力度，到 2015 年，工业固体废物综合利用率达到 72%，规范废弃电器电子产品的回收处理活动，建设废旧物品回收体系和集中加工处理园区，推进资源综合利用

1.9　“无废城市”建设

1.9.1　中国“无废城市”建设试点工作方案

2018 年 12 月 29 日，国务院办公厅发布《国务院办公厅关于印发“无废城市”建设试点工作方案的通知》(国办发〔2018〕128 号)。

“无废城市”是以创新、协调、绿色、开放、共享的新发展理念为引领，通过推动形成绿色发展方式和生活方式，持续推进固体废物源头减量和资源化利用，最大限度减少填埋量，将固体废物环境影响降至最低的城市发展模式。“无废城市”并不是没有固体废物产生，也不意味着固体废物能完全资源化利用，而是一种先进的城市管理理念，旨在最终实现整个城市固体废物产生量最小、资源化利用充分、处置安全的目标，需要长期探索与实践。

该方案的指导思想是以习近平新时代中国特色社会主义思想为指导，全面贯彻党的十九大和十九届二中、三中全会精神，紧紧围绕统筹推进“五位一体”总体布局和协调推进“四个全面”战略布局，深入贯彻习近平生态文明思想和全国生态环境保护大会精神，认真落实党中央、国务院决策部署，坚持绿色低碳循环发展，以大宗工业固体废物、主要农业废弃物、生活垃圾和建筑垃圾、危险废物为重点，实现源头大幅减量、充分资源化利用和安全处置，选择典型城市先行先试，稳步推进“无废城市”建设。方案的基本原则是：①坚持问题导向，注重创新驱动。着力解决当前固体废物产生量大、利用不畅、非法转移倾倒、处置设施选址难等突出问题，统筹解决本地实际问题与共性难题，加快制度、机制和模式创新，推动实现重点突破与整体创新，促进形成“无废城市”建设长效机制。②坚持因地制宜，注重分类施策。紧密结合本地实际，明确目标，细化任务，完善措施，精准发力，持续提升城市固体废物减量化、资源化、无害化水平。③坚持系统集成，注重协同联动。坚持政府引导和市场主导相结合，提升固体废物综合管理水平与推进供给侧结构性改革相衔接，推动实现生产、流通、消费各环节绿色化、循环化。④坚持理念先行，倡导全民参与。全面增强生态文明意识，将绿色低碳循环发展作为“无废城市”建设重要理念，推动形成简约适度、绿色低碳、文明健康的生活方式和消费模式。强化企业自我约束，杜绝资源浪费，提高资源利用效率。充分发挥社会组织和公众监督作用，形成全社会共同参与的良好氛围。

方案明确了如下六项重点任务。

(1) 强化顶层设计引领，发挥政府宏观指导作用。2019 年 6 月底前，研究建立以固体废物减量化和循环利用率为核心指标的“无废城市”建设指标体系，并与绿色发展指标体系、生态文明建设考核目标体系衔接融合。健全固体废物统计制度，统一工业固体废物数据统计范围、口径和方法，完善农业废弃物、建筑垃圾统计方法。

优化固体废物管理体制机制，强化部门分工协作。加强制度政策集成创新，增强试点方案系统性。统筹城市发展与固体废物管理，优化产业结构布局。

(2) 实施工业绿色生产，推动大宗工业固体废物贮存处置总量趋零增长。全面实施绿色开采，减少矿业固体废物产生和贮存处置量。以煤炭、有色金属、黄金、冶金、化工、非金属矿等行业为重点，按照绿色矿山建设要求，因矿制宜采用充填采矿技术，推动利用矿业固体废物生产建筑材料或治理采空区和塌陷区等。到 2020 年，试点城市的大中型矿山达到绿色矿山建设要求和标准，其中煤矸石、煤泥等固体废物实现全部利用。

开展绿色设计和绿色供应链建设，促进固体废物减量和循环利用。大力推行绿色设计，提高产品可拆解性、可回收性，减少有毒有害原辅料使用，培育一批绿色设计示范企业；大力推行绿色供应链管理，发挥大企业及大型零售商带动作用，培育一批固体废物产生量小、循环利用率高的示范企业。以铅酸蓄电池、动力电池、电器电子产品、汽车为重点，落实生产者责任延伸制，到 2020 年，基本建成废弃产品逆向回收体系。

健全标准体系，推动大宗工业固体废物资源化利用。以尾矿、煤矸石、粉煤灰、冶炼渣、工业副产石膏等大宗工业固体废物为重点，完善综合利用标准体系，分类别制定工业副产品、资源综合利用产品等产品技术标准。

(3) 推行农业绿色生产，促进主要农业废弃物全量利用。以规模养殖场为重点，以建立种养循环发展机制为核心，逐步实现畜禽粪污就近就地综合利用。在肉牛、羊和家禽等养殖场鼓励采用固体粪便堆肥或建立集中处置中心生产有机肥，在生猪和奶牛等养殖场推广快速低排放的固体粪便堆肥技术、粪便垫料回用和水肥一体化施用技术，加强二次污染管控。推广“果沼畜”、“菜沼畜”、“茶沼畜”等畜禽粪污综合利用、种养循环的多种生态农业技术模式。到 2020 年，规模养殖场粪污处理设施装备配套率达到 95%以上，畜禽粪污综合利用率达到 75%以上。

(4) 践行绿色生活方式，推动生活垃圾源头减量和资源化利用。以绿色生活方式为引领，促进生活垃圾减量。支持发展共享经济，减少资源浪费。限制生产、销售和使用一次性不可降解塑料袋、塑料餐具，扩大可降解塑料产品应用范围。加快推进快递业绿色包装应用，到 2020 年，基本实现同城快递环境友好型包装材料全面应用。

多措并举，加强生活垃圾资源化利用。全面落实生活垃圾收费制度，推行垃圾计量收费。建设资源循环利用基地，加强生活垃圾分类，推广可回收物利用、焚烧发电、生物处理等资源化利用方式。垃圾焚烧发电企业实施“装、树、联”(垃圾焚烧企业依法依规安装污染物排放自动监测设备、在厂区门口树立电子显示屏实时公布污染物排放和焚烧炉运行数据、自动监测设备与生态环境部门联网)，强化信息公开，提升运营水平，确保达标排放。以餐饮企业、酒店、机关事业单位和学校食堂等为重点，创建绿色餐厅、绿色餐饮企业，倡导“光盘行动”。促进餐厨垃圾资源化利用，拓宽产品出路。

开展建筑垃圾治理，提高源头减量及资源化利用水平。强化规划引导，合理布局建筑垃圾转运调配、消纳处置和资源化利用设施。加快设施建设，形成与城市发展需求相匹配的建筑垃圾处理体系。在有条件的地区，推进资源化利用，提高建筑垃圾资源化再生产品质量。

(5) 提升风险防控能力，强化危险废物全面安全管控。筑牢危险废物源头防线。新建涉危险废物建设项目，严格落实建设项目危险废物环境影响评价指南等管理要求，明确管理对象和源头，预防二次污染，防控环境风险。以有色金属冶炼、石油开采、石油加工、化工、焦化、电镀等行业为重点，实施强制性清洁生产审核。

夯实危险废物过程严控基础。开展排污许可“一证式”管理，探索将固体废物纳入排污许可证管理范围，掌握危险废物产生、利用、转移、贮存、处置情况。严格落实危险废物规范化管理考核要求，强化事中事后监管。全面实施危险废物电子转移联单制度，依法加强道路运输安全管理，及时掌握流向，大幅提升危险废物风险防控水平。开展废铅酸蓄电池等危险废物收集经营许可证制度试点。落实《医疗废物管理条例》，强化地方政府医疗废物集中处置设施建设责任，推动医疗废物集中处置体系覆盖各级各类医疗机构。加强医疗废物分类管理，做好源头分类，促进规范处置。完善危险废物相关标准规范。

(6) 激发市场主体活力，培育产业发展新模式。将固体废物产生、利用处置企业纳入企业环境信用评价范围，根据评价结果实施跨部门联合惩戒。落实好现有资源综合利用增值税等税收优惠政策，促进固体废物综合利用。构建工业固体废物资源综合利用评价机制，制定国家工业固体废物资源综合利用产品目录，对依法综合利用固体废物、符合国家和地方环境保护标准的，免征环境保护税。按照市场化和商业可持续原则，探索开展绿色金融支持畜禽养殖业废弃物处置和无害化处理试点，支持固体废物利用处置产业发展。到 2020 年，在试点城市危险废物经营单位全面推行环境污染责任保险。

发展“互联网+”固体废物处理产业。推广回收新技术新模式，鼓励生产企业与销售商合作，优化逆向物流体系建设，支持再生资源回收企业建立在线交易平台，完善线下回收网点，实现线上交废与线下回收有机结合。

积极培育第三方市场。鼓励专业化第三方机构从事固体废物资源化利用、环境污染治理与咨询服务，打造一批固体废物资源化利用骨干企业。以政府为责任主体，推动固体废物收集、利用与处置工程项目和设施建设运行，在不增加地方政府债务前提下，依法合规探索采用第三方治理或政府和社会资本合作(PPP)等模式，实现与社会资本风险共担、收益共享。

《方案》提出，在全国范围内选择 10 个左右有条件、有基础、规模适当的城市，在全市域范围内开展“无废城市”建设试点。到 2020 年，系统构建“无废城市”建设指标体系，探索建立“无废城市”建设综合管理制度和技术体系，形成一批可复制、可推广的“无废城市”建设示范模式。

1.9.2　欧盟“无废城市”建设简介

欧洲“无废城市”建设以“循环经济”为引导，通过严格的行政措施、灵活的市场手段以及持续对创新技术的驱动，推动产业链、消费习惯及工业系统再设计等全系统层面的深度改革，实现“无废城市”发展目标。

2008～2016 年，欧盟单位 GDP 城市废弃物产生量从 6.9kg/万欧元下降至 6.6kg/万欧元。欧洲城市废弃物循环利用率从 37%提升至 46%，城市废弃物管理成效明显。其废弃物管理原则、“无废城市”的法律及政策框架和具体行动简述如下。

1. 欧洲废弃物管理原则

由于产品生命周期中 80%的环境影响源自其设计阶段，因此要实现“无废城市”，必须关注废弃物产生的源头，从源头减少废弃物的产生量。因此，欧盟《废弃物框架指令》中明确了废弃物管理优先原则(waste management priorities)、污染者付费原则(polluter-pays principle)和生产者责任延伸(extended producer responsibility)等废弃物管理基本原则，并要求欧盟各国通过立法和政策措施严格落实以上原则。图 1-5 为欧盟废弃物管理优先级图。

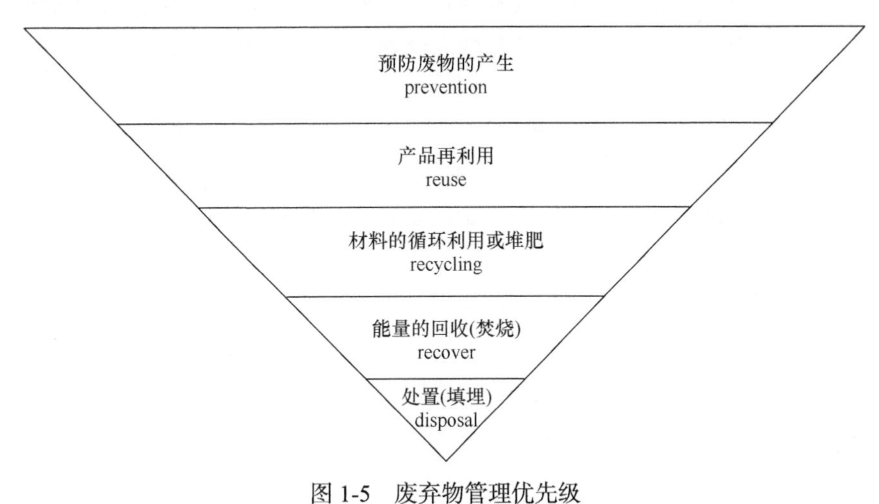

图 1-5　废弃物管理优先级

2. 欧洲“无废城市”法律及政策框架

1) 欧洲“无废城市”相关目标

为加快“无废城市”的建设，欧盟在《废弃物框架指令》及相关行动计划中制定了详细的目标。

到 2020 年，家庭或其他类似来源的废物种类，如废纸、废金属、废塑料和废玻璃的回收利用率应至少增加至总重的 50%。

到 2020 年，一般建筑垃圾的重复使用、材料循环利用和其他材料回收率(包括利用废弃物替代其他材料进行回填)至少增加至总重的 70%。

欧洲循环经济一揽子计划如下：

到 2030 年，城市废弃物循环利用率达到 65%。

到 2030 年，包装废弃物实现 75%循环再利用。

到 2030 年，城市废弃物填埋率不得超过 10%。

到 2030 年，所有塑料包装实现可回收。

禁止将分类收集的废弃物进行填埋处置。

在欧洲简化并统一回收率的计算方法。

2) 欧洲废弃物法律框架

为保障以上目标的实现，欧盟建立了完善的废弃物法律框架。1975 年颁布的《废弃物框架指令》是欧盟固废领域的基础法律，该指令颁布以来，经历了 1991 年、2006 年、2008 年共 3 次修订。欧盟通过《废弃物框架指令》明确了固废管理的基础概念和原则，指令中包含有关危险废物、废油、副产品、固废终止标准、能量回收、目标和报告要求、固废分类及清单、固废产生预防等条例。

由于欧盟社会对废物的认定存在争议，为明确废物和副产品之间的区别，欧盟制定了废弃物终止标准，明确了几种废弃物成为产品的条件，这些标准进一步提升了固废循环利用的环境和经济效益。

此外，欧盟针对现阶段环境影响大、回收利用效益大的固废种类，如包装废弃物、废旧电子电气设备和报废汽车，制定专项法律，明确了生产者在产品设计、生产、回收及处置中的相关责任，并制定了特定固废的减量和资源回收目标。

欧盟通过各类指令，从法律上直接对各成员国起约束作用，同时配合各种行动计划，对各国进行目标、内容上的指导。

欧洲各国通过完善法律法规，借助指导与控制、经济及社会等政策工具，推动“无废城市”的建设。

3. 欧盟部分国家采取的行动

1) 比利时：实施生产者责任延伸制度

比利时通过立法和非立法措施建立“生产者责任延伸”制度，这些措施确保了开发、制造、加工、销售以及出口产品的自然人或法人承担生产者延伸责任，此制度适用于：①印刷固废；②报废汽车；③废旧轮胎；④废旧电器；⑤废(蓄)电池；⑥废油；⑦过期药物；⑧家庭来源的动植物废油脂；⑨废弃的光伏太阳能电池板；⑩废农用薄膜；⑪生活垃圾；⑫使用过的皮下注射针头；⑬使用过的一次性尿布。

对于②、③、④、⑤、⑧提到的固体废物，生产者承担接收义务，这就要求生产者免费收回消费者提供给他的废弃商品。对于其他固体废物，生产者责任可以通过其他方式履行，包括对丢弃的垃圾仅承担纯粹的经济责任。

2) 芬兰：推进生态产品设计

芬兰《固废法》(646/2011)第 9 款规定了产品制造商、市场供应商和分销商的一般义务。产品制造商应尽可能确保：

(1) 生产中节约使用原材料，并在生产中使用回收的固体废物、原材料，或废旧产品及其零部件；

(2) 生产中避免使用对人体健康和环境有害的物质，并以危害较小的物质代替；

(3) 产品没有不必要的包装；

(4) 产品具有耐用性、可修复性、再利用性及可回收性，该产品生产及其使用过程产生尽可能少的固体废物。

向市场发布产品的组织和分销商应尽可能确保该产品符合上述要求，并确保该产品贴有标签，并提供相应的产品信息。如果已知或有理由相信，制造、使用或丢弃产品过程中产生的固体废物，将会造成固废管理组织重大损失，或对人体健康或环境造成危害，产品的制造、销售、出口或使用将遭到禁止、限制或其他约束。此外，芬兰的《产品生态设计和能源标签法》(1005/2008)规定了能源相关产品的设计要求。《有害物质限制指令》(2011/65/EU)和《废旧电子电气设备指令》(2002/96/EC)的实施也将对产品生态设计和固废管理产生积极影响。

1.10　收 费 政 策

1. 垃圾焚烧发电收益相对稳定

垃圾焚烧发电企业收入一部分为政府支付的垃圾处理服务费，服务费单价根据各地经济发达程度、当地政府财政承受能力、企业承担的投资范围、处理工艺、边界条件及环保排放标准、项目建设规模等诸多因素不同差异很大。2015 年以前的大多数项目均采用建设-运营-移交(BOT)的形式进行，投资企业承担了包括土地在内(包括征地费用、拆迁补偿、青苗补偿等)的红线范围内的所有项目的投资，部分项目也承担了外部接入系统、供排水及外部配套道路等的投资。由于各地项目在招商时给出的边界条件不同，投资差异较大，2015 年大部分项目投资炉排炉工艺在 35 万～50 万元/t，流化床炉工艺投资在 30 万～45 万元/t。2015 年后出现了 PPP 投资模式，部分项目采用 PPP 模式，但在执行过程中 PPP 模式因出现了一些问题而被叫停。在 2015 年以后的投资项目中，由于各地对污染物排放要求更严格，去工业化要求提升到一个较高的高度，环保教育基地的功能被进一步强化，导致投资有较大幅度的增加，目前有些项目的投资达到 55 万～60 万元/t。由于投资额不同，各地特许经营期不同(大部分为 30 年，含 2 年建设期)，因此垃圾处理服务费差异很大，最高为上海、北京，达 186～210 元/t，绝大多数项目的垃圾补贴费用为 85～120 元/t，前几年屡屡出现的低价中标项目，频繁刷新最低纪录，最低的是南方某市的 18 元/t。但由于最低价中标带来的种种弊端和存在的巨大风险，有些项目被中途叫停，有些项目则通过重新谈判调整垃圾补贴费用单价。垃圾处理服务费依据企业与当地政府签订的合同相关条款由当地政府从财政支付。根据全国平均收费标准，该部分收入约占企业收入的 30%～40%。

另一部分收入是上网售电收入，全国统一电价 0.65 元/(kW · h)(在折合每吨入厂垃圾电量不超过 280kW · h 的情况下)，约占企业收入的 60%～70%。该部分费用由当地省级电网公司根据售电合同向垃圾发电企业支付。综上所述，垃圾焚烧发电企业在目前收益相对稳定。但目前国家相关政策正在发生一些变化，在光伏发电取消上网电价补贴后，垃圾焚烧发电企业的上网电价补贴政策亦已明确补贴时限最多为 82000h。

2. 污泥处理尚无明确收费政策

污泥处理处置，作为水和固废的交叉行业，收费机制尚不明确。虽然 2009 年发布的《城镇污水处理厂污泥处理处置及污染防治技术政策(试行)》明确指出：“污水处理费应包括污泥处理处置运营成本；通过污水处理费、财政补贴等途径落实污泥处理处置费用，确保污泥处理处置设施正常稳定运营。”但目前，我国大多数城市征收的污水处理费较低，仅维持污水厂的正常运行甚至正常运行都有困难，污泥处理费需要政府补贴。

3. 危险废物收费由当地物价部门核准

目前国内尚无医疗废物和危险废物处置收费的规范性统一政策，各地医疗废物和危险废物运行收费由各地物价部门核准。各地医疗废物收费比较容易，原因是各地卫生管理部门在核发和年检医疗卫生许可时需要查看医疗机构与当地医疗废物处置企业的合同，收费标准基本上在 2.0～2.2 元/kg 或 0.8～1.5 元/(床 · d)。各地方环保部门对危险废物虽也有相同的规定，但由于危险废物产生单位分散，执行力度不够，收费标准根据种类不同，差别较大，一般废物基本上在 1300～2500 元/t，特殊废物收费在 8000～20000 元/t。

4. 土地修复由财政或开发商承担

目前国内土壤修复的费用没有明确政策，部分正在或已修复的局部土壤主要由政府财政支付或由土地开发商自行承担。

1.11 财税政策

1. 垃圾焚烧发电项目

根据财政部和国家税务总局印发的《资源综合利用产品和劳务增值税优惠目录》，垃圾焚烧发电企业，实行增值税即征即退政策。根据《中华人民共和国企业所得税法实施条例》第八十七条和第八十八条，垃圾焚烧发电企业自项目取得第一笔生产经营收入所属纳税年度起，第一年至第三年免征企业所得税，第四年至第六年减半征收企业所得税。

2. 餐厨垃圾处理

根据财政部和国家税务总局印发的《资源综合利用产品和劳务增值税优惠目录》，餐厨垃圾处理企业可享受增值税 100%即征即退政策。

3. 危险废物处置

列入全国危险废物和医疗废物处置设施建设规划范围内的项目建设，均能得到国债资金的支持，支持的比例为：发达地区国债资金和地方配套资金之比为 5∶5，欠发达地区国债资金和地方配套资金之比为 7∶3，自 2006 年起，财政部、国家发展和改革委员会每年均根据项目进度计划下达危险废物和医疗废物处置设施建设中央预算内专项资金(国债)投资。

由于危险废物产生量巨大，据统计，截至 2017 年底，全国危险废物产量 6546 万 t(不含医疗废物)，各地采用市场手段，新建了一批危险废物处置设施。

4. 其他固体废物处置项目

根据《财政部、税务总局关于资源综合利用增值税政策的公告》(财政部 税务总局公告 2019 年第 90 号)，自 2019 年 9 月 1 日起，纳税人销售自产磷石膏资源综合利用产品，可享受增值税即征即退政策，退税比例为 70%。

第 2 章　固体废物处置市场现状及市场前景

2.1　垃圾焚烧发电市场现状及市场前景

固体废物是仅次于水务的第二大环保产业。固体废物包括工业大宗固废、城市垃圾和危险废物。工业大宗固废包括冶炼渣、粉煤灰、尾矿、煤矸石、赤泥等，城市垃圾包括城市生活垃圾、园林垃圾、污泥(城市污水处理厂产生的污泥)等，危险废物是指列入国家危险废物名录或者根据国家规定的危险废物鉴别标准和鉴别方法认定的具有危险特性的固体废物，包括 46 大类 467 种。

生活垃圾是指城市居民生活垃圾、行政事业单位垃圾、商业垃圾、集贸市场垃圾、公共场所垃圾以及街道清扫垃圾。一些城市中存在一批以私营企业为主的小型工厂，如制鞋厂、木器厂等，这些工厂产生的工业性废物具有较高热值且属于一般工业废物，废物产量又相对较低，不适合单独处理。对这种适合焚烧的普通工业垃圾，国家标准《生活垃圾焚烧污染控制标准》(GB 18485—2014)允许与生活垃圾混烧。

城市生活垃圾处理是个世界性的难题，随着环境问题逐步突出，节能、环保成为各国的发展主题。全世界每年产生生活垃圾近 5 亿 t。据统计，2015 年全国 246 个城市生活垃圾清运量为 1.914 亿 t，无害化处理量 1.801 亿 t，无害化处置设施 890 座，无害化率为 94.1%。2016 年全国 246 个城市生活垃圾清运量为 2.00362 亿 t，无害化处理量 1.9674 亿 t，无害化处置设施 940 座，无害化率为 98.19%。

我国从 1987 年开始采用焚烧发电的方式处理生活垃圾，垃圾焚烧由于占地面积小、资源化程度高、减容量高、无害化彻底、污染物排放可控等优点，在近 20 多年得到了快速发展，截至 2018 年底，全国建成投产垃圾焚烧发电厂 331 座，日处理能力达 36.4595 万 t，焚烧 10184.92 万 t，占无害化处理量的 45.14%。

国家相关政策体系的不断完善，促进了生活垃圾焚烧发电产业的兴起和发展。目前已形成涵盖防治环境污染、保护生态与自然资源、资源节约利用三大领域的环境政策、优惠政策、法规和标准体系，是垃圾焚烧发电产业赖以生存与发展的政策支撑。同时国家和有关部门相继出台和实施了市政公用事业的特许经营政策、投资体制改革等一系列相关的改革政策，加快了作为传统的市政公用事业——垃圾处理产业的市场化发展，改变了政府单一的投融资渠道，使其走向了投资主体多元化和融资渠道多样化的发展道路，进一步推进了垃圾处理产业的发展。

据统计，截至 2018 年 12 月，建成并投入运行的生活垃圾焚烧发电厂 331 座，2018 年新投入运行 45 座，处理能力达到 36.4595 万 t/d，2018 年当年建成并投入运行的生活垃圾焚烧发电厂处理能力为 6.6533 万 t/d。

2.2　危险废物焚烧市场现状及市场前景

根据中华人民共和国环境保护部统计数据，2017 年工业危险废物产生量为 6546 万 t，不含医疗废物 91.1 万 t。表 2-1 为 2004 年以来历年危险废物产量统计(均不含医疗废物)。

表 2-1　历年危险废物产量统计(万 t)

年份	2004	2005	2006	2007	2008	2009	2010	2011	2012	2013	2014	2015	2016	2017	2018
产量	994	1162	1084	1072	1356	1428	1586	3431	3456	3157	3634	3976	5347	6546	4643

我国对危险废物储存、运输和处置实行资质管理制度，截至 2017 年底，全国各省(区、市)颁发的危险废物经营许可证共 2722 份，持证经营单位核准经营规模为 8178 万 t/a，其中核准利用规模占核准经营规模的 73%，危险废物处置核准规模占核准经营规模的 18%，医疗废物核准处置规模占核准经营规模的 1.4%。2017 年全国持证单位实际经营规模仅为 2252 万 t，其中综合利用 1509 万 t，占实际经营规模的 67%；危险废物处置量为 630 万 t，占实际经营规模的 28%；医疗废物处置 91 万 t，占实际经营规模的 4%。

截至 2018 年底，全国各省(区、市)颁发的危险废物(含医疗废物)经营许可证共 3220 份。持证经营单位核准能力达到 10212 万吨/年(含收集能力 1201 万 t/年)；2018 年实际收集和利用处置量仅为 2697 万 t(含收集 57 万 t)，其中，利用危险废物 1911 万 t，处置医疗废物 98 万 t，采用填埋方式处置危险废物 157 万 t，采用焚烧方式处置危险废物 181 万 t，采用水泥窑协同方式处置危险废物 101 万 t，采用其他方式处置危险废物 192 万 t。

截至 2016 年底，全国共建成危险废物经营处置设施 2651 家，其中西部地区 627 家，占总量的 23.7%；中部地区 843 家，占 31.8%；东部地区 1181 家，占总量的 44.5%。全国危险废物经营单位核准经营规模为 6471 万 t(含收集经营规模 397 万 t)，实际经营规模为 1629 万 t(含收集 23 万 t)，其中，危险废物 1172 万 t，处置医疗废物 83 万 t，采用填埋方式处置危险废物 86 万 t，采用焚烧方式处置危险废物 110 万 t，采用水泥窑协同方式处置危险废物 43 万 t，采用其他方式处置危险废物 112 万 t。

2017年持证单位核准经营量8178万t，产量为6546万t；实际经营量2252万t，实际处置量630万t，实际经营量占核准量的27.5%，实际处置量占核准处置量的 42.8%。持证单位经营能力大于产量，实际经营量仅为同期产量的34.4%。

2018年持证单位核准经营量10212万t，产量为4643万t，实际经营量2697万t，实际处置量2640万t，实际经营量占核准量的26.4%，实际处置量占核准处置量的 29.3%。持证单位经营能力远大于产量，实际经营量仅为同期产量的58.09%。

从上述数据可以看出，目前全国危险废物经营能力大于同期危险废物的产量，但实际经营量仅为同期产量的34.4%～58.1%，设施负荷率不足30%。目前面临的尴尬是：一方面，经营处理设施开工率不足30%，经营处置单位吃不饱，单位经营处置成本增大，企业难以为继。另一方面，大量产生的危险废物没有得到安全、无害化处置，对生态环境造成了很大的危害。

造成这种局面的原因是多方面的。第一，个别产危废单位法律意识和环境保护意识不强，唯利是图，违法偷排、非法转移、非法倾倒的案例时有报道，违法成本仍然较低。第二，需要政府各主管部门尤其是环保主管单位进一步联合地方各行政管理部门加强执法，依法严管、依法严惩偷排等违法行为。第三，危险废物经营处置单位布局不合理。由于我国实行危险废物属地管理，危险废物跨境转移、处置手续繁杂，几乎难以实施，因此，加剧了危险废物经营处置单位布局不合理的局面。第四，由于危险废物处置要求越来越严格，对污染物排放标准的提高，同时受实际处置量难以达到设计规模等因素的影响，处置成本居高不下，企业面临经营困难。第五，与污水处理和生活垃圾处置采用的特许经营权不同，危险废物处置采取市场调节手段，给部分企业带来了经营上的困难。

我国危险废物采用“一废二制”，即一种废物可由产废单位自行利用处置，也可委托持证单位利用处置。2016年由产废单位自行利用处置的危险废物为2800万t，占同期处置规模的约63%，由持证单位实际利用处置量为1629万t，占同期处置规模的约37%。

医疗废物属于危险废物，处置医疗废物需要申请领取危险废物经营许可证。全国拥有危险废物经营许可证的医疗废物处置设施分为两大类，即单独处置医疗废物设施和同时利用处置危险废物和医疗废物设施。截至2016年，全国各省(区、市)共颁发332份危险废物经营许可证用于处置医疗废物(其中305份为单独处置医疗废物设施，27份为同时利用处置危险废物和医疗废物设施)。

截至2016年，全国医疗废物持证单位实际经营规模83万t，2017年持证单位实际经营规模91.1万t，与同期医疗废物产量持平，我国的医疗废物已100%得到了无害化处置。

截至 2018 年，全国各省(区、市)共颁发 407 份危险废物经营许可证用于处置医疗废物(其中 383 份为单独处置医疗废物设施，24 份为同时利用处置危险废物和医疗废物设施)，全国医疗废物经营单位实际处置量为 98 万 t，大部分城市的医疗废物都得到了及时妥善处置。

中国产业信息网发布的《2014—2019 年中国危险废物治理行业深度调研及前景研究报告》指出：我国的危险废物处置相对滞后。从 1990 年开始起步，到 1996 年初步形成相关管理体系，到 2008 年才形成《国家危险废物名录》，2016 年和 2020 年对《国家危险废物名录》进行了修订，我国的危险废物处理处置行业也是从“十一五”期间开始快速发展。

2.3　餐厨垃圾处理市场现状及市场前景

餐厨垃圾主要是指居民日常生活及除此以外的食品加工、饮食服务、单位供餐等活动中产生的食物残余和废弃食用油脂，俗称“泔水”。随着经济的发展和人们生活水平的提高以及消费观念的变化，在日常生活中，餐厨垃圾所占的比例越来越大。2015 年全国餐厨垃圾产生量达 9475 万 t，日均产量达 26 万 t，其中主要城市餐厨垃圾产生量达 6000 多万 t，特别是一些大中城市，餐厨垃圾产生量更是惊人，上海、北京、重庆、广州等餐饮业发达城市问题尤为严重，餐厨垃圾日产生量达到 2000t 以上。2019 年，全国餐厨垃圾产生量突破 1.2 亿 t，表 2-2 为历年餐厨垃圾产生量。我国餐厨垃圾处理压力巨大，对应市场空间广阔。2014 年 6 月，国家发展和改革委员会发布的《2014 年循环经济推进计划》中第九项明确提出：“应推动公共机构餐厨废弃物处理，建立规范的单位食堂餐厨废弃物就地收集、就地处理体系。”餐厨垃圾就地处理模式提上国家经济发展计划日程。

表 2-2　历年餐厨垃圾产量统计(万 t)

年份	2009	2010	2011	2012	2013	2014	2015	2016	2017	2018	2019
产量	7788	7823	8116	8455	8533	8841	9475	9731	9972	10800	12075

餐厨垃圾的产量与人口有关，每人每天的餐厨垃圾产量在 0.1～0.15kg，以此推算，我国城镇餐厨垃圾日产量将超过 7 万 t。餐厨垃圾处理需求巨大。

目前，我国餐厨垃圾处理行业处于起步阶段，从业企业数量不多，前十大企业餐厨垃圾处理能力合计 3600t/d，全国餐厨垃圾可处理率为 10%～30%，可处理量大约为 300 万 t/a(折合 8220t/d)，按照这个比例，企业前十的市场份额约为 40%。

近年来，城市生活垃圾实行强制分类收集之后，餐厨垃圾的产生量和所占城市垃圾的比重都有所下降，在餐厨垃圾产生量受到控制的局势下，未来的餐厨垃圾的处理将会朝着利用率更大化的方向发展。

“十二五”期间，国家发展和改革委员会、住房和城乡建设部共确定了 5 批共 100 个餐厨废弃物资源化利用和无害化处理试点城市，其中国家发展和改革委员会资金支持达 20 多亿元。试点城市覆盖了全国 32 个省级行政区，一、二线城市基本都有，总体布局基本完成。在第一批推出的 33 个试点城市(区)中，财政划拨投资金额已达 6.3 亿元。2014 年，已经公布了第三批试点项目，累计 66 个城市。截至 2013 年底，共有 57 个项目完成招标工作，占比 86%；共有 24 个项目已经投产或基本建成，占比 36%。截至 2014 年，共推出餐厨废弃物资源化利用和无害化处理试点城市 83 个。中项网统计数据显示，仅 2018 年，我国已披露的新增筹建的餐厨垃圾处理项目达 44 个，投资金额达 34.34 亿元；2020 年 1～3 月，新增筹建的项目为 13 个。

餐厨垃圾处理属于市政民生工程，目前国内大部分项目采用 BOT 模式运作。从统计的数据来看，在目前已经明确的 78 个试点城市餐厨垃圾处理设施(50t/d 以上)中，49 座采用 BOT 模式、17 座采用 BOO(建设-运营-拥有)模式、2 座采用 BT(建设-移交)模式、10 座为政府投资，BOT、BOO 等模式在餐厨垃圾处理项目中被广泛采用。

餐厨垃圾处理项目的投资与工艺方法、建设水平、项目处理量以及技术先进性等因素有关，总的来说，全国餐厨垃圾项目平均投资为 60 万元/t 左右(不含收运)。在省(市、区)域方面，投资数值最大的为广东，平均投资在 70 万元/t 左右。浙江省宁波项目运行较早，工艺最开始采用的是湿热处理，余姚项目采用的是预处理+生化处理工艺，这两个项目极大地拉低了平均值。餐厨垃圾项目投资规模在 60 万元/t 左右，运营期限 20～30 年。项目的内部收益率一般在 8%左右，同时考虑该类工程均为试点工程，政府补贴较多，且运营水平在不断提高，预计实际内部收益率水平要更高一些。餐厨垃圾处理项目虽刚刚起步，发展时间较短，但发展速度非常迅速。考虑到其处理收费水平、资源化价值均要高于垃圾发电项目等因素，企业技术改进空间较大，更有机会获得超额收益。表 2-3 为各地餐厨垃圾投资项目情况。

表 2-3 各地餐厨垃圾投资项目情况

省(市)	总处理量/t	项目平均处理量	单位投资/(万元/t)
北京	1950	390	54.11
江苏	1950	177.27	64.39
浙江	1810	226.25	43.97

续表

省(市)	总处理量/t	项目平均处理量	单位投资/(万元/t)
广东	1750	350	70.78
湖北	1650	188.33	62.89
山东	1652	165.2	58.07
福建	1430	350	49.38
重庆	1350	337.5	65.14

与前几年相比，2014～2015 年餐厨垃圾处理设施的建设进度明显加快。据不完全统计，目前全国已投运、在建、筹建(已立项)的餐厨垃圾处理项目(50t/d 以上)至少有 118 座，总计处理能力超过 2.15 万 t/d。具体来看，投入运行的餐厨垃圾处理设施为 43 座，其中 2014 年前投运的有 24 座，处理能力 0.51 万 t/d。2014～2015 年新投运的有 19 座，在建的餐厨垃圾处理设施为 35 座，处理能力 0.68 万 t/d，筹建中(已完成立项批复)的处理设施 40 座，处理能力 0.66 万 t/d。仅 2020 年 1～3 月，新增筹建的项目为 13 个。预计到“十三五”末，餐厨垃圾处理能力达 3.44 万吨/日。

目前各地区设施建设能力相差较大，但单座设施平均规模相差不大，总处理量排名前六位的省(市)分别为北京、江苏、浙江、广东、山东和湖北，其项目处理量占全部处理量的 41.7%，说明对餐厨项目需求相对较强。除上述 6 省(市)外，项目处理量前 8 位的省(市)还包括福建和重庆。从区域分布来看，除湖北外，其他 7 省(市)均在沿海一带或为直辖市，说明经济发达城市对餐厨垃圾处理的重视程度较高。

在第五届中国固废处理峰会上，有专家预测，未来 10 年，餐厨垃圾处理的市场规模有望超过 500 亿元。

2.4　污泥处置市场现状及市场前景

污泥分为生活污水处理厂产生的生活污泥和工业污水处理厂产生的工业污泥。由于工业污泥成分非常复杂，富含各种重金属和有害物质，需要针对特定的有害成分进行有针对性的处理。本节所指的污泥是指城市污水处理厂产生的污泥。

随着城镇污水处理事业的高速发展、污水处理率的不断增加，污泥的数量也日益增加。由于污泥处理的投资和运行费较高，如处置不当，将造成“二次污染”，这一环境保护领域难题已备受关注。

生活污泥基本上来自市政污水处理厂，处理1万t生活污水可产生含水率80%的污泥5～8t，处理1万t工业污水产生10～30t污泥。

生活污泥产量自2010年的1899万吨逐年增加至2017年的3658万t，增长92.6%。主要原因是各城市污水处理厂相继大规模投入使用。工业污泥也从3528万t增加至3778万t，增长7.1%。表2-4为历年污泥产生量。

表2-4　历年污泥产量(万t)

年份	2010	2011	2012	2013	2014	2015	2016	2017
生活污泥	1899	2298	2555	2772	2990	3243	3450	3658
工业污泥	3528	3624	3674	3733	3778	3758	3770	3778
总计	5427	5922	6229	6505	6768	7001	7220	7436

中国产业信息网发布的《2013—2017年中国污泥处理行业深度研究及投资前景分析报告》指出：2010年，我国城镇污水处理率已经达到72%，但是污泥的无害化处理率低于25%，主要以传统的填埋方式为主。

截至2017年底，我国生活污泥65%采用填埋的方式，15%采用堆肥的方式，6%自然采用干化堆存，4%采用焚烧方式进行处理。

由于填埋的污泥仍含有60%以上的水分，埋下了地下水被污染的隐患和存在填埋场周边低空空气污染的问题，同时需要占用大量宝贵的土地资源。这种方式是不可持续的。

堆肥、自然干化占地面积较大，大气污染物不可控，且堆肥由于重金属等原因只用于市政绿化，产品销量存在较大问题。自然干化则造成二次扬尘等环境问题。

焚烧由于具有巨大的减量、减容率，同时可回收部分热能，是一种在目前较为合适的处置方式，但其单位投资大、运行成本高等原因，制约了其发展。

据调查，我国污水处理厂所产生的污泥，仍有部分没有得到妥善处理，污泥随意堆放，污泥所造成的污染与再污染问题已经凸显出来。污泥的问题已到了不容忽视的地步，我国迫切需要解决污泥的安全处理问题。

发达国家对污泥处置的要求较高，美国60%以上用作农田肥料，其余采用填埋、焚烧等；德国、英国、法国等国家超过40%是土地利用，包括园林绿化、林地利用、土壤修复等。

相对于发达国家，我国污泥处置才刚刚起步。目前我国污泥处置行业分散，单个企业的处置规模比较小，专业从事污泥处置的企业数量较少，各企业均在探索污泥处置的技术路线，目前基本上形成了污泥干化焚烧、污泥协同焚烧、污泥与厨余垃圾和粪便联合厌氧等几种技术路线，并在开展工业性试验。

根据《“十三五”全国城镇污水处理及再生利用设施建设规划》，到 2020 年底，全国地级及以上城市污泥无害化处置率达到 90%，其他城市由 2015 年的 53%提高到 75%，县城由 2015 年的 24.3%力争达到 60%，重点镇提高 5 个百分点，初步实现建制镇污泥统筹集中处理处置。“十三五”期间，新增或改造污泥(按含水率 80%的湿污泥计)无害化处理处置设施能力 6.01 万 t/d。其中，设市城市 4.56 万 t/d，县城 0.92 万 t/d，建制镇 0.53 万 t/d。总投资 294 亿元。

2017 年污泥产量约 3658 万 t，日处理量为 11 万 t/d(按年运行 330 天计)；假设投资 35 万元/吨，总投资额约 385 亿元。从运营角度来看，焚烧的运营成本在 200～300 元/吨，则全部焚烧的运营收入在 80 亿～120 亿元。

《2014—2018 年中国环保产业深度分析及发展规划咨询建议报告》指出，污泥处理运营潜在市场可达百亿。到 2017 年底，我国年产含水率 80%的污泥达 3658 万吨，日产污泥 10.02 万 t。如果按照 300 元/吨左右的平均运营费用计算，我国污泥处理的运营潜在市场达百亿。

据估计未来几年，随着美丽乡村建设和城镇化率的提高，城镇和乡村污水处理厂建设将进入又一个高峰期，主要集中在中小城市、县城以及乡镇地区，规模也将趋向小型化。最终，中国将建成近 4 万座污水处理厂。

污水处理设施的大量建成投运，直接带来污泥产生量的大幅增长，而污泥产量的急剧增加与污泥处理能力增长的明显滞后必然会催生污泥处理处置市场的快速形成，未来两到三年污泥处理处置将进入市场的爆发期。

2.5　有机固体废物产量预测

固体废物产生量的计算在固体废物管理和处置中十分重要，它是保证固体废物收集、运输、处理处置及综合利用等后续管理得以正常运行的依据，也是保证固体废物能全部得到安全、可靠的处理处置或综合利用的依据。只有清楚了固体废物的来源、种类和数量，才能对其进行合理的分类、处理处置、综合利用，并以此为依据进行环境、技术、经济等方面的综合评价和预测，从而确定相应的处理处置对策。由于生活垃圾、危险废物和一般工业固体废物在产生特性上有很大差别，需要分别进行讨论和分析。

2.5.1　生活垃圾产生量及预测

生活垃圾的产生量随着社会经济的发展、物质生活水平的提高、居民能源结构的变化、人口的增加而增加，同时由于人们环保意识的增强和垃圾强制分类的实施将有所减少。要准确计算和预测某地的生活垃圾产生量，需要对各种影响因

素进行深入细致的了解和分析，综合各种影响因素，对数据进行修正[1]。估算城市生活垃圾产生量的通用公式为

$$Y_n = y_n \times P_n \times 10^{-3} \times 365 \tag{2-1}$$

式中，Y_n为第 n 年城市生活垃圾产生量，t/a；y_n为第 n 年城市生活垃圾的产率或产出系数，kg/(人 · d)；P_n为第 n 年城市人口数，人。

从式(2-1)不难看出，影响城市生活垃圾产生量的主要因素是城市生活垃圾产率和城市人口数。其中，城市生活垃圾产率受多种因素的影响，包括收入水平、能源结构、消费习惯等。城市人口的变化要同时考虑机械增长率(如移民、城市化等)和自然增长率的影响，机械增长率可以根据当地的规划进行计算，而自然增长率的预测有不同的方法，本章讨论的人口增长率除特殊说明外都指自然增长率。图 2-1 所示为典型应用于工程规划时，通过人口数与垃圾产率对垃圾产生量进行预测的流程。

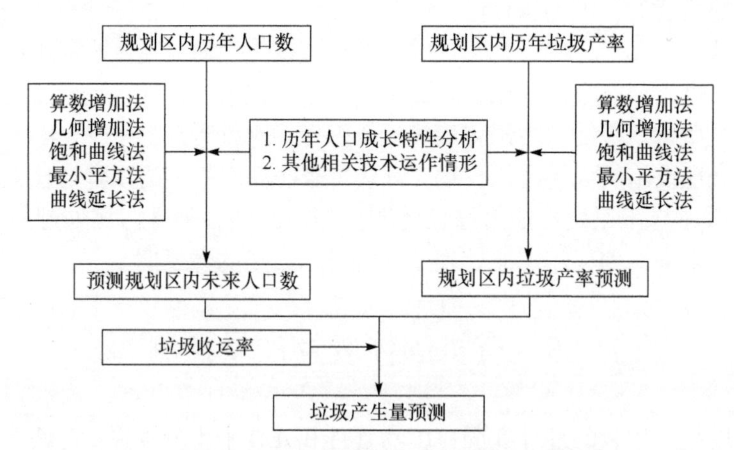

图 2-1　利用人口数与垃圾产率预测垃圾产生量流程

一般而言，运用统计与数理模式对人口数进行预测主要有算术增加法(arithmetic method)、几何增加法(geometric method)、饱和曲线法(saturated curve method)、最小平方法(minimum square method)以及曲线延长法(curve extention method)等五种预测模式。五种预测模式的特性说明见表 2-5。

表 2-5　人口预测模式特性说明

方法	说明	适用状况
算术增加法	假设人口数量增长呈一定的比例常数直线增加	适用于短期预测(1～5 年)，其结果常有偏低的趋势
几何增加法	假设未来人口增长率与过去人口几何增加率相等	适用在短期(1～5 年)或新兴城市，若预测时间过长常有偏高现象

续表

方法	说明	适用状况
饱和曲线法	假设人口增长过程中，初期较快，中期平缓，终期饱和。如将整个增长过程以曲线表示，则呈 S 形曲线	适于较长期的预测，也是目前较常用的方法
最小平方法	以每年平均增加人口数为基础，根据历史资料以最小平方法进行预测	本法与算术增加法略同，但该法较精确
曲线延长法	根据历史人口增长情形配合未来城市发展条件，并参考上述方法以延长原有人口增长曲线	适合新兴城市

1. 算术增加法

假定未来每年人口增加率，与过去每年人口增加率的平均值相等，据此以等差级数推算未来人口，适用于较古老的城市，推测结果常有偏低的现象，公式为

$$P_n = P_0 + nr \tag{2-2}$$

$$r = (P_0 - P_t)/t \tag{2-3}$$

式中，P_n 为 n 年后的人口数，人；P_0 为现在人口数，人；n 为推测年数，年；r 为每年增加人口数，人/a；P_t 为现在起 t 年前人口数，人；t 为过去的年数。

2. 几何增加法

假定未来每年人口增加率，与过去每年人口几何增加率相等，据此以等比级数推算未来人口，适用于新兴城市，但若预测时间过长常会偏高。其计算式为

$$P_n=P_0 \exp(kn) \tag{2-4a}$$

$$k = \frac{\ln P_0 - \ln P_t}{t} \tag{2-4b}$$

式中，k 为几何增加常数。

3. 饱和曲线法

假定城市人口数不可能无止境地增加，一定时间后将达到饱和状态，其人口增加状态呈 S 曲线状，该方法称为饱和曲线法。本法为 1838 年 P. E. Verlust 提出，其计算式为

$$P = \frac{K}{1 + me^{qn}} \tag{2-5}$$

或
$$\ln\left(\frac{K}{P}-1\right)=qn+\ln m \tag{2-6}$$

式中，P 为推测人口数，以千人计；n 为基准年起至预测年所经过年数；K 为饱和人口数，以千人计；m，q 为常数(q 为负值)。

本法因与城市人口动态变化规律较接近，国际上应用较普遍。

4. 最小平方法

最小平方法是以每年平均增加人口数为基础，根据历年统计资料以最小平方法推测人口变化的方法。其计算式如下：

$$P_n = a_n + b \tag{2-7a}$$

$$a=\frac{N\sum n_i P_{ni}-\sum n_i \sum P_{ni}}{N\sum n_i^2-\sum n_i \sum n_i} \tag{2-7b}$$

$$b=\frac{\sum n_i^2 P_{ni}-\sum n_i P_{ni} \sum n_i}{N\sum n_i^2-\sum n_i \sum n_i} \tag{2-7c}$$

式中，a，b 为常数，计算方法分别见式(2-7b)和式(2-7c)；P_n 为 n 年的人口数；N 为用以分析人口数据(P_{ni}，n_i)的组数。

5. 曲线延长法

根据过去人口增长情形，考察该城市的地理环境、社会背景、经济状况，以及考虑将来可能出现的发展趋势，并参考其他相关城市的变化情形进行预测，将历史人口记录的变化曲线进行延长，并求出预测年度的人口。

2.5.2　工业固体废物产生量及预测[1]

工业固体废物产生量的预测经常采用“废物产生因子法”进行，“废物产生因子”也称“废物产率”。废物产率即废物产生源单位活动强度所产生的废物量，将预测的生产能力乘上废物产率，即可预测固体废物的产生量[1]。

废物产率是根据过去的调查资料经计算后得出的代表性平均值，由于可能的抽样调查误差，对废物产生量进行短期预测时，通常可以忽略废物产率由于工艺技术改良或生产过程变化所造成的影响。

在工业发达国家，工业固体废物的产生量大约以每年 2%～4%的速度增长，按废物产生量大小的排序为冶金、煤炭、火力发电三大行业，其次为化工、石油、原子能工业等。我国工业固体废物的增长率约为 5%，按产生量的大小排序，尾矿居于首位，其次是煤矸石、炉渣、粉煤灰、冶炼废渣和化工废渣等，按行业划分，产生固体废物最多的行业是采矿业，其次是钢铁工业和热电业。

工业固体废物的产生量与产品的产值或产量有密切关系，这个关系可以由以下式表示：

$$P_t = P_r M \tag{2-8}$$

式中：P_t 为固体废物产生量，t 或万 t；

P_r 为固体废物的产率，t/万元或吨/万 t；

M 为产品的产值或产量，万元或万 t。

采用这个公式计算工业固体废物的产生量时，必须有以下两个假设：相同产业采用相同的技术，而且在预测期间内没有技术改造，即投入系数一定；各产业的工业固体废物量 P_t 与产值或产量成正比，即产出系数一定。

固体废物的产率可以通过实测法或物料衡算法求得。

1. 实测法求固体废物产率

根据生产记录得到每班(或每天或每周、每月、每年)产生的固体废物量以及相应周期内的产品产值(或产量)，由下式求出 P_{ri} 值：

$$P_{ri} = \frac{P_{ti}}{M_i} \tag{2-9a}$$

为了保证数据的准确性，一般要在正常运行期间测量若干次，取其平均值。

$$\overline{P_{ri}} = \frac{1}{n}\sum_{i=1}^{n} P_{ri} \tag{2-9b}$$

在进行全国性工业固体废物统计调查时，全量调查是很困难的，一般采用随机抽样调查的方式求解 P_r。

2. 物料衡算法求固体废物产率

对某生产过程所使用的物料情况进行定量分析，根据质量守恒定律，在生产过程中投入系统的物料总质量应等于该系统产出物料的总质量，即等于产品质量与物料流失量之和，详见图 2-2。

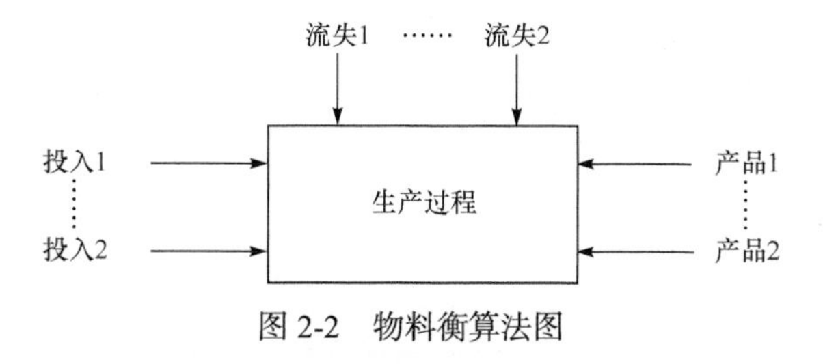

图 2-2　物料衡算法图

其物料衡算式的通式可以表示为

$$\Sigma P_{投入}=\Sigma P_{产品}+\Sigma P_{流失} \tag{2-10}$$

式中，$\Sigma P_{投入}$为投入系统的物料总量；$\Sigma P_{产品}$为系统产品的质量；$\Sigma P_{流失}$为系统的物料和产品的流失总量。

这个物料衡算通式既适用于生产系统整个过程的总物料衡算，也适用于生产过程中的任何一个步骤或某一生产设备的局部衡算。不管进入系统的物料是否发生化学反应，或化学反应是否完全，该通式总是成立的。

在应用物料衡算法时，要注意不能把流失量和废物量混为一谈。流失量包括废物量(废水、废气、废渣)和副产品，因此，废物量只是流失量的一部分。

对于系统中没有发生化学变化的生产过程，其物料衡算比较简单，因为物料进入系统后，其分子结构并没有发生变化，只是形状、温度等物理性质发生了变化。对于系统中发生了化学反应的生产过程，其物料衡算应根据化学计量式(stoichiometry)进行。

工业固体废物的产生量或产率还可以采用经验公式计算。由于工业固体废物来源复杂，种类繁多，计算公式和方法也不尽相同。应该注意的是，随着生产工艺和使用原材料的改变，经验公式中的各种参数也会发生变化，在实际计算中不能盲目使用。

第3章　固体废物焚烧技术

3.1　固体废物热处理技术

3.1.1　概述

各类固体废物包括城市垃圾中的有机物均可采用不同类型的热处理技术使其无害化。在固体废物处理技术中，热处理工艺是在某种装有固体废物的设备中以高温使有机物分解并深度氧化而改变其化学、物理或生物特性和组成的处理技术。

常用的热处理技术分为以下几类：

(1) 焚烧：是一种最常用的热处理工程技术。它利用加热氧化作用使有机物转换成无机废物，同时减少废物体积。一般来说，只有有机废物或含有有机物的废物适合于焚烧。焚烧缩减了废物的体积，可完全灭绝有害细菌和病毒的污染物，破坏有毒的有机化合物，焚烧后的余热可作为热源再利用。

(2) 热解：是在缺氧的气氛中进行的热处理过程。经过热解的有机化合物发生降解，产生多种次级产物形成可燃物，包括可燃气体、有机液体和固体残渣等。

(3) 熔融：是利用热在高温下把固态污染物熔化为玻璃状或玻璃-陶瓷状物质的过程。

(4) 湿式氧化：湿式氧化是目前已成功地用于处理含可氧化物浓度较低的废液的技术。其过程基于下述原理：有机化合物的氧化速率在高压下大大增加，因此加压有机废液，并使其升高至一定温度，然后引入氧气以产生完全液相的氧化反应，这样可使大多数的有机化合物得以破坏。

(5) 烧结：是将固体废物和一定的添加剂混合，在高温炉中形成致密化强固体材料的过程。

(6) 其他方法：包括蒸馏、蒸发、熔盐反应炉、等离子体电弧分解、微波分解等。

3.1.2　固体废物焚烧处理

固体废物焚烧(incineration)是一种高温热处理技术，即以一定量的过剩空气与被处理的有机废物在焚烧炉内进行氧化燃烧反应，废物中的有毒有害物质在高温下氧化、热解而被破坏，是一种可同时实现废物减量化、资源化、无害化的处理技术。焚烧法不但可以处理固体废物，还可以处理液体废物和气体废物，如采用焚烧技术处理城市生活垃圾时，常常将垃圾焚烧处理前暂时贮存过程中产生的渗沥液和臭气引入焚烧炉内进行焚烧处理；不但可以处理城市垃圾和一般工业废物，而且可以处理危险废物，如危险废物中的有机固态、液态和气态废物，常常采用焚烧处理。

焚烧适用处理有机成分多、热值高的废物。当处理可燃有机物组分很少的废物时，需要补充大量的燃料，这会使运行成本增高。建设部(现住房和城乡建设部)、国家环境保护总局颁布的《城市生活垃圾处理及污染防治技术政策》(建城〔2000〕120 号)中明确指出，垃圾焚烧发电适用于进炉垃圾平均低位热值高于 5000kJ/kg、卫生填埋场地缺乏和经济发达的地区。

焚烧技术的优点在于大大减少了需要最终处置的废物量，减量、消毒作用效果明显，同时可回收部分热量，另外，处理生活垃圾时，其炉渣可以作为建筑材料的原料，可回收部分有价物质等。

焚烧技术相对于其他处理技术而言，其主要缺点是投资费用高、操作复杂和严格，产生二次污染物如 SO_2、NO_x、HCl、二噁英和粉尘等，需要进一步处理。

随着技术的发展和系统设计的优化及运行管理的规范和严格要求，这些不足之处已大大减少，近年来焚烧技术受到了人们的重视，国内固体废物焚烧进入了一个新的发展时期，据统计，2015 年底建成并投入运行的生活垃圾焚烧发电厂约 250 座，总处理能力为 23.7 万 t/d，总装机约 4880MW。

截至 2017 年底，垃圾焚烧发电项目建成投产 338 个，较 2016 年增加 65 个，并网装机容量 725.1 万 kW，较 2016 年增加 176.3 万 kW，年发电量 375.14 亿 kW · h，较 2016 年增加 82.34 亿 kW · h，年上网电量 300.72 亿 kW · h，较 2016 年增加 64.52 亿 kW · h，年处理垃圾量 10080 万 t。

2018 年底建成并投入运行的生活垃圾焚烧发电厂 441 座，2018 年新投入运行 70 座，2019 年全国垃圾焚烧发电产量达到 45 万 t/d。

3.1.3 焚烧技术的发展

现代固体废物焚烧技术的历史可追溯到 19 世纪的英国和美国，最早的固体废物焚烧装置是 1874 年和 1885 年分别建于英国和美国的间歇式固定床垃圾焚烧炉。随后，德国(1896 年)、法国(1898 年)、瑞士(1904 年)也相继建成固体废物焚烧装置。20 世纪初，欧美一些工业发达国家开始建造较大规模的连续式垃圾焚烧炉。

固体废物焚烧技术也和其他处理技术一样，经历了从简单到复杂、从小到大、从间歇式炉型到半连续炉型直至 24h 连续运行的高效炉型的发展过程。间歇式焚烧炉距今已有近 140 年的历史，最早的半连续式机械炉从出现至今也已有 70 年。进入 20 世纪 60 年代，随着计算机技术和自动控制技术的进步，垃圾焚烧炉逐步发展成为集高新技术为一体的现代化工业装置。目前世界上最大的垃圾焚烧工厂的处理能力为 4300t/d，国内单炉的最大处理能力已达 800t/d。

目前，焚烧技术作为固体废物减量化、资源化和无害化的重要手段，在许多国家都得到了广泛的应用。表 3-1 列出了主要工业发达国家城市垃圾处理中焚烧所占的比例。由该表可以看出，在日本、瑞士、丹麦等国土狭小的国家，其垃圾处理以焚烧为主。其他工业发达的欧美国家，大部分有机危险废物(如 PCBs、有机溶剂等)也都采用焚烧法进行处理。

表 3-1　主要工业发达国家城市垃圾处理中焚烧所占的比例(单位：%)

瑞士	日本	丹麦	瑞典	法国	比利时	荷兰	奥地利	美国
75	73	70	69	55	40	35	23	16
德国	挪威	英国	加拿大	意大利	西班牙	芬兰	爱尔兰	葡萄牙
16	15	12	8	7	5	5	0	0

数据来源于中国固废网。

随着社会经济的发展和人们生活水平的提高，城市垃圾中有机物含量越来越高，热值也逐年升高。在能源短缺的现代社会，城市垃圾作为一种新的能源开发途径，也日益受到重视。在欧美一些工业发达国家，已经将垃圾焚烧提到“废物能源工厂”(waste-to-energy facility)的高度进行评价。据日本国内的统计，日本全国的垃圾产生量约为 4997 万 t/a，按垃圾的平均热值 6300kJ/kg 计，总潜在能量约为 3.15×10^{11}kJ，相当于日本一次能源供给量的 1.6%，实际的垃圾发电总量相当于全国总发电量的 0.2%。

长期以来，我国对城市垃圾主要采用简易填埋或卫生填埋的方法进行消纳。近几十年来，随着城市人口的增加、城市规模的迅速扩大和人们生活水平的提高，几乎所有大中城市的填埋场实际使用年限比设计使用年限短，而且新建、扩建填埋场的选址越来越困难，填埋场对周边环境、地下水的影响也日益显现，各地政府部门也开始把目光转向减量化程度较大的焚烧+填埋的方式上来。1988 年深圳市首次引进了两台处理能力为 150t/d 的三菱马丁式焚烧炉，随后全国各地相继建设投产了一批大中型生活垃圾焚烧发电厂，经过约 30 年的高速发展，截至 2017 年底，我国垃圾焚烧发电项目建成投产 338 座，并网装机容量 725.1 万 kW；2018 年底建成并投入运行的生活垃圾焚烧发电厂 441 座。

3.1.4 固体废物焚烧特性

判断固体废物能否采用焚烧技术进行处理，主要取决于固体废物的燃烧特性。固体废物最主要的燃烧特性包括其组成和热值。

1. 固体废物的三组分

固体废物的三组分是指废物中的水分、可燃分和灰分，是焚烧炉设计的关键因素。

1) 水分

水分含量是指干燥某固体废物样品时所失去的质量，它与当地气候等密切相关。水分含量是一个重要的燃烧特性，通常以含水率(%)表示。与一般燃料相比，城市居民生活垃圾的含水率为20%～70%，且同一地区的生活垃圾随着季节不同有很大波动，不同地区的城市生活垃圾含水率也不同。含水率越高，废物低位热值越低，燃烧效果就越差。

含水率定义：固体废物在 105℃±5℃温度下烘干一定时间，如 2h(依水分含量而定)后所失去的水分量，烘干至恒重或最后二次称重的误差小于法定值，否则须再烘干，此值常以单位质量样品所含水质量分数表示，即

$$含水率=\frac{最初质量-烘干后质量}{最初质量}\times 100\% \tag{3-1}$$

2) 可燃分

通常，固体废物的可燃分包括挥发分和固定碳。

挥发分指物体在标准温度试验时，呈气体或蒸气而散失的量。ASTM 试验法，是将定量样品(已除去水分)置于已知质量的白金坩埚内，于无氧燃烧室内加热(600℃±20℃)所散失的量。

固定碳是除去水分、挥发性物质及灰分后的可燃烧物。

$$固定碳(\%)=100-(含水量+灰分+挥发性物质)$$

3) 灰分

一般废物的灰分可分为下列三种形态：①非熔融性；②熔融性；③含有金属成分。

测定灰分可预估可能产生的熔渣量及排气中粒状物含量，并可依灰分的形态类别选择废物适用的焚烧炉。

测定方法：对废物进行分类，再将各组分破碎至 2mm 以下，取一定量在 105℃±5℃下干燥 2h，冷却后称重(P_0)，再将干燥后的样品放入电炉中，在 800℃下灼烧 2h，冷却后再在 105℃±5℃下干燥 2h，冷却后称重(P_1)。典型废物的灰分值如

表 3-2 所示。

表 3-2　典型废物的灰分

成分	灰分(%)		成分	灰分(%)	
	范围	平均		范围	平均
食品废弃物	2～8	5	玻璃	96～99	98
纸张	4～8	6	金属罐头	96～99	98
纸板	3～6	5	非铁金属	90～99	96
塑料	6～20	10	铁金属	94～99	98
纺织品	2～4	2.5	泥土、灰烬、砖	60～80	70
橡皮	8～20	10	城市生活垃圾	10～20	17
皮革	8～20	10	污泥(干)	20～35	23
庭院修剪物	2～6	4.5	废油	0～0.8	0.2
木材	0.6～2	1.5	稻壳	5～15	13

各组分的灰分为

$$I_i = \frac{P_1}{P_0} \times 100\% \tag{3-2a}$$

干燥垃圾灰分为

$$I = \sum_{i=1}^{n} \eta_i \cdot I_i \tag{3-2b}$$

式中，I_i 为第 i 组分的灰分，%；P_1 为干燥后的样品放入电炉中，在 800℃下灼烧 2h，冷却后再在 105℃±5℃下干燥 2h，冷却后的质量，kg；P_0 为样品在 105℃±5℃下干燥 2h，冷却后质量，kg；I 为样品灰分，%；η_i 为第 i 组分的质量分数，%。

2. 热值

燃料热值也称燃料发热量，是指单位质量(指固体或液体)或单位体积(指气体)的燃料完全燃烧，燃烧产物冷却到燃烧前的温度(一般为环境温度)时所释放出来的热量。燃料热值有高位热值与低位热值两种。高位热值是指燃料在完全燃烧时释放出来的全部热量，即在燃烧生成物中的水蒸气凝结成水时的发热量，也称毛热。而低位热值是指燃料完全燃烧，其燃烧产物中的水蒸气以气态存在时的发热量，又称有效发热量或净热值。

高位热值(HHV)与低位热值(LHV)的区别，在于燃料燃烧产物中的水呈液态还是气态，水呈液态是高位热值，水呈气态是低位热值。低位热值等于从高位热值中扣除水蒸气的凝结热，即低位热值=高位热值–水蒸气凝结热。

典型废物的热值如表 3-3 所示。

表 3-3　典型废物的热值*

成分	单位热值/(kJ/kg)	成分	单位热值/(kJ/kg)
食品废物	4600	庭院修剪物	6700
纸张	16700	木材	18800
纸板	16300	玻璃	170
塑胶	32700	金属罐头	840
纺织品	17600	非铁金属	—
橡皮	23400	铁金属	—
皮革	17600	泥土、灰烬、砖	—

*若为混合废物，则取平均值。

废物的热值可用量热计直接测量，也可根据废物的组分或元素组成计算，具体方法如下：

1) 测量法

利用热值测定仪进行测量。当废物在有氧条件下加热至氧弹周遭的水温不再上升，此时固定体积水所增加的热量即为定量废物燃烧所放出的热量。

2) 利用元素组成进行计算

利用废物元素组成计算废物热值的方法很多。其中以 Dulong 公式最普遍与简单：

$$\mathrm{H_H} = 34000w_\mathrm{C} + 143000(w_\mathrm{H} - w_\mathrm{O}/8)+10500w_\mathrm{S} \tag{3-3}$$

$$\mathrm{H_L} = \mathrm{H_H} - 2500(9w_\mathrm{H}+W)$$

式中，w_C、w_H、w_O、w_S为废物湿基元素分析组成，kg/kg；

W为废物的含水量，kg/kg；

$\mathrm{H_H}$、$\mathrm{H_L}$为废物的高位热值和低位热值，kJ/kg。

3) 固体废物的燃烧

固体废物的焚烧是一个完全燃烧过程，现代生活垃圾焚烧炉和危险废物焚烧炉是以良好的燃烧为基础，可使可燃废物与氧发生反应产生燃烧，将废物中有机物质有效地转换成气态物质、少量残渣和飞灰并放出热量。虽然固体废物的物理、化学特性十分复杂，但其燃烧机理与一般固体燃料燃烧机理是一致的。可燃固体废物的燃烧是一个复杂的过程，它通常由传热、传质、热分解、蒸发、气相化学反应和多相化学反应等组成，一般认为，固体废物的燃烧有蒸发燃烧、分解燃烧(裂解燃烧)、扩散燃烧与表面燃烧。其中蒸发燃烧、分解燃烧与扩散燃烧又称为火焰燃烧。液体燃烧反应主要以蒸发燃烧与分解燃烧为主；气体燃烧以扩散燃烧为主；固体燃料燃烧包括分解燃烧、蒸发燃烧、扩散燃烧与表面燃烧。

固体废物的焚烧与固体燃料燃烧的目的不同，燃料燃烧是以获取能量为目的；固体废物焚烧则主要以解毒或降低毒性使废物安全稳定(即无害化)和减容减量(即减量化)为主要目的，在焚烧过程中充分利用其能量，尽量做到资源化。

采用焚烧方法处理含有一定水分的固体废物时，一般要经过干燥、热解和燃烧三个阶段，最终生成气相产物和惰性固体残渣。

3.2 焚烧效果的评价指标及影响因素

3.2.1 焚烧效果的评价指标

固体废物焚烧的目的如下：①使废弃物减量；②使废热释出而再利用；③使废弃物中的毒性物质得以摧毁。

在一般垃圾中，有时会混入少许来自家庭或商业区排出的有害废弃物；而在燃烧过程中，人们顾虑含有氯的多环芳香烃族化合物的产生，使得烟道气中最终含有微量毒性物质(如二噁英等)，因此对燃烧室燃烧温度的要求日益严格。

为了检验焚烧是否可以达到预期的处理标准，美国环保局(EPA)对危险废物特别制定了严格的试烧计划，挑选特殊化学物质进行试烧，此种化学物质称为主要有机性有害成分(principal organic hazardous constituents，POHCs)，这些物质可以在美国联邦法规(Code of Federal Regulation，CFR)中查出，表3-4摘录了美国环保局对有害化合物焚化难易程度的评估[3]。

表3-4 美国对某些危险废物焚烧难易程度排行表*

NBS	物质		NBS	物质	
	英文名称	中文名称		英文名称	中文名称
1	hexachlorobenzene	六氯苯	11	chlorotoluene	氯甲苯
2	pentachlorobenzene	五氯苯	12	formaldehyde	蚁醛
3	chlorobenzene	氯苯	13	acetaldehyde	乙醛
4	benzene	苯	14	acrolein	丙烯醛
5	naphthalene	萘	15	dimethyl phthalate	酞酸二甲酯
6	vinyl chloride	氯乙烯	16	methyl ethyl ketone	甲基乙基酮
7	chloromethane	氯甲烷	17	allyl alcohol	烯丙醇
8	ethylenediamine	乙二胺	18	chloroform	氯仿
9	dichlorophenol	二氯苯酚	19	bromomethane	溴甲烷
10	resorcinol	间苯二酚	20	dinitrobenzene	二硝苯

续表

NBS	物质		NBS	物质	
	英文名称	中文名称		英文名称	中文名称
21	trinitrobenzene	三硝苯	30	hexachlorocyclohexane	六六六
22	tribromomethane	三甲基溴	31	di-*n*-butyl phthalate	二-*n*-丁基邻苯二甲酸
23	hexachloropropene	六氯丙烯	32	ethyl carbamate	氨基甲酸乙酯
24	hexachloropentadiene	六氯戊烯	33	1,2-dibromo-2-chloropropane	1,2-二溴-2-氯丙烷
25	bromoacetone	溴丙酮	34	methyl iodide	碘代烷
26	hydrazine	肼(联胺)	35	1,2-diphenyl hydrazine	1,2-苯基联胺
27	methylhydrazine	甲基肼	36	nitroglycerin	硝酸甘油
28	1,2-dichloroethane	1,2-二氯乙烷	37	*N*-nitrosodiethylemine	*N*-硝基乙基胺
29	1,2-dichloropropane	1,2-二氯丙烷	38	2-butanone peroxide	2-丁酮过氧化氢

注：*NBS 排名中排名在前的表示难以焚烧。

在焚烧处理危险废物时，以有害物质破坏去除效率(destruction and removal efficiency，DRE)或焚毁去除率，作为焚烧处理效果的评价指标。焚毁去除率是指某有机物经焚烧后减少的百分比，以下式表示：

$$\mathrm{DRE}=\frac{W_i-W_\mathrm{o}}{W_i}\times 100\% \tag{3-4}$$

式中，W_i为加入焚烧炉内的 POHCs 的质量；W_o为烟道排放气和焚烧残余物中与W_i相应的有机物质的质量之和。

在焚烧垃圾及一般性固体废物时，以燃烧效率(combustion efficiency，CE)作为焚烧处理效果的评价指标。焚烧效率是指烟道排出气体中 CO_2 浓度与 CO_2 和 CO 浓度之和的百分比，以下式表示：

$$\mathrm{CE}=\frac{\varphi_{\mathrm{CO_2}}}{\varphi_{\mathrm{CO_2}}+\varphi_{\mathrm{CO}}}\times 100\% \tag{3-5}$$

式中，φ_{CO}、$\varphi_{\mathrm{CO_2}}$为燃烧后排气中 CO 和 CO_2 的体积分数。

一般法律都对危险废物焚烧的破坏去除率要求非常严格，例如，美国《资源保护及回收法》(Resource Conservation & Recovery Act，RCRA)有关危险废物陆上焚烧的规定要求 POHCs 的破坏去除效率达到 99.99%；二噁英和呋喃的破坏去除效率达到 99.9999%。

在我国的焚烧污染控制标准中，采用热灼减率反映灰渣中残留可焚烧物质的量。热灼减率是指焚烧残渣经灼热减少的质量占原焚烧残渣质量的百分数，以下式表示：

$$P = \frac{A - B}{A} \times 100\% \tag{3-6}$$

式中，P 为热灼减率，%；A 为干燥后原始焚烧残渣在室温下的质量，g；B 为焚烧残渣经 600℃±25℃、3 h 灼热后冷却至室温的质量，g。

【例题 1】为了考核生活垃圾焚烧炉渣热灼减率，现从焚烧线水冷渣机排渣口中取样 100g，送干燥脱水，干燥后失重 18g，干燥样经 600℃、3h 灼热后冷却至室温，灼热后渣样质量为 78.5g，计算焚烧炉渣热灼减率。

【解】　根据式(3-6)：

$$\begin{aligned} P &= \frac{A - B}{A} \times 100\% \\ &= \frac{(100 - 18) - 78.5}{100 - 18} \times 100\% \\ &= 4.27\% \end{aligned}$$

3.2.2　焚烧效果的影响因素

根据固体物质的燃烧动力学，影响上述废物焚烧处理效果评价指标的因素可以归纳为以下几种：[3]

1. 物料尺寸(size)

物料尺寸越小，则所需加热和燃烧时间越短。另外，尺寸越小，比表面积则越大，与空气的接触随之越充分，越有利于提高焚烧效率。一般来说，固体物质的燃烧时间与物料粒度的 1～2 次方成正比。

2. 停留时间(time)

停留时间是指焚烧废气在燃烧室与空气接触的时间，即燃烧所产生的烟气从最后的空气喷射口或燃烧器出口到换热面(如余热锅炉换热器)或烟道冷风引射口之间的停留时间。该指标用来衡量废气中有害物质是否完全分燃烧、分解。

3. 湍流程度(turbulence)

湍流程度是指物料与空气及气化产物与空气之间的混合情况，湍流程度越大，混合越充分，空气的利用率越高，燃烧越有效。

4. 焚烧温度(temperature)

焚烧温度取决于废物的燃烧特性(如热值、燃点、含水率)以及焚烧炉结构、空气量等。一般来说，焚烧温度越高，废物燃烧所需的停留时间越短，焚烧效率也越高。但是，温度过高会对炉体材料产生影响，还可能发生炉排结焦等问题。炉膛温度最低应保持在物料的燃点温度以上。表 3-5 列出了部分物质的燃点温度。

表 3-5 部分物质的燃点温度 (单位：℃)

碳	氢	硫	甲烷	乙烯	一氧化碳	城市垃圾
410	575～590	240	630～750	480～550	610～660	260～370
软质纸	硬质纸	皮革	纤维	木炭	混合厨余	
180～200	200～250	250～300	350～400	300～700	230～250	

在进行危险废物焚烧处理时，一般需要根据所含有害物质的特性提出特殊要求，以达到规定的破坏去除率。我国相关标准和规范规定，危险废物焚烧时，烟气在二燃室内温度 1100℃以上停留时间应大于 2s；焚烧含多氯联苯废物时，二燃室温度不低于 1200℃，烟气停留时间不小于 2s；医疗废物焚烧时，烟气在 850℃以上停留时间大于等于 2s；生活垃圾焚烧时，烟气在炉膛内 850℃以上停留时间大于等于 2s。在工程实践中，一般在设计时，烟气在二燃室的停留时间应大于上述指标。

5. 过剩空气(excess air)量

为了保证氧化反应进行得完全，从化学反应的角度应提供足够的空气。但是，过剩空气的供给会导致燃烧温度的降低。因此，空气量与温度是两个相互矛盾的影响因素，在实际操作过程中，应根据废物特性、处理要求等加以适当调整。一般情况下，过剩空气量应控制在理论空气量的 1.7～2.5 倍。过剩空气一般用过剩空气系数(m)和过剩空气率表示。

总之，在焚烧炉的操作运行过程中，停留时间、湍流程度、焚烧温度和过剩空气量是四个最重要的影响因素，而且各因素间相互依赖和影响，通常称为“3T+E 原则”。过剩空气量由进料速度及助燃空气供应速率决定。烟气停留时间由燃烧室几何形状、供应助燃空气速率及废气产率决定。而助燃空气供应量也直接影响燃烧室中的温度和湍流程度，燃烧温度则影响废物的焚烧效率。

3.3 焚烧过程物料和热量平衡及计算方法

3.3.1 主要焚烧参数计算

本节介绍主要焚烧参数的计算，气体体积均指标准状态下气体体积[3]。

1. 焚烧烟气量

设 1kg 燃料中含有碳、氢、氧、硫、氮和水的质量分数分别为 w_C、w_H、w_O、w_S、w_N、w_{H_2O}，则该燃料完全燃烧可以由下列主要反应进行描述：

碳燃烧　$C + O_2 \longrightarrow CO_2$　$w_C/12\times22.4m^3$　(3-7a)

氢燃烧　$H_2 + 1/2O_2 \longrightarrow H_2O$　$w_H/2\times(22.4/2)m^3$　(3-7b)

硫燃烧　$S + O_2 \longrightarrow SO_2$　$w_S/32\times22.4m^3$　(3-7c)

燃料中的氧　$O \longrightarrow 1/2O_2$　$w_O/16\times(22.4/2)m^3$　(3-7d)

1) 理论需氧量 V_O

燃烧时理论需氧量(标态)可表达如下。

体积表示为

$$V_O(m^3/kg)=22.4\left(\frac{w_C}{12}+\frac{w_H}{4}+\frac{w_S}{32}-\frac{w_O}{32}\right)=\frac{22.4}{12}w_C+\frac{22.4}{4}\left(w_H-\frac{w_O}{8}\right)+\frac{22.4}{32}w_S \tag{3-8a}$$

质量表示为

$$V_O(kg/kg)=32\left(\frac{w_C}{12}+\frac{w_H}{4}+\frac{w_S}{32}-\frac{w_C}{32}\right)=\frac{32}{12}w_C+8w_H+w_S-w_O \tag{3-8b}$$

2) 理论需空气量 V_a

空气中的氧气含量若以体积计算为 21%，若以质量计算为 23%，所以燃烧的理论需空气量如下。

以体积表示为

$$V_a(m^3/kg)=\frac{1}{0.21}\left[1.867w_C+5.6\left(w_H-\frac{w_O}{8}\right)+0.7w_S\right] \tag{3-9a}$$

以质量表示：

$$V_a(kg/kg)=\frac{1}{0.23}(2.67w_C+8w_H-w_O+w_S) \tag{3-9b}$$

如果在垃圾焚烧时使用了辅助燃料(如天然气等)，则可将其视为 CO，H_2，CH_4，C_2H_4 等的混合气体，可补充分析如下：

$$CO+\frac{1}{2}O_2\longrightarrow CO_2 \tag{3-10a}$$

$$H_2+\frac{1}{2}O_2\longrightarrow H_2O \tag{3-10b}$$

$$CH_4+2O_2\longrightarrow CO_2+2H_2O \tag{3-10c}$$

$$C_2H_4 + 3O_2 \longrightarrow 2CO_2 + 2H_2O \tag{3-10d}$$

理论需氧量 V_O 为

$$V_O(m^3/m^3) = \frac{1}{2}\varphi_{CO} + \frac{1}{2}\varphi_{H_2} + 2\varphi_{CH_4} + 3\varphi_{C_2H_4} - \varphi_{O_2} \tag{3-11a}$$

理论需空气量 V_a 为

$$V_a(m^3/m^3) = \frac{1}{0.21}V_O \tag{3-11b}$$

式中，φ_{CO}、φ_{H_2}、φ_{CH_4}、$\varphi_{C_2H_4}$、φ_{O_2} 分别为天然气中各组分的体积分数，下同。

3) 实际空气量 V_a'

实际燃烧使用的空气量 V_a' 通常用理论空气量 V_a 的倍数 m 表示，称为空气比或过剩空气系数。

$$V_a' = mV_a \tag{3-12}$$

废物完全燃烧的假设在仅供应理论需空气量的条件下是无法被满足的，因为氧化反应仅发生在垃圾的表面，需要充分的反应时间，因此需要超量供应助燃空气并加强搅拌能力。

过剩空气量通常占理论需氧量的 50%～90%，因此真正的助燃空气量 V_a' 为 1.5～1.9V_a。

4) 烟气量

若不考虑辅助燃料的影响，废气中各生成组分的体积可以根据上述化学反应加以推求如下：

$$V_{CO_2}(m^3/kg) = 22.4\frac{w_C}{12}$$

$$V_{H_2O}(m^3/kg) = 22.4\left(\frac{w_H}{2} + \frac{w_{H_2O}}{18}\right)$$

$$V_{SO_2}(m^3/kg) = 22.4\left(\frac{w_S}{32}\right)$$

$$V_{O_2}(m^3/kg) = 0.21(m-1)V_a = 0.21V_a - V_O$$

$$V_{N_2}(m^3/kg) = 0.79mV_a + 22.4\left(\frac{w_N}{28}\right) = 0.79V_a' + 22.4\left(\frac{w_N}{28}\right)$$

式中，V_{CO_2}、V_{H_2O}、V_{SO_2}、V_{O_2}、V_{N_2}分别为废气中 CO_2、H_2O、SO_2、O_2、N_2的体积；其余同上。

在上述方程式中，有几点假设，即物料中所有的碳均氧化成二氧化碳，所有的硫均氧化成二氧化硫，所有的氮均以氮气存在于废气中，但实际的情况并非如此，不完全燃烧将产生一氧化碳，而少部分的氮会变成氮氧化物(NO_x)，以及 Cl 有一部分会变成氯化氢，在本估算中其影响均予忽略。

根据上述的方程，总烟气量 V 为

$$\begin{aligned} V(\mathrm{m^3/kg}) &= V_{CO_2}+V_{SO_2}+V_{H_2O}+V_{N_2}+V_{O_2} \\ &= (m-0.21)V_a+\frac{22.4}{12}\left(w_C+6w_H+\frac{2}{3}w_{H_2O}+\frac{3}{8}w_S+\frac{3}{7}w_N\right) \end{aligned} \tag{3-13}$$

若不考虑烟气中含水量，则总干烟气量 V_d 为

$$V_d=V_{CO_2}+V_{SO_2}+V_{N_2}+V_{O_2} \tag{3-14a}$$

若使用辅助燃料时，则每 $1\mathrm{Nm^3}$ 的气态燃料在 $V_a'=(mV_a)$ 的助燃空气供应下，会产生废气，其组成如下：

$$V_{O_2}(\mathrm{m^3/m^3})=0.21(m-1)V_a$$

$$V_{N_2}(\mathrm{m^3/m^3})=0.79mV_a+\varphi_{N_2}'$$

$$V_{CO_2}(\mathrm{m^3/m^3})=\varphi_{CO_2}+\varphi_{CO}+\varphi_{CH_4}+2\varphi_{C_2H_4}$$

$$V_{H_2O}(\mathrm{m^3/m^3})=\varphi_{H_2}+2\varphi_{CH_4}+2\varphi_{C_2H_4}$$

式中，V_{CO_2}、V_{H_2O}、V_{O_2}、V_{N_2}分别为废气中 CO_2、H_2O、O_2、N_2 的体积；φ_{N_2}' 为燃料中 N_2 的体积分数。

则辅助燃料的总废气产量 V 为

$$\begin{aligned} V(\mathrm{m^3/m^3}) &= V_{O_2}+V_{N_2}+V_{CO_2}+V_{H_2O} \\ &= [\varphi_{CO_2}+\varphi_{CO}+\varphi_{CH_4}+2\varphi_{C_2H_4}] \\ &\quad +[\varphi_{H_2}+2\varphi_{CH_4}+2\varphi_{C_2H_4}] \\ &\quad +(m-0.21)V_a+\varphi_{N_2} \end{aligned} \tag{3-14b}$$

通常空气污染防治法规对排放浓度标准均是以标准状态作为基准，因此要根据所求的废气中污染物浓度，并与有关法规比较，进一步将实际测量的值作如下校正：

$$V(t,P)=V\times\frac{273+t}{t}\times\frac{101325}{P} \tag{3-15}$$

式中，t 为废气的温度，℃；P 为废气的压力，Pa；V 为废气的体积，$\mathrm{m^3}$。

5) 过剩空气系数 m

在实际操作中，为了掌握燃烧状况，通常测定烟气组分，求算过剩空气系数 m。

烟气中各种组分的体积分数分别用φ_{CO_2}、φ_{CO}、φ_{N_2}、φ_{O_2}、φ_{SO_2}表示，则实际需氧量V_O'和理论需氧量V_O可以用不参与燃烧反应的N_2为基准由下式给出：

$$V_O' = \frac{0.21}{0.79}\left(\varphi_{N_2} - \frac{n}{14} \times \frac{22.4}{2V}\right)V \tag{3-16}$$

$$V_O = V_O' - [\varphi_{O_2} - \varphi_{O_2'}]V \tag{3-17}$$

式中，V为1kg燃料产生的烟气量；$\frac{n}{14} \times \frac{22.4}{2}$为燃料中的氮燃烧产生的氮气量；$\varphi_{O_2'}$为烟气中未燃烬组分燃烧所需氧的分量，通常取$\varphi_{O_2'}=1/2\,\varphi_{CO}$。

因此，

$$m = \frac{V_a'}{V_a} = \frac{V_O'}{V_O} = \frac{\frac{0.21}{0.79}\left(\varphi_{N_2} - \frac{0.8n}{V_d}\right)}{\frac{0.21}{0.79}\left(\varphi_{N_2} - \frac{0.8n}{V_d}\right) - [\varphi_{O_2} - \varphi_{O_2'}]}$$

$$= \frac{\varphi_{N_2} - \frac{0.8n}{V_d}}{\varphi_{N_2} - 3.77\left(\varphi_{O_2} - \frac{1}{2}\varphi_{CO}\right) - \frac{0.8n}{V_d}}$$

燃料中氮含量较少时，$0.8n/V_d$可以忽略不计，

$$m = \frac{1}{1 - \frac{3.77\left(\varphi_{O_2} - \frac{1}{2}\varphi_{CO}\right)}{\varphi_{N_2}}}$$

正常燃烧情况下，可以假设$\varphi_{CO} \approx 0$，$\varphi_{N_2} \approx 0.79$，则

$$m \approx \frac{0.21}{0.21 - \varphi_{O_2}} \tag{3-18}$$

2. 烟气温度

燃料燃烧产生的热量绝大部分储存在烟气中，因此掌握烟气的温度无论对于了解燃烧效率或是进行余热利用都是十分重要的。燃料与空气混合燃烧后，在没有任何热量损失的情况下，燃烧烟气所能达到的最高温度称为“绝热火焰温度”，决定火焰温度的关键因素是燃料的热值。由于燃烧过程中必然伴随部分热量损失，实际烟气温度总是低于绝热火焰温度。但它可以给出理论上可以达到的最高烟气温度(即炉膛温度)。

理论燃烧温度(绝热火焰温度)可以通过下列近似方法求得：

$$H_L = VC_{pg}(T - T_0) \tag{3-19a}$$

式中，H_L为燃料的低位热值，kJ/kg；C_{pg}为废气在 T 及 T_0 间平均比热容，在 0～100℃范围内，$C_{pg} \approx 1.254$kJ/ (kg · ℃)；T_0为大气或助燃空气温度，℃；T 为最终废气温度，℃；V 为燃烧产生的废气体积，Nm^3。

此时 T 可当作近似的理论燃烧温度(绝热火焰温度)，上式可变换为

$$T = \frac{H_L}{VC_{pg}} + T_0 \tag{3-19b}$$

若系统总热损失为 ΔH，则实际燃烧温度可由下式估算：

$$T = \frac{H_L - \Delta H}{VC_{pg}} + T_0 \tag{3-19c}$$

【例题 2】　若采用以下假设：①空气过剩系数 m=2；②废气平均比热容 C_{pg}=1.394kJ/(m^3 · ℃)；③大气温度=20℃；④H_l=6230kJ/kg；⑤化学元素分析资料为：含碳=0.194kg/kg，含氢=0.027kg/kg，含硫=0.0004kg/kg，含氧=0.131kg/kg，含 H_2O=0.5kg/kg，含氮=0.004kg/kg。试求烟气量及燃烧温度。

【解】　理论需空气量按式(3-9a)为

$$\begin{aligned}V_a &= \frac{1}{0.21}\left\{1.867w_C + 5.6\left(w_H - \frac{w_O}{8}\right) + 0.7w_S\right\} \\ &= \frac{1}{0.21}\left\{(1.867)(0.194) + 5.6\left(0.027 - \frac{0.131}{8}\right) + (0.7)(0.0004)\right\} \\ &= 2.01(m^3/kg)\end{aligned}$$

烟气量按式(3-13)计算如下：

$$\begin{aligned}V &= (m - 0.21)V_a + \frac{22.4}{12}\left(w_C + 6w_H + \frac{2}{3}w_{H_2O} + \frac{3}{8}w_S + \frac{3}{7}w_N\right) \\ &= (2 - 0.21) \times 2.01 + \frac{22.4}{12}\left[0.194 + 6 \times 0.027 + \frac{2}{3} \times 0.5 + \frac{3}{8} \times 0.0004 + \frac{3}{7} \times 0.004\right] \\ &= 3.60 + 1.29 \\ &= 4.89(m^3/kg)\end{aligned}$$

已知：H_l = 6230kJ/kg；V = 4.89m^3/kg；C_{pg} = 1.394kJ/(m^3 · ℃)；T_1 = 20℃，则理论燃烧温度按式(3-19b)计算，为

$$t_2 = \frac{H_L}{VC_{pg}} + t_1 = \frac{6230}{4.89 \times 1.394} + 20 = 934\,(℃)$$

3. 燃烧室容积热负荷

在正常运转下，燃烧室单位容积在单位时间内由废物及辅助燃料所产生的低位发热量，称为燃烧室热负荷(Q_V)，是燃烧室单位时间、单位容积所承受的热量负荷，单位为 kJ/(m^3 · h)：

$$Q_V = \frac{F_f \times H_{fL} + F_w \times [H_L + A \times C_{pa}(t_a - t_0)]}{V} \tag{3-20}$$

式中，F_f 为辅助燃料消耗量，kg/h；H_{fL} 为辅助燃料低位热值，kJ/kg；F_w 为单位时间内废物的焚烧量，kg/h；H_L 为废物的低位热值，kJ/kg；A 为实际供给平均助燃空气量(包括废物和辅助燃料空气量)，kg/kg；C_{pa} 为空气平均定压比热容，kJ/(kg · ℃)；t_a 为空气的预热温度，℃；t_0 为大气温度，℃；V 为燃烧室容积，m^3。

4. 机械燃烧强度

在炉排炉设计中，常常用到机械燃烧强度，它指在正常运转下单位面积炉排在单位时间内所能处理的垃圾量，该数据高则表示炉排处理垃圾的能力强。据有关研究，影响炉排机械燃烧强度的因素包括：①垃圾的低位热值与空气预热温度；②热灼减率；③焚烧炉的规模。

在确定所需炉排面积时，应同时考虑垃圾处理量及其热值，以使所选定的炉排面积能满足垃圾完全燃烧要求。具体方法是，综合考虑垃圾单位时间产生的低位发热量与炉排面积热负荷之比，即 Q/Q_R，以及单位时间内垃圾处理量与炉排机械燃烧强度之比，即 F_w/Q_f，炉排面积按两者中较大值确定，即

$$F_b = \max\left\{\frac{Q}{Q_R}, \frac{F_w}{Q_f}\right\} \tag{3-21}$$

式中，F_b 为炉排所需面积，m^2；Q 为单位时间内垃圾及辅助燃料所产生的低位热量，kJ/h；Q_R 为炉排面积热负荷，kJ/(m^2 · h)；F_w 为单位时间内垃圾处理量，kg/h；Q_f 为炉排机械燃烧强度，kg/(m^2 · h)。

【例题 3】 生活垃圾采用机械活动炉排炉焚烧处理，单位时间内垃圾处理量 $F_w = 500$t/d，垃圾低位热值 $H_L = 6000$kJ/kg，垃圾燃烧助燃空气量 $A = 2.85$m^3/kg，助燃空气预热温度 $t_a = 250$℃，空气平均定压比热容 $C_{pa} = 1.297$kJ/(m^3 · ℃)，大气温度 $t_0 = 20$℃；辅助燃料轻柴油消耗量 $F_f = 0.0$kg/h，辅助燃料低位热值 $H_{fL} = 40000$kJ/kg，炉膛烟气温度控制≥850℃，炉排炉燃烧室有效容积 $V = 234.0$m^3，计算燃烧室容积热负荷 Q_V 是多少？

【解】 机械活动炉排炉燃烧室容积热负荷 Q_V 的计算公式为

$$Q_V = \frac{F_f \times H_{fL} + F_w \times [H_L + AC_{pa}(t_a - t_o)]}{V}$$

$$= \frac{0.0 \times 40000 + 500 \times 1000 / 24 \times [6000 + 2.85 \times 1.29 \times (250 - 20)]}{234.0}$$

$$= 61 \times 10^4 \text{kJ}(\text{m}^3 \cdot \text{h})$$

【例题 4】 某生活垃圾处理厂选择机械炉排焚烧炉焚烧垃圾，单炉垃圾处理量为 200t/d，燃烧室容积热负荷为 45×10^4kJ/(m^3 · h)。垃圾热值为 6000kJ/kg，垃圾焚烧湿基烟气量 4.8Nm^3/kg，焚烧炉炉膛温度≥850℃，烟气在炉膛内停留时间≥2s，炉膛横截面积设定为 16m^2，按照垃圾能自热燃烧的前提，确定炉膛最小有效高度。

【解】 按照燃烧室容积热负荷为 45×10^4kJ/(m^3 · h)计算机械炉排焚烧炉炉膛最小有效高度：

$$H_1=200\times1000/24\times6000/(45\times10^4)/16=6.9(\text{m})$$

按照烟气在燃烧室停留时间 2s 计算的机械炉排焚烧炉炉膛的最小有效高度为

$$H_2=200\times1000/24\times4.8\times(273+850)/273/3600\times2/16=5.7(\text{m})$$

因 $H_2 < H_1$，取 $H_1 = 6.9$m 作为机械炉排焚烧炉炉膛最小有效高度。

3.3.2　热量平衡计算

固体废物焚烧系统中，输入系统的热量总和应等于输出系统的热量总和，即热量平衡。对于连续作业焚烧炉，一般按单位时间计算；对于周期性作业炉，一般按一个周期计算(如间隙性操作的热解炉)，也可以单位质量物料为基础计算。进行热平衡计算时，首先应根据焚烧炉热工作的具体情况，确定炉子的热输入和热输出项目。

在进行热平衡计算时，需要确定基准温度，这个基准温度可以取为 0℃，也可以取为环境大气温度。

1. 热量输入组成

1) 燃料(包括固体废物和辅助燃料)发热量 H_{i1}

2) 燃料(包括固体废物和辅助燃料)显热 H_{i2}

$$H_{i2} = C_f(t_f - t_0) \tag{3-22a}$$

式中，C_f 为燃料比热容，kJ/(kg · ℃)，垃圾的 $C_f \approx 2.51$～2.93kJ/(kg · ℃)；t_f 为燃料温度，℃；t_0 为基准温度，℃。

3) 助燃空气显热 H_{i3}

$$H_{i3} = A \cdot C_{a}(t_{a} - t_{0}) \tag{3-22b}$$

式中，A 为助燃空气量，kg/kg 或 m^3/kg；C_a 为空气的等压比热容，kJ/(kg · ℃)；t_a 为空气入口温度，℃；t_0 为基准温度，℃。

2. 热量输出组成

1) 烟气带走的热量 H_{o1}

以低热值计：

$$H_{o1} = V_{d}C_{g}(t_{g} - t_{0}) + (V - V_{d})C_{S}(t_{g} - t_{0}) \tag{3-22c}$$

式中，C_g 为烟气平均等压比热容，kJ/(kg · ℃)；

C_S 为水蒸气平均等压比热容，kJ/(kg · ℃)；

V 为总烟气量，Nm^3/h；

V_d 为干烟气量，Nm^3/h；

t_g 为烟气温度，℃；

t_0 为基准温度，℃；

其余各符号同上式。

以高热值计：

$$H_{o1} = V_{d}C_{g}(t_{g} - t_{0}) + (V - V_{d})[C_{S}(t_{g} - t_{0}) + r] \tag{3-22d}$$

式中，r 为水的蒸发潜热。

2) 不完全燃烧

不完全燃烧造成的热损失 Q_{o2} 主要包括炉渣不完全燃烧造成的热损失和飞灰不完全燃烧造成的热损失。

炉渣不完全燃烧造成的热损失为

$$H'_{o2}\,(\text{kJ/kg}) = 25120 \times I_{g}a \tag{3-23a}$$

式中，a 为灰分，kg/kg；

I_g 为底灰中残留可燃物分量，约等于热灼减量；

25120 为底灰中残留可燃物的经验热值，kJ/kg。

飞灰不完全燃烧造成的热损失为

$$H''_{o2}\,(\text{kJ/kg}) = 33495 \times d \times C_{d} \tag{3-23b}$$

式中，d 为飞灰量，kg/kg；

C_d 为飞灰中可燃物分量；

33495 为飞灰中残留可燃物的经验热值，kJ/kg。

$$H_{o2} = H'_{o2} + H''_{o2} \qquad (\text{约占总输出热的 } 0.5\%\sim2.0\%) \tag{3-23c}$$

3) 焚烧灰带走的显热 H_{o3}

$$H_{o3}\,(\text{kJ/kg}) = a \cdot C_{as}(t_{as} - t_0) \tag{3-24}$$

式中，C_{as} 为焚烧灰的比热容，kJ/(kg · ℃)，约等于 1.256；

t_{as} 为焚烧灰出口温度。

4) 炉壁散热损失 H_{o4}(℃)

通常由输入热和输出热的差值计算，需要单独计算时，单位时间炉壁的散热量可以表示为

$$H'_{o4} = \sum h_e(t_s - t_a) \cdot F + 4.88\varepsilon\left[\left(\frac{T_s}{100}\right)^4 - \left(\frac{T_a}{100}\right)^4\right] \cdot F \tag{3-25}$$

式中，h_e 为对流传热系数；t_s 为炉外壁表面温度，℃；T_s 为炉外壁表面温度，K；t_a 为环境大气温度，℃；T_a 为环境大气温度，K；F 为炉外壁面积，m^2；ε 为炉外壁表面辐射率。

H'_{o4} 也可以由下式求得：

$$H'_{o4} = \frac{\lambda \cdot (t_i - t_s)}{L} \cdot F \tag{3-26a}$$

式中，λ为炉壁的导热系数；θ_i 为炉内壁温度；L 为壁厚，m。

换算成 1kg 燃料：

$$H_{o4} = H'_{o4}/M \tag{3-26b}$$

式中，M 为单位时间的投料量，kg/h。

5) 空气或水冷部件的热损失 H_{o5}

如在焚烧炉壁设有空冷墙或水冷壁时或过热器时，应根据实际情况计算该部分热损失。

空冷墙时，

$$H_{i5} = F \cdot C_a(t_2 - t_1) \tag{3-27a}$$

式中，F 为空气流量，kg/kg 或 m^3/kg；C_a 为空气的等压比热容，kJ/(kg · ℃)；t_2 为空气出口温度，℃；t_1 为空气入口温度，℃。

当设有水冷壁或过热器时，

$$H_{i5} = q_2 - q_1 \tag{3-27b}$$

式中，q_2 为冷却介质出口热焓；q_1 为冷却介质入口热焓。

【例题 5】 已知垃圾样品的元素分析及三成分分析数据如表 3-6 所示。焚烧系统中重要参数也已列于表中，假定焚烧厂内没有废热回收及冷却设备，试求各种热源及热损失的大小。垃圾成分分析、焚烧系统的重要设计和操作参数详

见表 3-6、表 3-7。

表 3-6　垃圾成分分析表

元素含量(%)					热值 H_L/(kJ/kg)	可燃分/%	水分/%
w_C	w_H	w_O	w_N	w_S			
16.89	2.57	12.11	0.55	0.04	5862	34.54	49.97

表 3-7　焚烧系统的重要设计、操作参数

项目	符号	单位	数值	项目	符号	单位	数值
进料速率	X	t/h	8	废气产率	u	m³/kg	4.74
空气预热温度	t_{air}	℃	190	废气中平均定压比热容	C_{pg}	kJ/(m³ · ℃)	1.465
燃烧温度	t_2	℃	850	灰烬温度	t_{as}	℃	300
空气比	m		2.2	灰分	a	kg/kg	0.10
灰烬中残碳量	n	%	1.00	灰烬比热容	C_{as}	kJ/(m³ · ℃)	0.8374
理论空气量	V_a	m³/kg	1.74	空气在 190℃时的定压比热容	C_a	kJ/(m³ · ℃)	1.0362

【解】

(1) 热输入：

取基准温度 t_0 为 0℃。

由垃圾的焚烧发出的热量(按低位热值计算)为

$$H_1 = 5862 \times 8000 = 4.6896 \times 10^7 (\text{kJ/h})$$

由预热空气输入的热量，按式(3-22b)计算：

$$\begin{aligned} H_2 &= A \cdot C_a(t_a - t_0) \\ &= mV_aFC_a(t_a - t_0) \\ &= 2.2 \times 1.74 \times 8000 \times 1.0362 \times 190 \\ &= 6.0292 \times 10^6 (\text{kJ/h}) \end{aligned}$$

总的热输入为

$$H_i = H_1 + H_2 = 5.2925 \times 10^7 (\text{kJ/h})$$

(2) 热输出：

废气所带出的热量为

$$\begin{aligned} H_3 &= ut_2C_{pg}X \\ &= 4.74 \times 850 \times 1.465 \times 8000 \\ &= 4.722 \times 10^7 (\text{kJ/h}) \end{aligned}$$

灰烬余热带出的热量，按式(3-24)为

$$\begin{aligned}H_4 &= a \cdot C_{\mathrm{as}}(t_{\mathrm{as}} - t_0)X \\ &= 0.1 \times 0.8374 \times (300 - 0) \times 8000 \\ &= 0.201 \times 10^6 (\mathrm{kJ/h})\end{aligned}$$

灰烬中未完全燃烧的碳带出的热量如下。已知碳的热值为 33920kJ/kg，则

$$H_5 = 33920 \times 8000 \times 0.01 = 2.714 \times 10^6 (\mathrm{kJ/h})$$

炉外表面散热计算如下。假定炉外表面散热为输入总热量的 5%，则

$$\begin{aligned}H_6 &= 5.2598 \times 10^7 \times 0.05 \\ &= 2.63 \times 10^6 (\mathrm{kJ/h})\end{aligned}$$

$$\text{总的热输出} = H_3 + H_4 + H_5 + H_6 = 5.2765 \times 10^7 (\mathrm{kJ/h})$$

输入的总热量 5.2925×10^7kJ/h 与输出的总热量 5.2765×10^7kJ/h 之差为 0.3%，视为热量平衡。

【例题 6】 已知过剩空气系数 $m=2$，烟气平均定压比热容为 1.39kJ/(m³ · ℃)，各种热损失(ΔH)共约 607kJ/kg，助燃空气温度为 20℃，垃圾样品的元素分析及成分分析如表 3-8 所示，试求垃圾的低位热值、废气产率及燃烧温度。

表 3-8　垃圾组成分析表

元素含量/%					可燃分/%	水分/%
w_C	w_H	w_O	w_N	w_S		
18.89	2.57	12.11	0.55	0.04	34.54	49.97

【解】

(1) 求低位热值。

根据式(3-3)，

$$\begin{aligned}H_1 &= 34000C + 143000 \times \left(H - \frac{w_O}{8}\right) + 10500S - 2500 \times (9w_H + W) \\ &= 34000 \times 0.1889 + 14300 \times \left(0.0257 - \frac{0.1211}{8}\right) \\ &\quad + 10500 \times 0.0004 - 2500 \times (9 \times 0.0257 + 0.4997) \\ &= 6100(\mathrm{kJ/h})\end{aligned}$$

(2) 求废气产率。

根据式(3-9a)，

$$V_a = \frac{1}{0.21}\left[1.867w_C + 5.6\left(w_H - \frac{w_O}{8}\right) + 0.7S\right]$$
$$= \frac{1}{0.21}\left[1.867 \times 0.1889 + 5.6 \times \left(0.0257 - \frac{0.1211}{8}\right) + 0.7 \times 0.0004\right]$$
$$= 1.96(m^3/kg)$$

根据式(3-13)，

$$V = (m - 0.21)V_a + \frac{22.4}{12}\left(w_C + 6w_H + \frac{2}{3}w_{H_2O} + \frac{3}{8}w_S + \frac{3}{7}w_N\right)$$
$$= (2 - 0.21) \times 1.96$$
$$+ \frac{22.4}{12}\left(0.1889 + 6 \times 0.0257 + \frac{2}{3} \times 0.4997 + \frac{3}{8} \times 0.0004 + \frac{3}{7} \times 0.0055\right)$$
$$= 4.78(m^3/kg)$$

(3) 求燃烧温度。

根据式(3-19c)，

$$t = \frac{H_L - \Delta H}{VC_{pg}} + 20 = \frac{6100 - 607}{4.78 \times 1.39} + 20 = 848\,(℃)$$

3.3.3 物料平衡计算

固体废物焚烧系统中，输入系统的质量总和应等于输出系统的质量总和，即物料平衡。

1. 物料输入组成

物料输入组成包括：废物量(kg/h)、废物燃烧空气量(kg/h)、辅助燃料用量(kg/h)、辅助燃料燃烧用空气量(kg/h)。

2. 物料输出组成

物料输出组成包括：炉灰渣量(kg/h)、废物燃烧产生的烟气量(kg/h)、辅助燃料燃烧产生的烟气量(kg/h)、烟气中含尘量(kg/h)。

【例题 7】 某危险废物焚烧车间，采用逆流式回转窑焚烧工艺，工艺流程见图 3-1，设计焚烧能力为 15t/d，年处理 4950t，危险废物种类和形态见表 3-9，通过试验测得废物低位热值为 16570kJ/kg，辅助燃料为 0#轻柴油，一、二次风用烟气余热加热至 200℃，轻柴油燃烧过剩空气系数 m_2=1.3，当地大气压 P=101.3kPa，当地夏季平均空气温度 t_a=27℃。回转窑采用逆流热解焚烧，回转窑焚烧温度 t_{lu} =

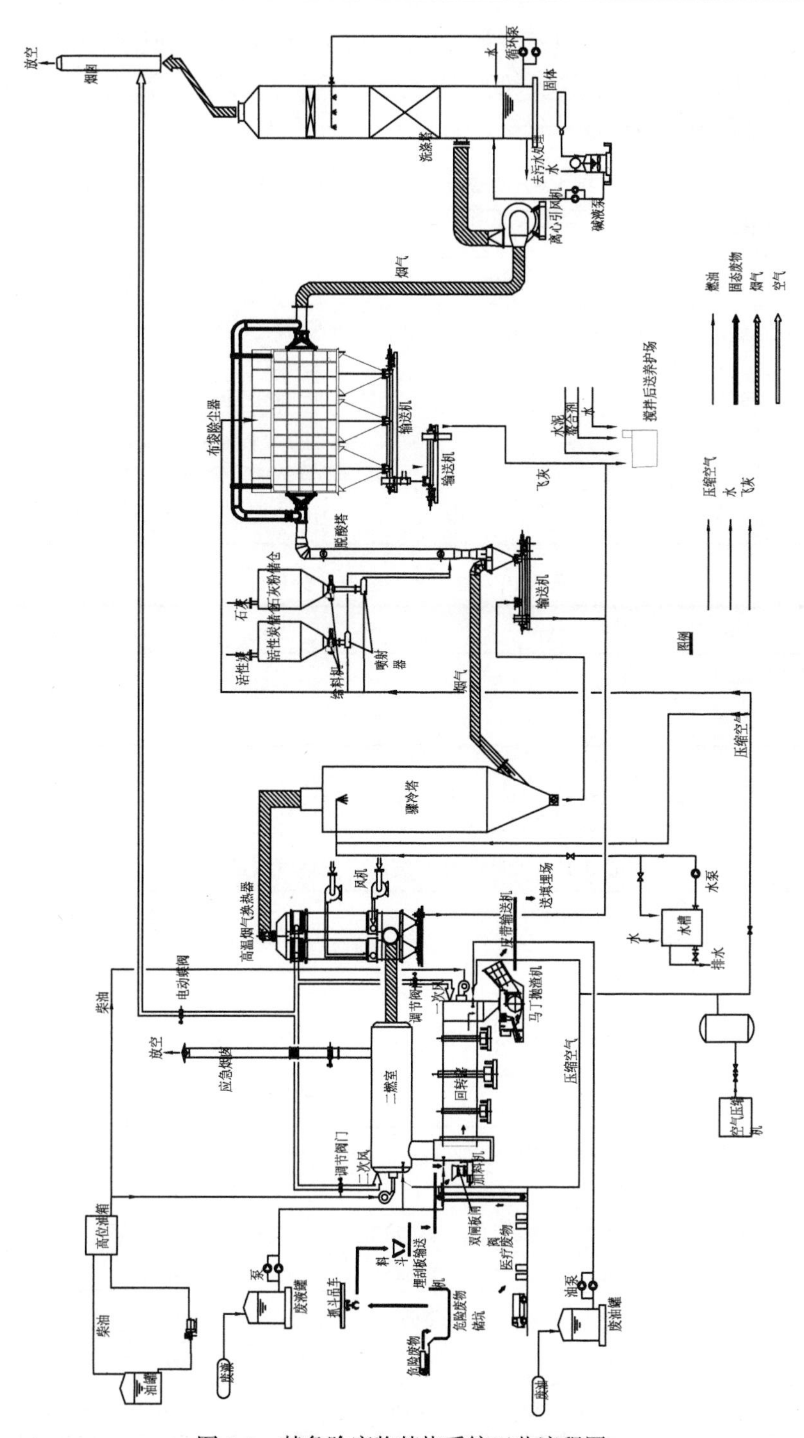

图 3-1　某危险废物焚烧系统工艺流程图

800～850℃，正常生产尽量不添加或少添加辅助燃料，炉渣温度 550℃。二燃室采用过氧燃烧，二燃室温度(排烟温度)tpy =1100℃，二燃室过剩空气系数 m_1=2.3。待焚烧危险废物及组成成分分析详见表 3-9、表 3-10。

表 3-9 待焚烧的危险废物种类和形态

废物种类	存在形态	主要成分	处理量/(t/a)
医疗废物	固态	HW01(医疗废物)	942
废弃及过期农药和危险化学品	固态、液态	HW02(医药废物)、HW03(废药物、药品)	12
污泥	固态	HW13(有机树脂类废物)	690
废矿物油、废漆、废焦油渣等	固态、液态	HW08(废矿物油与含矿物油废物)、HW11(精(蒸)馏残渣等)	2950
资源回收车间残渣	固态	HW11(精(蒸)馏残渣等)	93

表 3-10 废物及燃油成分分析(%)

	w_C	w_H	w_O	w_N	w_S	w_{Cl}	α(灰分)	W	合计
废物成分	46.29	5.29	5.38	7.91	0.47	1.16	9.50	24.00	100.00
燃油成分	86.2	12.770	0.2700	0.520	0.2100		0.030		100.0

根据已知条件进行危险废物焚烧计算，计算结果见表 3-11～表 3-16。

表 3-11 废物实际燃烧湿、干烟气量及组成

组成	体积组成				质量组成			
	湿烟气		干烟气		湿烟气		干烟气	
	单位废物产生的烟气量/(m³/kg)	体积分数/%	单位废物产生的烟气量/(m³/h)	体积分数/%	单位废物产生的烟气量/(kg/kg)	质量分数/%	单位废物产生的烟气量/(kg/kg)	质量分数/%
CO_2	0.86	6.55	0.86	7.18	1.70	9.83	1.70	10.34
SO_2	0.004	0.03	0.00	0.03	0.01	0.06	0.01	0.06
N_2	9.67	73.68	9.67	80.29	12.55	72.58	12.55	76.48
O_2	1.50	11.43	1.50	12.44	2.14	12.38	2.14	13.04
HCl	0.01	0.08	0.01	0.06	0.01	0.06	0.01	0.07
H_2O	1.08	8.23			0.88	5.09		
合计	13.124	100.00	12.04	100.00	17.29	100.00	16.41	100.00

表 3-12　燃料实际燃烧湿、干烟气量及组成

组成	体积组成				质量组成			
	湿烟气		干烟气		湿烟气		干烟气	
	单位燃料产生的烟气量/(m^3/kg)	体积百分数/%	单位燃料产生的烟气量/(m^3/kg)	体积百分数/%	单位燃料产生的烟气量/(kg/kg)	质量百分数/%	单位燃料产生的烟气量/(kg/kg)	质量百分数/%
CO_2	1.61	10.88	1.61	14.56	3.16	15.84	3.16	16.98
SO_2	0.00	0.01	0.00	0.01	0.00	0.02	0.00	0.02
N_2	8.75	59.16	8.75	79.12	14.45	72.44	14.45	77.65
O_2	0.70	4.72	0.70	6.31	1.00	4.99	1.00	5.35
HCl	0.00	0.00	0.00	0.00	0.00	0.00	0.00	0.00
H_2O	3.73	25.23			1.34	6.70		
合计	14.78649	100.00	11.06	100.00	19.95	100.00	18.61	100.00

表 3-13　其他计算结果

项目	单位	数据	项目	单位	数据
回转窑燃烧温度	℃	829	二次风用量	Nm^3/h	6931.0
一次风用量	Nm^3/h	873	辅助燃料用风量	Nm^3/h	491.7
离窑烟气量	Nm^3/h	1210	二燃室出口烟气温度	℃	1100
窑大小(内径×长度)	m	1.340×8.0	烟气在二燃室停留时间(1100℃)	s	2.1
窑容积	m^3	11.28	二燃室出口烟气量	Nm^3/h	8705.6
处理量	kg/h	625	二燃室大小(内径×长度)	m×m	2.00×9.0
窑表面积	m^2	62.89	二燃室容积	m^3	28.3
辅助燃料用风量	Nm^3/h	70.55	二燃室表面积	m^2	99
回转窑容积热强度	10^4kJ/(m^3 · h)	33.5	二燃室容积热强度	10^4kJ/(m^3 · h)	48.3
废物在窑内停留时间	min	65.8			

表 3-14　回转窑、二燃室热平衡计算

回转窑热输入			回转窑热输出		
项目	每小时热输入量/(kJ/h)	百分比/%	项目	每小时热输出量/(kJ/h)	百分比/%
废物燃烧热 $Q_{r,w}$	2703225.9	71.42	过程需要热 Q_1	1888820.3	49.90
辅助燃料燃烧热 Q_r	269756.46	7.13	排烟热损失 Q_2	1411172.6	37.28

续表

回转窑热输入			回转窑热输出		
项目	每小时热输入量/(kJ/h)	百分比/%	项目	每小时热输出量/(kJ/h)	百分比/%
一次风和辅助燃烧空气热量 Q_r	812082.7	21.44	化学不完全燃烧损失 Q_3	60965.5	1.61
			机械不完全燃烧损失 Q_4	102187.5	2.70
			散热损失 Q_5	281761.0	7.44
			渣物理热损失 Q_6	26874.8	0.71
			尘物理热损失 Q_7	13283.5	0.35
合计	3785065.1	100.00	合计	3785065.2	100.00
二燃室热输入			二燃室热输出		
项目	每小时热输入量/(kJ/h)	百分比/%	项目	每小时热输出量/(kJ/h)	百分比/%
热解气体燃烧热	6511890.74	47.73	废物燃烧烟气热焓	12076251.11	88.51
进入烟气热焓	3299992.86	24.19	燃料产生烟气热焓	837908.88	6.14
烟气含尘热焓	13283.53	0.10	烟气含尘热焓	16743.75	0.12
二次风带入热量	2373227.11	17.39	二燃室热损失	713665.06	5.23
辅助燃料燃烧热	1446174.6	10.6			
合计	13644568.8	100.0	合计	13644568.8	100.0

表 3-15　回转窑物料平衡

物料输入				物料输出			
项目	每小时输入量/(kg/h)	每天输入量/(t/d)	百分比/%	项目	每小时输出量/(kg/h)	每天输出量/(t/d)	百分比/%
废物	625.0	15.0	32.94	废物烟气	1403.9	33.7	73.90
空气(干)	1134.1	27.2	59.76	燃料烟气	127.2	3.1	6.80
燃料	6.4	0.2	0.34	灰、渣量	59.4	1.4	3.07
燃料用空气	119.6	2.9	6.30	热解气体	307.1	7.4	16.23
空气湿度	12.5	0.3	0.66				
合计	1897.6	45.6	100.00	合计	1897.6	45.6	100.00

表 3-16　二燃室物料平衡

物料输入				物料输出			
项目	速度/(kg/h)	速度/(t/d)	占比/%	项目	速度/(kg/h)	速度/(t/d)	占比/%
进入烟气	1403.9	33.69	12.2	废物燃烧烟气	10802.4	259.26	93.9
进入烟尘	14.8	0.36	0.1	烟气含尘	14.8	0.36	0.1
热解气体	307.1	7.37	2.7	燃料燃烧烟气	681.8	16.36	5.9
二次空气	9001.3	216.03	78.3				
空气含湿量	90.0	2.16	0.8				
燃料燃烧量	34.2	0.82	0.3				
燃料用空气	641.3	15.39	5.6				
空气含湿量	6.4	0.15	0.1				
合计	11499	275.97	100.0	合计	11499	275.98	100.0

3.4　垃圾焚烧和危险废物处理典型工程组成

3.4.1　大型垃圾焚烧发电厂组成

大型垃圾焚烧发电厂一般由生产设施、辅助设施和行政生活福利设施三部分组成。图 3-2 为某垃圾焚烧发电厂全厂效果图。

图 3-2　某垃圾焚烧发电厂全厂效果图

第一部分为生产设施，包括：综合主厂房和烟囱，综合主厂房由垃圾卸车大厅、垃圾仓、焚烧间、烟气净化系统、飞灰稳定处理、高低压配电室、汽机间、主控室、升压站等合并而成，为综合性的建筑体。卸车大厅底层一般布置：通风机房、库房、空压站、化学水处理等设施。

第二部分为辅助设施，包括：汽车衡、控制室及门卫、天然气调压站(或柴油供应站)、综合水泵房及冷却塔、中水处理站、渗沥液处理站、污水处理站、初级雨水收集池等。

第三部分为行政生活福利设施，一般含倒班宿舍、浴室及食堂、停车场、门卫、围墙等。

3.4.2 危险废物焚烧厂组成

大型危险废物综合处置中心(项目)由生产设施、辅助设施和行政生活福利设施三部分组成。

第一部分为生产设施，根据处理处置的危险废物种类、处理规模而定，一般设有危险废物贮存库、液态废物贮存区、预处理(配伍)区、焚烧车间、稳定固化车间、物化处理车间、资源回收车间、油库及油泵房和化验分析中心等，另有部分处置厂设有安全填埋场，形成焚烧、物化、综合回收利用、稳定化固化和安全填埋四位一体。图 3-3 为某危险废物处置中心全厂效果图。

图 3-3 某危险废物处置中心全厂效果图

第二部分为辅助设施，包括生产消防给水泵站、污水处理站、循环水泵站、汽车衡、汽车库及洗车场、门卫和围墙等。

第三部分为行政生活福利设施，一般设有综合楼、食堂(含浴室)、职工宿舍等。

3.5　机械炉排炉焚烧发电典型技术类型及工艺过程

目前，生活垃圾焚烧发电项目最常用的炉型是机械炉排炉(又称机械炉床炉)和流化床炉两种炉型，旋转窑式焚烧炉(又称回转窑)由于处理能力较小，常用于焚烧处理危险废物和医疗废物，处理生活垃圾时较常见的是水泥窑协同处置，模组式固定床焚烧炉用于垃圾焚烧和危险废物焚烧非常罕见。因此，本章介绍机械炉排炉和流化床炉，旋转窑式焚烧炉将在 3.7 节介绍，模组式固定床焚烧炉不再介绍了。表 3-17 为这四种焚烧炉的优缺点比较。在实际应用中，可根据不同的处理对象和运行等所需要的条件加以选用。

表 3-17　主要型号焚烧炉的优缺点

焚烧炉种类	优点	缺点
机械炉排炉 (混烧式焚烧炉)	①适用大容量(单座容量 100～800t/d)； ②未燃分少，二次污染易控制； ③燃烧稳定，正常生产时基本上不需要添加辅助燃料； ④余热利用高	①造价高； ②操作及维修费高； ③须连续运转； ④操作运转技术高
旋转窑式 焚烧炉	①垃圾搅拌及干燥性佳； ②可适用中容量； ③残渣颗粒小，正常生产时，添加的辅助燃料较少； ④对废物的适应性很强	①连接传动装置复杂； ②炉内的耐火材料易损坏
流化床式 焚烧炉	①适用中容量(单座容量 50～600 t/d)； ②燃烧温度较低(750～850℃)； ③热传导性好； ④公害低； ⑤燃烧效率佳	①操作运转技术高； ②燃料的种类受到限制； ③需添加载体(石英砂或石灰石)； ④进料颗粒较小(约 5cm 以下)； ⑤单位处理量所需动力高； ⑥炉床材料易冲蚀损坏
模组式固定床 焚烧炉	①适用小容量(单座容量 50t/d)； ②构造简单； ③装置可移动、机动性大	①燃烧不安全，燃烧效率低； ②使用年限短； ③平均建造成本较高

3.5.1　运行系统功能设计

完整的固体废物焚烧系统通常由许多装置和辅助系统组成，典型的此类型垃圾焚烧系统如图 3-4 所示。在这个系统中包括核心设备的机械炉床焚烧炉主体以及其他作为辅助系统的原料储存系统、加料系统、送风系统、灰渣处理系统、废水处理系统、尾气处理系统、余热回收系统、发电系统、控制系统和除臭系统等。大型机械炉床焚烧炉多使用于大中城市的集中式废物处理系统中，全部装置均在

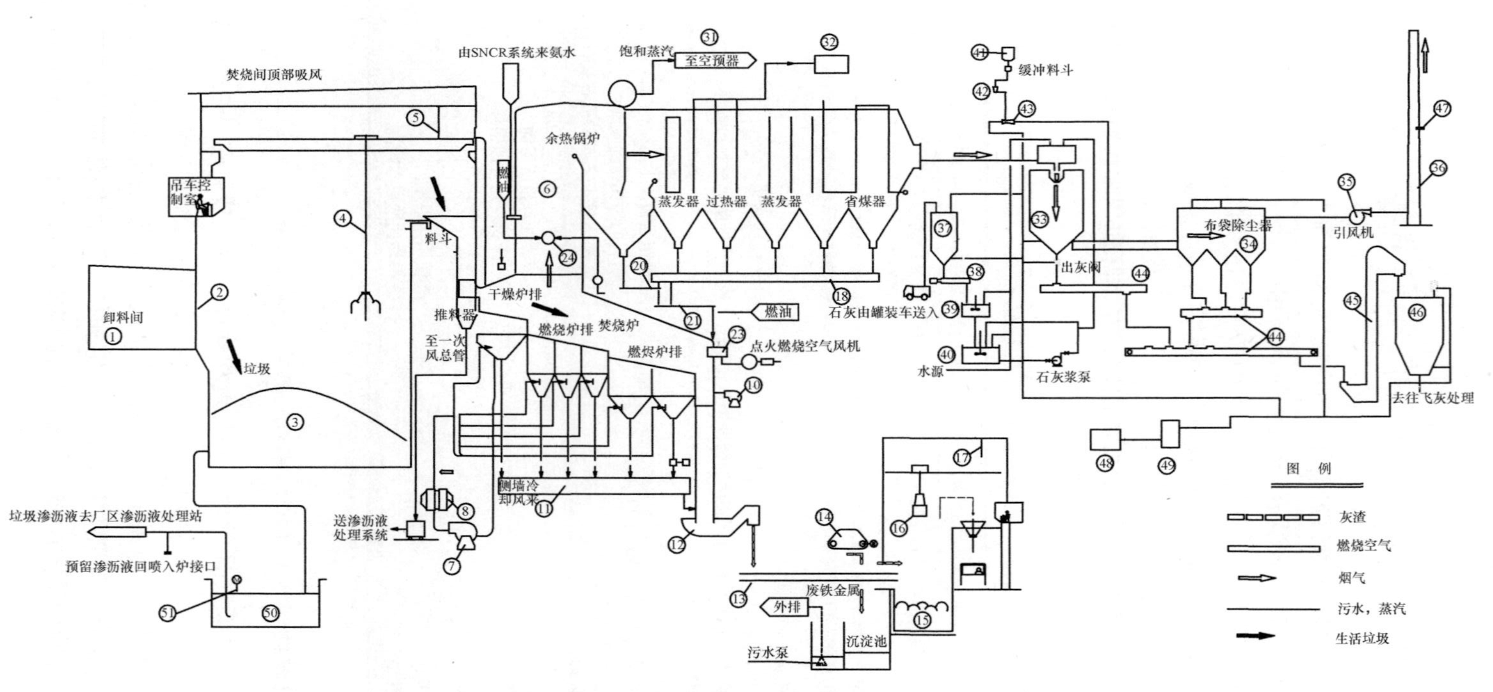

图 3-4 大型机械炉床垃圾焚烧炉系统示意图

1-卸料平台；2-垃圾卸料门；3-垃圾池；4-垃圾吊车；5-垃圾吊检修葫芦；6-焚烧余热锅炉；7-一次风机；8-一次风蒸汽空气预热器；9-二次风机；10-侧墙冷却风机；11-炉排漏灰输送机；12-除渣机；13-扳动运渣机；14-除铁器；15-渣池；16-炉渣抓斗起重机；17-渣吊手动验修葫芦；18-锅炉水平烟道下刮板输送机；19-第二三烟道底灰输送机；20，21-输送机；22-锅炉检修电动葫芦；23-点火燃烧器；24-辅助燃烧器；25-尿素喷射泵；26-溶解搅拌泵；27-尿素储存泵；28-尿素稀释罐；29-水箱；30-水泵；31-空气蒸汽预热器；32-蒸汽发电机组；33-脱酸反应塔；34-布袋除尘器；35-引风机；36-烟囱；37-石灰仓；38-定量给料机；39石灰浆槽；40-储浆槽；41-活性炭仓；42-定量给料机；43-喷射器；44-飞灰输送机；45-斗式提升机；46-灰仓；47-烟气在线监测装置；48-空压机；49-储气罐；50-渗沥液收集池；51-渗沥液输送泵现场建造和安装，工期较长，建造成本高，使用寿命较长，但操作复杂，整体系统类似于一座火力发电厂的构造。以下对各个子系统进行介绍。

3.5.2　垃圾卸料及储存系统

垃圾卸料及储存系统包括：垃圾卸料平台、垃圾卸料门、垃圾池、垃圾抓斗起重机、除臭设施和渗沥液导排收集等设备和设施。大件可燃垃圾较多时，可考虑设置大件垃圾破碎设施。

1. 垃圾卸料平台

垃圾卸料平台是保证垃圾运输车安全迅速地达到卸料门或卸料口，完成卸料并安全驶离的场地，一般可分为地面式与高架式，采用封闭式。为避免垃圾池深度过深和降低土方工程量与施工难度，我国国内的垃圾焚烧厂多采用高架式卸料平台设计；考虑到防止卸料过程中恶臭扩散污染周边环境，宜采用封闭式卸料平台，同时，高架运输栈道也采取封闭式，图3-5为某垃圾焚烧发电厂封闭式卸料平台。

图3-5　卸料平台

垃圾卸料平台的设置，应符合下列要求：

(1) 卸料平台垂直于卸料门方向的宽度应根据最大垃圾运输车的长度和车流密度确定，不宜小于18m；

(2) 卸料平台应有必要的安全防护设施和充足的采光；

(3) 卸料平台应由地面冲洗、废水导排设施和卫生防护设施；

(4) 卸料平台应设置交通指挥系统。

2. 垃圾卸料门

垃圾卸料门是将垃圾卸料平台与垃圾池联通与隔离的设施，当垃圾运输车倒车至卸料门前卸料位置时，卸料门开启；垃圾运输车完成卸料驶离后，卸料门关闭，防止垃圾池内的粉尘与臭气逸出扩散。

垃圾卸料门的设置应符合以下要求：

(1) 应满足耐腐蚀、强度高、寿命长、开关灵活等性能要求；

(2) 数量应以能维持正常卸料作业和垃圾进厂高峰时段不堵车为原则，且不应少于 4 个；

(3) 宽度不应小于最大垃圾车宽度加 1.2m，高度应满足顺利卸料作业的要求；

(4)垃圾卸料门的开、闭应与垃圾抓斗起重机的作业相协调。

垃圾卸料门按布置方式可分为两种：一种为布置在垃圾池壁上的竖向垂直布置方式，另一种为布置在卸料平台地面上的水平布置方式。竖向垂直布置方式为较常见的垃圾门布置方式，其主要形式有两扇对开式卸料门、卷帘式卸料门、滑动提升式卸料门等；水平布置方式卸料门主要有提拉式卸料门、液压驱动卸料盖式卸料门等。

3. 垃圾池

垃圾池是将垃圾堆存、混合的设施，它是一个由钢筋混凝土筑成的封闭式空间。由于我国现阶段垃圾具有生活垃圾含水率高，厨余垃圾含量高的特点，为保证焚烧效果，原生垃圾需在垃圾池中进行发酵脱水，所以垃圾池也是垃圾入炉焚烧前进行生化反应、沥出水分、提高热值的重要设施。垃圾池有效容量一般按 5～7d 额定垃圾焚烧量确定，有效容积按卸料平台标高以下的容积计算。

垃圾池是垃圾焚烧厂主要的恶臭污染源和火灾危险点，应有可靠的封闭、除臭措施与消防设施。垃圾池也是渗沥液发生泄漏的主要故障点，垃圾池底和侧壁需进行良好的防水、防腐蚀措施，同时垃圾池内壁应有防止垃圾吊车抓斗碰撞的措施。图 3-6 为某垃圾焚烧发电厂垃圾池和垃圾抓斗起重机。

图 3-6　垃圾池及垃圾抓斗起重机

垃圾池上方靠焚烧炉一侧设一次风机吸风口，抽吸垃圾池内臭气作为焚烧炉燃烧空气，并使垃圾池、卸料大厅呈微负压状态，防止臭味和甲烷气体的积聚和溢出。此外，在垃圾池顶部加设通风除臭系统，保证焚烧炉停炉期间垃圾池的臭气不向外扩散。垃圾池剖面如图 3-7 所示。

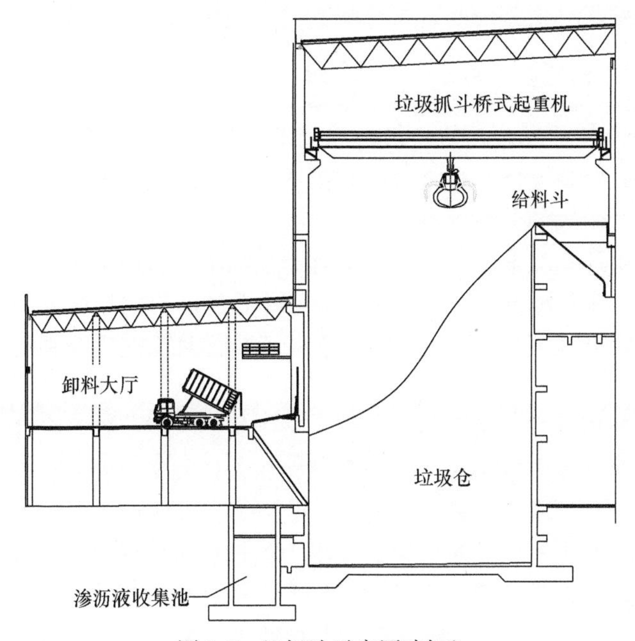

图 3-7　垃圾池示意图(剖面)

垃圾池屋顶除设人工采光外，还设置自然采光设施，以增加垃圾池中的亮度。垃圾池池内设消防水枪，防止垃圾自燃。垃圾池的两侧固定端留有抓斗的检修场地，可方便起重机抓斗检修。

4. 垃圾池渗沥液导排收集系统

我国垃圾含水率高，垃圾在焚烧厂垃圾池贮存的过程中，会发生一系列物理、化学以及生化反应，并渗沥出垃圾渗沥液。焚烧厂垃圾渗沥液成分复杂，含有多种污染物，为黑褐色、高黏度和强恶臭的液体，并有一定的酸腐蚀性。

为提高入炉垃圾热值，保障焚烧，垃圾池应设置可靠的垃圾渗沥液导排收集设施。一般垃圾池底设有不低于 1%的渗沥液导排坡度，池壁底部设计若干孔洞并装设滤网，滤网孔径不宜过小。在垃圾池外侧设有一条渗沥液沟，渗沥液通过滤网从渗沥液沟自流到渗沥液收集池，再由泵送至渗沥液处理设施进一步处理。

垃圾渗沥液导排收集设施应采取防堵塞、防渗、防腐蚀以及防爆措施，在垃圾仓及垃圾渗沥液收集沟道间设可燃气体在线监测报警装置，渗沥液沟道间和收集池采取强制送排风措施，并配备检修时所需防护装备。

地下通廊须设排风及送新风系统和有害气体检测报警系统，在人员进入地廊检修时使用，在入口预设一路压缩空气管路，便于检修人员接入防护服。

焚烧炉推料器在推料过程中挤压出来的渗沥液由其下方的收集斗集中收集，通过管道输送到渗沥液沟道间，管道端头设有检修孔。

5. 渗沥液处置装置的安全性

渗沥液处置装置是包括从垃圾池渗沥液收集导排系统到处理水达标排放的各个工艺处理处置单元的总称，包括收集导排、调节池、预处理、生物处理、深度处理和污泥及浓缩液处理等部分。

我国城市生活垃圾成分复杂，且具有厨余物类有机质成分多、含水率高、热值较低等特点，其在垃圾池中经3～5d的熟化发酵沥出的垃圾渗沥液中的各种污染物浓度高，污染危害大，因此，渗沥液处置装置及设施应特别加强其安全性的设计和保障。

在渗沥液处理处置的过程中，会产生硫化氢、甲烷、氨等有毒、易爆和恶臭气体，会对处置过程产生非常大的安全隐患和人身危害。渗沥液收集导排、调节池、厌氧反应设施、曝气设施、污泥脱水设施等宜采取负压抽吸、局部隔离及密闭等措施将有毒有害气体及时排出，经集中处理后排放或送入焚烧炉焚烧处理，其中厌氧反应设施产生的沼气宜回收利用或安全燃烧后排放。渗沥液收集导排、调节池、厌氧反应设施应设置硫化氢、甲烷浓度监测和报警装置，曝气设施应设置氨浓度监测和报警装置，电器应采用防爆措施，同时应在渗沥液沟道间、收集池、调节池设置可靠、有效的通风措施。

渗沥液处理处置装置的运营管理可参照《城镇污水处理厂运行、维护及安全技术规程》(CJJ 60—2011)的有关规定建立运行维护安全操作规程，运行人员作业时应遵守安全作业和劳动保护规定并应经过专业培训、持证上岗。

3.5.3 垃圾抓斗起重机

垃圾抓斗起重机是保证垃圾焚烧系统正常运行的关键设备之一，承担着避免垃圾卸料门处发生拥堵的倒料功能；搅拌垃圾池内垃圾以改善垃圾不均匀性的混料功能；保证焚烧炉正常运行的投料功能以及统计实际入炉焚烧量的计量功能。

垃圾抓斗起重机工作条件差，其工作环境湿度大、粉尘大，有腐蚀性气体及恶臭气体。且其工作时间长、频繁，负载率高，一旦垃圾抓斗起重机故障无法修复将造成焚烧厂停运，所以垃圾抓斗起重机应选用可靠性高的产品，且不宜少于2台。

垃圾抓斗起重机的设置应符合以下要求：

(1) 配置应满足作业要求，且不宜少于 2 台；
(2) 应有计量功能；
(3) 宜设置备用抓斗；
(4) 应有防止碰撞的措施。

3.5.4 垃圾焚烧系统

垃圾焚烧系统由垃圾给料系统、焚烧炉本体、出渣系统、焚烧炉液压传动系统、点火及辅助燃烧系统、燃烧空气系统等组成。

1. 燃烧特性

图 3-8 为某焚烧炉的燃烧工况图，图中以每台炉的垃圾处理量(t/h)为横轴、以垃圾的 LHV(低位热值，kJ/kg)为参数、以垃圾输入热量(MW)为纵轴。

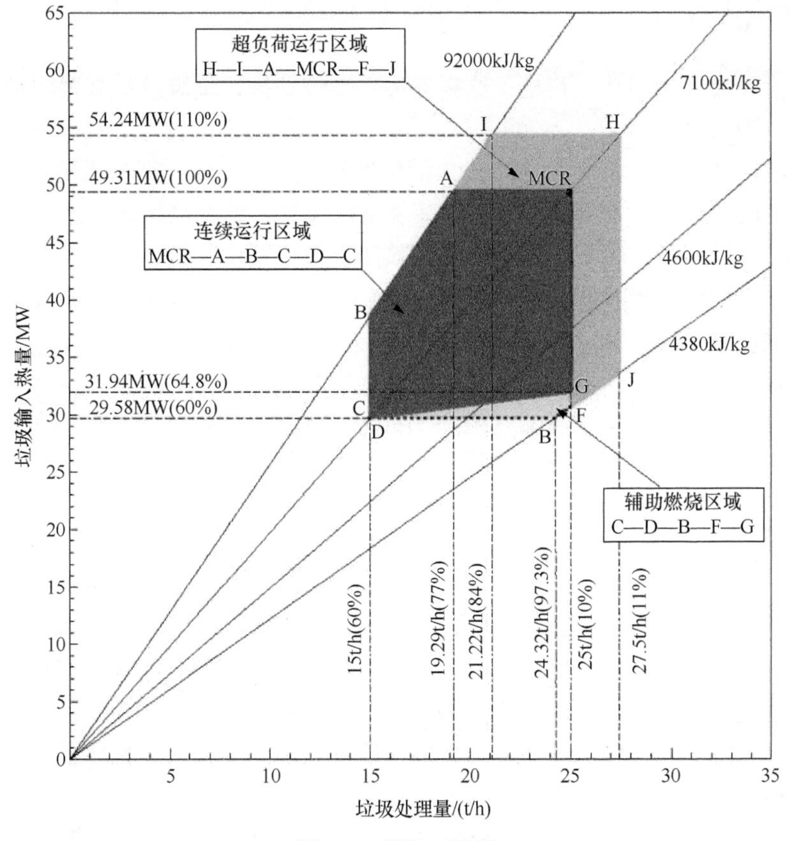

图 3-8　燃烧工况图

燃烧工况图各区域含义如下：

1) 连续运行区域(MCR—A—B—C(D) —G)

在该区域内可连续运行，无需补热。

2) 短时间超负荷运行区域(H—I—A—MCR—G—F—J)

该区域是超负荷 10%的运行范围，1 天可以连续运行两次，每次不超过 1 小时。

3) 需助燃的区域(C(D)—B—F—G)

该区域内运行时，辅助燃烧器需要开启补充热量，以满足焚烧炉焚烧工况要求。

图中：MCR 点指焚烧炉最大连续运行工况。

C 点指设计工况下最低热负荷点。

D 点指设计工况下最低机械负荷点，随着设计热值的提高，C 点与 D 点基本重合。

2. 垃圾给料系统

生活垃圾经给料斗、料槽、给料器进入焚烧炉排，垃圾进料装置包括垃圾给料斗、料槽和给料器。

垃圾给料斗用于将垃圾吊车投入的垃圾暂时贮存，再连续送入焚烧炉处理，给料斗为漏斗形状，能够贮存约 1h 焚烧量的垃圾。给料溜槽设计上垂直于给料炉排，这样能够防止垃圾堵塞，能够有效防止火焰回窜和外界空气的漏入，也可以存储一定量的垃圾，溜槽顶部设有盖板，停炉时将盖板关闭，使焚烧炉与垃圾池相隔绝。

给料炉排位于给料溜槽的底部，保证垃圾均匀、可控制地进入焚烧炉排上。给料炉排由液压杆推动垃圾通过进料平台进入炉膛。炉排可通过控制系统调节，运动的速度和间隔时间能够通过控制系统测量和设置。

3. 炉排

焚烧炉是垃圾焚烧处理中心极其重要的核心设备，它决定着整个垃圾焚烧处理中心的工艺路线与工程造价。3.5.5 小节中将详细介绍各种炉排情况。

炉排分为干燥段、燃烧段和燃烬段三部分，燃烧空气从炉排下方通过炉排之间的空隙进入炉膛内，起到助燃和清洁炉排的作用。

根据对垃圾移送方式的不同，炉排可以分为多种形式，目前常用的主要有以下四种：

(1) 往复式炉排：如图 3-9(a)所示，在垃圾移动方向上，可动炉排和固定炉排交互呈阶梯状排列，通过可动炉排的往复运动向前推送垃圾，并进行搅动。炉排片沿横向排列成“组”，若干炉排组根据功能要求形成一“段”，一般分为：

干燥着火段、燃烧段、燃烬段等，每段炉排的高度、可动炉排的往复距离、炉排的运动方向，以及炉排整体的倾斜度等可根据处理垃圾的特性确定。

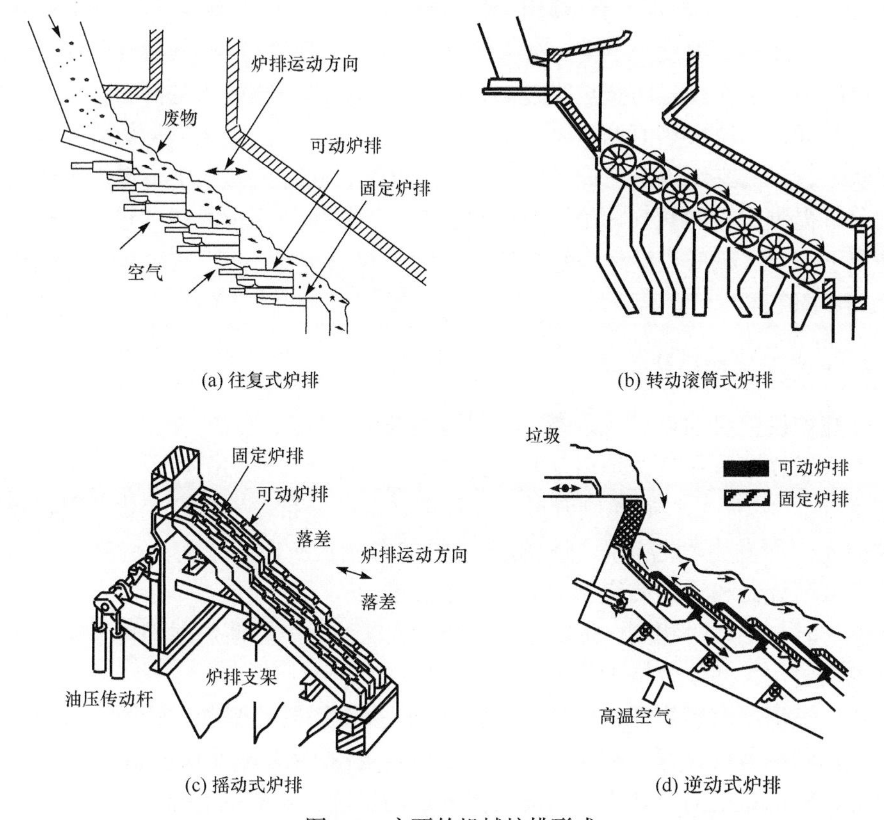

(a) 往复式炉排　(b) 转动滚筒式炉排　(c) 摇动式炉排　(d) 逆动式炉排

图 3-9　主要的机械炉排形式

(2) 转动滚筒式炉排：如图 3-9(b)所示，由多个滚筒式炉排沿垃圾移动方向依次呈阶梯状排列，垃圾通过滚筒的转动向前推进，同时得到搅动和混合。该方式由于伴随滚筒的缓慢转动，炉排的冷却效果较好，垃圾的移送速度容易控制。

(3) 摇动式炉排：如图 3-9(c)所示，炉排向垃圾移送方向倾斜、表面呈阶梯状可动和固定炉排沿炉膛宽度方向交替排列，通过可动炉排的纵向往复运动搅动和移送废物，助燃空气通过炉排上的开孔和炉排间隙进入燃烧层。这种炉排对垃圾的搅动效果较好，作为干燥段和燃烧段应用广泛。

(4) 逆动式炉排：如图 3-9(d)所示，它是往复式炉排的一种变形产品，可动和固定炉排沿垃圾移动方向向下倾斜，可动炉排沿与垃圾移动方向相反的方向做逆向往复运动，垃圾在移动方向及其反方向上同时得到搅动，搅动效果比其他方式更佳。

燃烧空气分为一次风(primary air)和二次风(secondary air)两个系统。一次风从垃圾池上方抽取，这样可以同时消除垃圾池产生的恶臭气体，使垃圾池形成微负压，避免臭气外逸。一次风由炉排下方鼓入，其作用主要是提供垃圾燃烧所需的氧气。由于我国垃圾含水率高、热值偏低，城市原生垃圾含水率通常在40%～60%，一次风需加热提高温度，一般一次风加热至200℃，促进垃圾干燥及挥发分析出。一次风的另一个作用是防止炉排过热，一次风从炉排下方鼓入的同时，也使炉排片得到冷却，当垃圾热值偏高时，需考虑采用水冷炉排。二次风从炉排上方炉膛喉部吹入，其主要作用是使炉膛内气体产生扰动，同时为烟气中未燃烬可燃组分氧化分解提供所需的氧气，是调控炉膛温度、确保垃圾完全燃烧的重要措施。通常情况下，一次风的供给量占总燃烧空气量的60%～70%，二次风量占总燃烧空气量的30%左右。

4. 点火及辅助燃烧系统

焚烧炉设置启动点火及助燃，燃料可用柴油或天然气。

点火燃烧器是在焚烧炉启动时，通过点火燃烧器和辅助燃烧器使炉出口温度提高至850℃以上，炉膛急剧升温会导致炉材温度分布发生剧烈变化，因热及机械性的变化而发生剥落从而缩短耐火材料的寿命，所以为了防止温度的急剧变化，点火燃烧器和辅助燃烧器应分段调整温度。

停炉时与启动时相同，通过点火燃烧器和辅助燃烧器使炉温慢慢下降以防止温度急剧变化，并使焚烧炉排上残留的未燃物完全燃烧。

点火燃烧器由燃烧器本体(附有风机)、点火燃烧器控制盘、管道、阀门和仪表组成。燃烧器点火程序和燃烧器风机的启停可由DCS或就地控制。

辅助燃烧器是为了焚烧炉启动时提升炉内温度，以及在运行时当垃圾的热值较低时，保持炉出口烟气温度在850℃以上而设置的。当垃圾的热值较低，燃烧温度没有达到850℃以上时，根据焚烧炉内测温装置的反馈信息，本装置自动投入运行，喷入辅助燃料来确保焚烧烟气温度达到850℃以上烟气至少停留2s。

辅助燃烧器是由本体(附有风机)、点火燃烧器控制盘、管道、阀门和仪表组成。每台炉各2套。辅助燃烧器选型需考虑垃圾特性未达标准时助燃的所需容量。

5. 焚烧炉液压传动系统

垃圾给料斗的架桥解除装置、出渣装置、炉排等全部由液压油缸来驱动。执行机构各自具有独立的控制阀、速度(流量)调节阀和油压控制回路。在充分考虑油压装置的紧凑性、可操作性、容易检修和安全检查的基础上，把油缸、电机、油压泵、各控制阀等的构成部件集中到了共同平台上。为了防止液压油的泄漏，共同平台兼有泄漏液压油的临时储存功能。把各控制阀集中在集合管柜上，力求减小管道的数量来防止接管处的漏油现象。

各个油缸的进油口集中在一个地方，并且在每个进油端口都设有压力监测口。结构上更容易确认调压工作的执行情况，便于调压工作。油缸的油量机、液压油的温度计和压力表的操作在同一个地方就可以全部完成。焚烧炉油压驱动装置的电气控制部件的电线集中在中央集束柜里，充分考虑了与外线接入工作方便性。炉排液压站可以就地控制，也可以在中央控制室远程通过 DCS 控制。

6. 燃烧空气系统

空气系统由一次风机、二次风机、一次和二次空气预热器及风管组成。在燃烧过程中，空气起着非常重要的作用，它提供燃烧所需要的氧气，使垃圾能充分燃烧，并根据垃圾性质的变化调节用量，使焚烧正常运行，烟气充分混合，使炉排及炉墙得到冷却。

燃烧用一次风从垃圾池上方引入，进风口处应设置过滤装置，风量可独立调节，以保证垃圾池处于微负压状态，使坑内的臭气不会外泄。经加热后通过炉排风道接口进入炉膛燃烧，一次风还起到冷却炉排片作用。一次空气的风量通过一次风机变频器调速和风门来控制。

二次风通常取自焚烧炉厂房内、渣坑或垃圾池。从焚烧炉上方左右墙的二次喷嘴喷入炉内，以使空气、烟气充分反应，将烟气中的 CO 浓度降到最低，并使烟气在 850℃下停留 2s 以上，以确保二噁英全部分解。

为了保证高水分、低热值的垃圾充分燃烧，加速垃圾干燥过程，一般燃烧空气先进行预热后再进入炉内，针对国内的垃圾特性，通常将一次风和二次风加热以改善垃圾在燃烧前的干燥效果和焚烧炉燃烧工况。空气加热温度是根据垃圾低位热值，并考虑炉排表面温度工况等因素而确定的，表 3-18 是国外对一次风加热温度的有关规定。

表 3-18 一次风加热温度与垃圾低位热值的参考表

垃圾低位热值/(kJ/kg)	≤5000	5000～8100	>8100
一次风加热温度/℃	200～250	100～200	20～100

7. 二燃室

二燃室内的燃烧温度一般应为 850～1050℃。若炉膛烟气温度过高，烟气中的颗粒物被软化或熔化而黏结在受热面上(焚烧灰的熔融温度在 1100～1200℃)，降低传热效果，腐蚀受热面。若炉膛烟气温度过低，挥发分燃烧不彻底，恶臭等有害物质不能有效分解，烟气中一氧化碳含量可能增加，且有可能影响炉渣的热灼减率。

焚烧炉的炉膛通常应设置成两个燃烧室(图 3-10)。第一燃烧室主要完成固体物料的燃烧和挥发组分的火焰燃烧，第二燃烧室主要对烟气中的未燃烬组分和悬浮颗粒进行燃烧。第一燃烧室通常内衬耐火材料，以尽量减少散热损失，当垃圾热值较低或在低负荷运行时，也可以保证炉膛内实现稳定和良好的燃烧环境。第二燃烧室的设计必须考虑完成烟气中未燃烬组分燃烧所需要的空间，以及保证二次空气与烟气充分混合的形状。

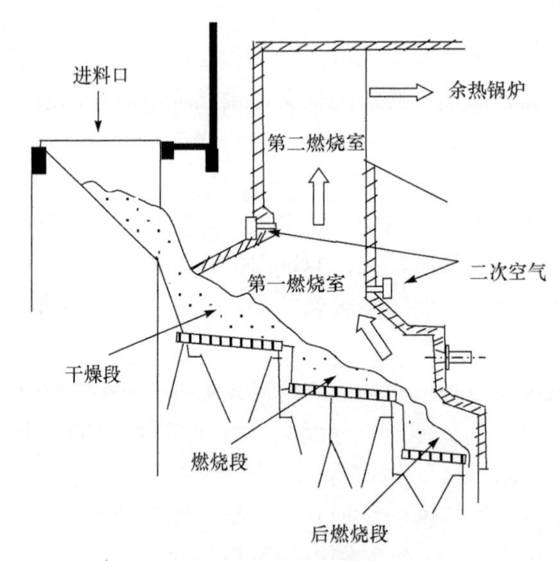

图 3-10　焚烧炉炉膛构造示意图

焚烧炉在二次风喷入口至炉膛出口的燃烧室内，必须确保烟气在此区间在不低于 850℃的条件下停留时间不小于 2s，以使二噁英类物质得到完全分解。

为有效利用垃圾焚烧产生的热量，通常在第二燃烧室出口后设置余热锅炉系统，余热锅炉蒸汽参数一般为 4.1MPa(绝压)、400～420℃的中温中压参数，采用自然循环并应有防止烟气中 HCl 和 SO_2 等酸性气体对受热面的高温和低温腐蚀措施。

垃圾焚烧炉燃烧室根据炉拱的布置形式与烟气流动方向的不同分为：逆流式、顺流式、混流式、二次回流式四种情况(图 3-11)，其目的都是使垃圾顺利的干燥、气化、着火、燃烧和燃烬。当焚烧高水分、低热值垃圾(如 5000kJ/kg)时，宜采用逆流式燃烧室；当焚烧低水分、高热值垃圾(如 12600kJ/kg)时，宜采用顺流式燃烧室；当焚烧垃圾的热值介于上述二者之间时可采用混流式燃烧室。

8. 炉渣

垃圾经焚烧后有机物已绝大部分被氧化、分解，剩余不可燃物质和残渣，被

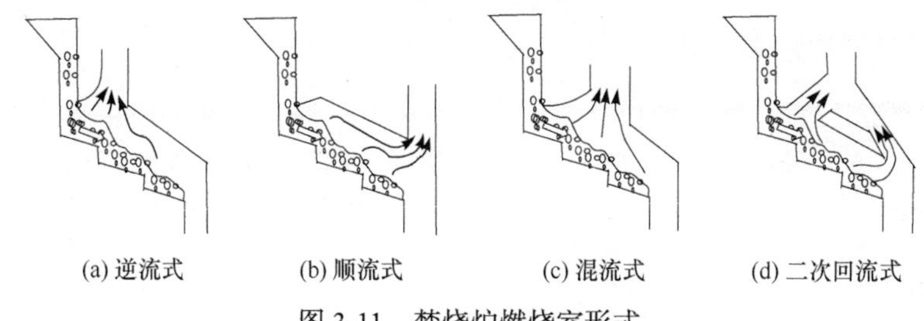

图 3-11　焚烧炉燃烧室形式

推至燃烬炉排从焚烧炉内排出进入出渣机。炉渣由水冷式出渣机冷却，而后运至渣仓，进行综合利用或进一步处理。

焚烧炉产生的炉渣和烟气净化系统所产生的飞灰分别属于不同性质的固体废弃物，应分别收集、输送、储存和处理。炉渣主要成分有氧化锰、二氧化硅、氧化钙、三氧化二铝、三氧化二铁、氧化钠、五氧化二磷等化合物以及少量金属和未燃烬的有机物，属于一般固体废弃物，可以进行综合利用。飞灰主要成分有二氧化硅、氧化钙、三氧化二铝、三氧化二铁以及硫酸盐等反应生成物，还有汞、镉、铅、铬等重金属和二噁英类物质，属于危险废物，应单独收集并进行处理以防止产生二次污染。

3.5.5　焚烧炉自动燃烧控制系统

焚烧炉自动燃烧控制(auto combustion control，ACC)是垃圾焚烧的核心技术，是针对垃圾成分多变、热值不稳定的特点，在保证垃圾完全燃烧、保证炉膛温度、炉渣热灼减量最小化以及降低污染物的排放的同时，为维持稳定的垃圾处理量和余热锅炉稳定的蒸汽量而对焚烧炉运行工况进行自动燃烧控制的方法。

自动燃烧控制系统主要包括 6 个主要控制：余热锅炉主蒸汽流量控制、焚烧炉垃圾料层厚度控制、垃圾燃烧位置控制、炉渣热灼减率最小化控制、炉膛温度控制(烟气在炉膛内保持 850℃ 2s)、烟气氧气浓度控制。

1. 余热锅炉主蒸汽流量控制

余热锅炉主蒸汽流量控制是 ACC 系统中的其他控制的基础和目标，其目标值由焚烧炉操作人员设定，ACC 系统会根据目标值计算垃圾焚烧量和燃烧空气量。

2. 焚烧炉垃圾料层厚度控制

垃圾料层厚度可根据主炉排上垃圾空气压差计算，料层厚度由给料炉排、干燥炉排、燃烧炉排和燃烬炉排的运行速度进行调整。

3. 垃圾燃烧位置控制

垃圾燃烧位置会随着垃圾品质的变化而变化，通过检测燃烬炉排上部的温度和调整主炉排运行速度可以调整垃圾燃烧位置，燃烧位置的相对稳定对确保焚烧效果非常重要。

4. 炉渣热灼减率最小化控制

通过监测燃烬炉排上部的温度、调整燃烬炉排送风量以及燃烬炉排运行速度使垃圾得到完全燃烧，确保炉渣热灼减率最小化。

5. 炉膛温度控制

稳定的炉膛温度是保证锅炉蒸发量和减少烟气污染物排放的重要措施，通过调整二次风喷入量、辅助燃烧器的使用等措施来确保焚烧烟气在 850℃及以上的温度条件下停留 2s，使二噁英类物质彻底分解。

6. 烟气氧气浓度控制

烟气中的氧气浓度与烟气中的一氧化碳浓度有密切的关系，而一氧化碳与二噁英类的排放浓度具有统计相关性，控制烟气中氧气浓度可以确保烟气中的一氧化碳值达到设定的指标，从而保证二噁英类物质满足排放要求。

焚烧炉一般均由焚烧炉供货商提供自动燃烧控制装置，也可由焚烧炉供货商提供 ACC 控制逻辑图，由 DCS 进行组态完成。

3.5.6 机械炉排炉

1. 特点

机械炉排炉焚烧技术作为世界主流的垃圾焚烧炉技术，技术成熟、可靠，其应用前景广阔，发展空间较大。这种焚烧炉因为具有对垃圾的预处理要求不高，对垃圾热值适应范围广，运行及维护简便等优点，是目前焚烧生活垃圾使用最为广泛的焚烧炉。其主要处理过程是：垃圾由抓斗送进炉前料斗，通过料槽用液压式加料器按设定的速度将垃圾推进炉膛，垃圾随着炉排的运行向前移动，并与从炉排底部进入的热空气进行混合、翻动，使垃圾得以干燥、点火、燃烧直至燃烬。

机械炉排炉的优点如下：

(1) 依靠炉排的机械运动使垃圾不断翻动、搅拌并向前或逆向推行，实现垃圾的搅动与混合，促进垃圾完全燃烧，且不同的炉排炉生产商在炉排的设计上各有特点。

(2) 鼓风压力小，风机装机容量小，动力消耗小。

(3) 烟气粉尘量相对其他形式焚烧炉而言较小，除尘器的负荷和运行成本相对降低。

(4) 主要燃料为生活垃圾；点火及辅助燃料为油，不掺烧煤等其他化石燃料。

(5) 进炉垃圾不需预处理。

(6) 焚烧炉内垃圾为稳定燃烧，燃烧较为完全，炉渣热灼减率较低。

(7) 技术成熟，设备年累计运行时间可达 8000h 以上。

(8) 具有较强的连续运行能力，减少起炉或停炉次数。

(9) 焚烧炉和余热锅炉整体效率在 75%～78%。

其缺点是：

(1) 由于活动炉排和固定炉排等关键部件由耐热合金钢制造，所以设备造价较高。

(2) 由于燃烧速度慢，炉床的负荷小，所以炉子的体积增大，厂房面积增大，同时炉体散热损失增加。

(3) 垃圾焚烧技术较复杂、技术含量高。

2. 国外主要炉排炉技术

炉排作为国外垃圾焚烧最早的炉型，已经有 100 多年的发展历史。炉排根据运动形式不同，也分为几种不同的类型，先后发展了顺推炉排、逆推炉排、滚动炉排等炉型，典型的制造厂家有德国马丁公司、比利时西格斯公司、德国 Babcock & Wilcox 公司、日本三菱重工株式会社、日本田熊株式会社、德国鲁奇公司等。下面以我国引进的部分炉排型垃圾焚烧炉为例进行简单介绍。国外主要炉排炉生产厂商及产品见表 3-19。

表 3-19　国外主要炉排炉生产厂商及产品

公司	代表产品
日本三菱重工株式会社	三菱-马丁逆推炉排炉
日本杰富意(JFE)株式会社	JFE 超级往复式炉排炉
日本田熊株式会社	田熊 SN 型炉排炉
日本日立造船株式会社	日立造船炉排炉
德国诺尔-克尔茨公司	诺尔-克尔茨阶梯式顺推炉排炉
德国斯坦米勒公司	斯坦米勒往复顺推炉排炉
法国阿尔斯通公司	阿尔斯通 SITY2000 倾斜往复式炉排炉
比利时西格斯公司	西格斯 SHA 多级炉排炉
瑞士 VonRoll 公司	瑞士 R-10540 型炉排炉
德国马丁公司	马丁倾斜逆向往复式炉排炉

1) 日本三菱重工株式会社三菱-马丁炉排

日本三菱重工株式会社(简称三菱重工)在二十世纪七十年代引进德国马丁公司的技术以后经过不断的技术创新与完善，开发成功了适合亚洲垃圾特点的三菱-马丁式垃圾焚烧成套技术与设备。业绩遍布亚洲近 70 座生活垃圾焚烧厂，业绩中单台最大处理量可达 720t/d，即 2000 年在新加坡投产的大士南垃圾焚烧厂(6×720t/d)，该焚烧厂也是目前世界上规模最大的垃圾焚烧厂。三菱重工也是最早进入中国垃圾焚烧领域的厂商。

三菱-马丁炉排为逆推往复式运动炉排，由一排固定炉排和一排活动炉排交替安装，炉排运动方向与垃圾运动方向相反，其运动速度可以任意调节，以便根据垃圾性质及燃烧工况调整垃圾在炉排上的停留时间。炉排在炉内呈 26°倾角，由于倾斜和逆推的作用，垃圾不断地翻转和搅拌，与空气实现较充分的接触，使垃圾燃烧完全。三菱-马丁炉排结构简图详见图 3-12。其特点如下：

(1) 燃烧空气从炉底部送入并从炉排块的缝隙中吹出，对炉排有良好的冷却作用。

(2) 炉排推动时，炉排均能做到四周呈相对运动，可使黏结在炉排通风口上的一些低熔点物质吹走，保持良好的通风条件。

(3) 由于逆向推动可相应延长垃圾在炉内的停留时间，因此在处理能力相同的情况下，炉排面积可以小于顺推炉排。

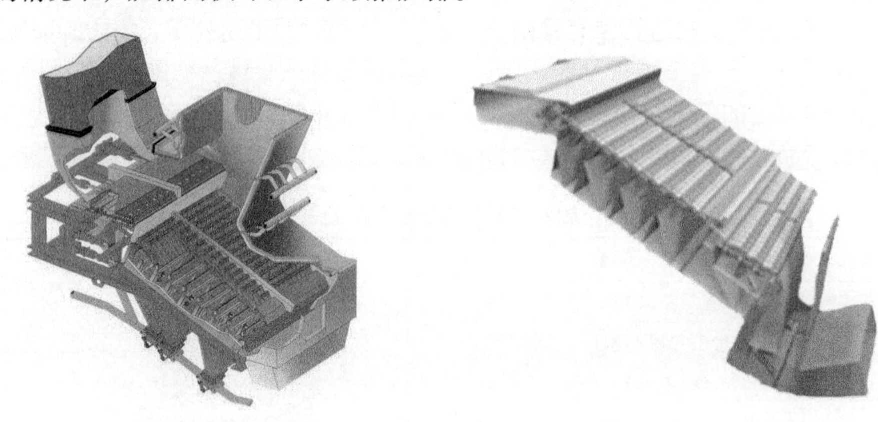

图 3-12　三菱-马丁炉排结构简图

虽然三菱重工进入中国内地市场最早，但由于种种原因，三菱重工的马丁炉排在内地市场占有率较低。

2) 比利时西格斯公司倾斜翻动炉排(KSBE)

西格斯公司的焚烧炉属于顺推往复炉排炉，由固定炉排、滑动炉排和翻动炉排三种炉排组成，分别对垃圾输送(水平运动)、翻搅和通风(垂直运动)。西格斯公司的炉排分为 5 段，每段都有各自的液压调节机构，每组炉排的速度和频率可单独控制。燃烧空气为分级送风，可根据炉排上的燃烧情况分别调节。整个炉排系统由特有的 SEGMA 控制程序控制。

西格斯炉排特点是：具有多级燃烧区；在完全控制下燃烧；安装时间短，炉排在车间预组装。

西格斯炉排在进入中国市场时，针对中国垃圾的特点，对焚烧炉的结构做了一些改进，对前后炉顶的形式(配有专用喷嘴)及折焰角位置进行了优化，使其能对第一组件(干燥区)产生足够的热辐射，以加快干燥和点火的过程，并加速了烟气在进入锅炉之前的混合。

保温耐火砖的设计考虑到了焚烧炉外墙的最高温度为 50℃。由于焚烧炉采用多级炉排燃烧过程设计(即水平和垂直方向的)，因而将一次风的用量降到最小。焚烧气化过程产生的烟气在锅炉第一通道的二次风喷入后，可完全燃烧。

西格斯炉排由于较早进入中国市场，在中国的使用业绩较多，其炉排形式及炉膛详见图 3-13～图 3-15。

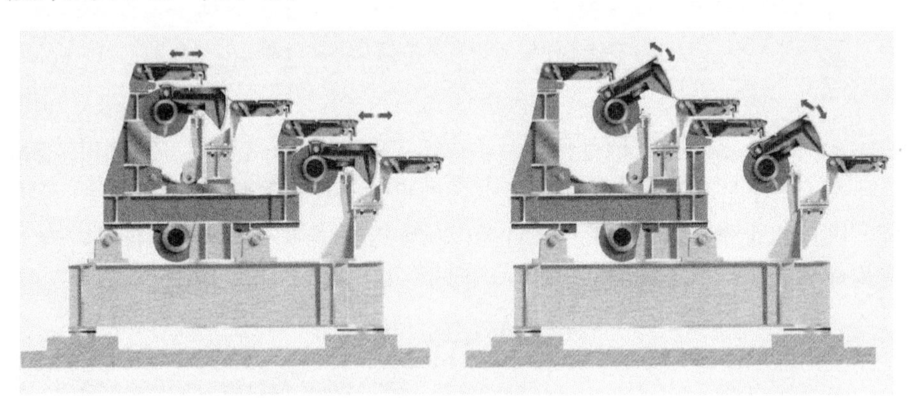

图 3-13　西格斯炉排形式

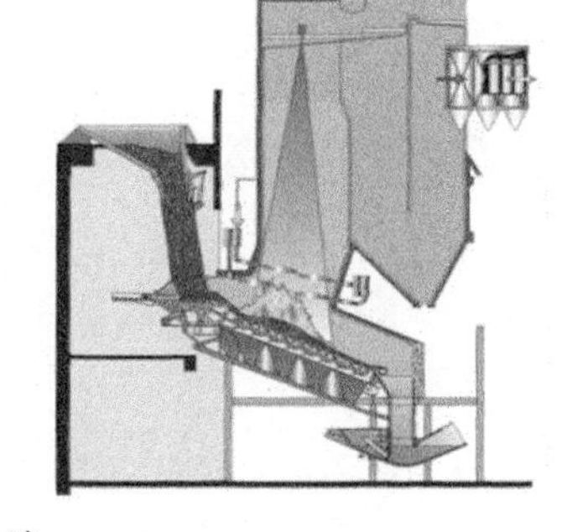

图 3-14　西格斯炉排炉膛

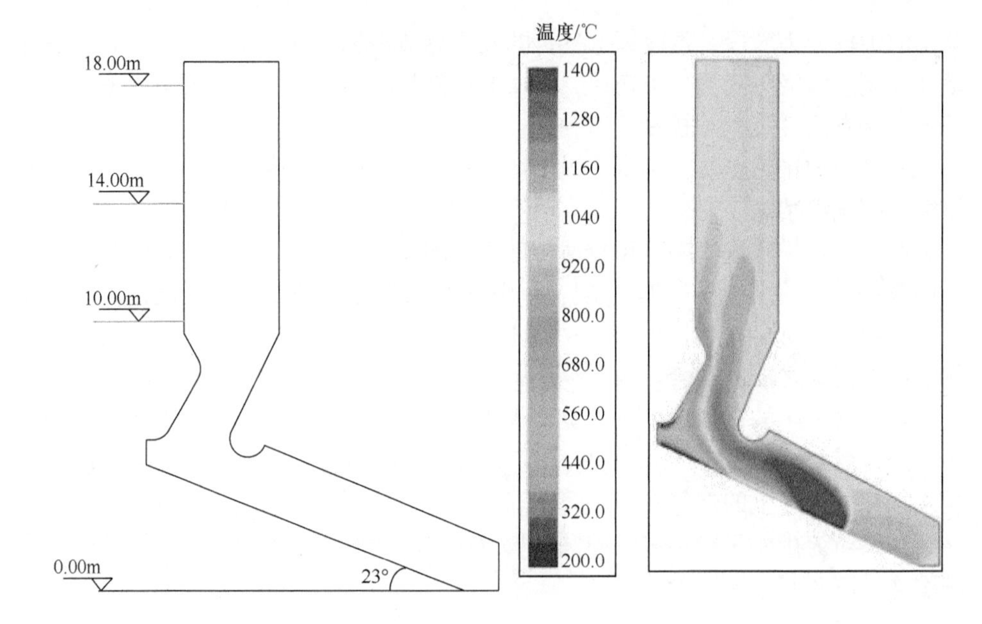

图 3-15　西格斯焚烧炉炉膛及温度分布

3) 日立造船(Hitz)株式会社焚烧炉

Hitz 购买了 Von Roll 炉排技术，并在此基础上进行了改进，开发出 L 型和 R 型两种技术，在日本第一个建设带发电的城市生活垃圾焚烧厂，拥有 180 座垃圾焚烧厂供货的业绩，最近 10 年在日本市场中占有率居第一位，在世界上第一个完成焚烧系统 8000h 连续运转。Hitz 炉排形式简图详见图 3-16。

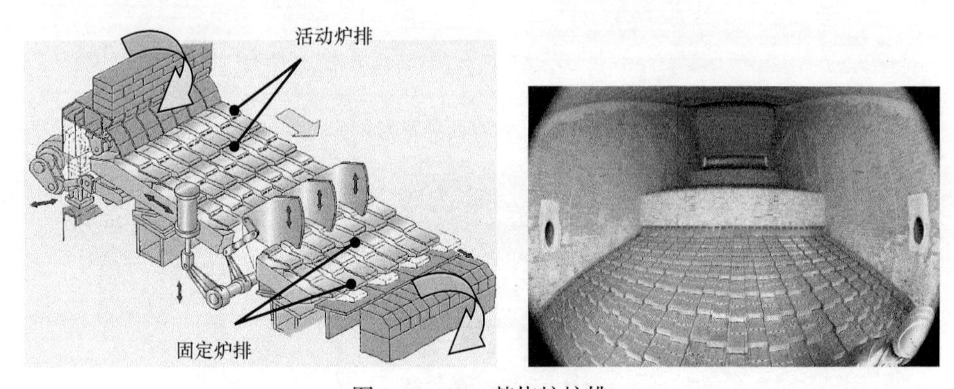

图 3-16　Hitz 焚烧炉炉排

Hitz Von Roll L 型炉排的主要特点如下：

(1) 炉排面积留有余量，可实现稳定燃烧。

(2) 采用 Von Roll L 型炉排，炉排的动作具有剪切垃圾的作用，从而实现垃圾的松散以及搅动。

(3) 为了垃圾的松散及搅动，有效地设置了 2 个落差段。

(4) 设置剪切刀，通过剪切刀的作用，可以破碎块状垃圾和搅动垃圾，使垃圾层均匀，同时也可以防止形成一次风的漏风孔。

(5) 采用鼻状结构和二次风喷嘴的最优化配置，确保烟气和二次风充分混合，实现完全燃烧。

(6) 通过炉排的自我清洁作用，确保提供均匀的一次风。

(7) 使用高温空气，确保烟气搅动所需的二次风风量；根据焚烧炉上部的结构形式，最大限度地利用辐射热烘干垃圾。

(8) 炉膛采用耐火砖(一部分采用空冷板砖)，可以保持较高的炉膛温度。

Hitz 进入中国市场时间较晚，但采取了灵活的市场手段，包括技术转让和特许制造等，在中国取得了一定的市场份额。

4) 德国马丁公司倾斜逆向往复炉排

德国马丁公司生产的垃圾焚烧炉排分为三个区域：干燥区、燃烧区和燃烬区，各区在结构上是连续的，保证生活垃圾在炉排上运行和焚烧连续稳定。在推料器的作用下，垃圾首先进入干燥区，通过炉排的机械往复运动，垃圾在炉排上往前移动到燃烧区，最后到达燃烬区。炉排倾角为 26°，炉排片采用空气冷却的方式，最高燃烧温度可达 1200℃。德国马丁公司倾斜逆向往复炉排结构简图见图 3-17。

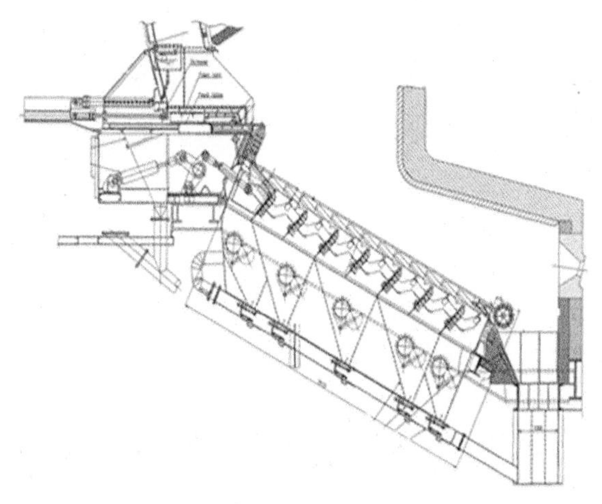

图 3-17 马丁倾斜逆向往复炉排结构简图

德国马丁公司垃圾焚烧炉排有如下主要特点：

(1) 焚烧系统采用特殊类型的炉排(逆推式)与特殊形状的炉膛，以满足垃圾充分燃烧的需要；

(2) 整个焚烧过程(包括干燥、点火、燃烧与燃烬)可在单段倾斜式炉排上完成，与其他类型的炉排相比，其占地面积要少；

(3) 每个焚烧单元配备一套液压系统，对炉排的料斗挡板门、给料机、炉排、炉渣滚筒和出渣机进行驱动，所以整个系统易于远程操作；

(4) 炉排主要部件配备一套自动式集中润滑系统，所以易于检修。

5) 日本 JFE 株式会社超级往复式炉排

JFE 的炉排焚烧炉技术是在 1970 年从丹麦 Volund 公司引进的，已积累了 130 多个业绩。该公司不断地改善焚烧炉技术，同时自行开发了独特的 JFE Hyper Stoker 超级往复式炉排。该技术在 1989 年转让给丹麦 Volund 公司。该炉排有如下 3 个特长：

(1) 由于高速吹入，空气供给均匀；

(2) 强化搅拌性能和提高输送性能；

(3) 减少炉排漏灰和炉排下漏灰的堵塞和黏结。

炉排形式为水平往复顺推炉排，横排向上往返运动，能够满足输送、搅拌和均匀燃烧性能。由于气孔比率低，喷出来的空气流速很高而且均等，同时空气孔朝向侧面，滑动面几乎水平，炉排之间的空隙是“零”，所以，落下的铝和焦油很少，并且高速空气让它冷却而细粒化，所以不会造成黏结，炉排漏灰少。JFE 炉排和焚烧炉结构形式见图 3-18。

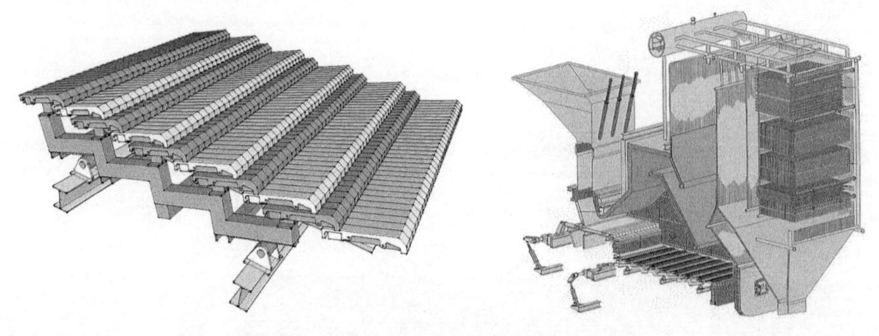

图 3-18　JFE 炉排结构和焚烧炉结构形式

JFE 在中国业绩较少。

6) 日本荏原株式会社 HPCC 型炉排

荏原株式会社从 1980 年开始自主研发 HPCC 型炉排炉，并于 1984 年交付了首台 195t/d 的带余热锅炉的全连续焚烧炉；于 1995 年开始自主研发 HPCC21 型新一代炉排炉，并于 2008 年交付了首套 2×110t/d 焚烧炉。荏原株式会社于 2007 年首次将两套 300t/d 的 HPCC 型炉排炉引入中国厦门，荏原株式会社 HPCC 型炉排炉共交付近 300 条生产线。图 3-19 为荏原株式会社炉排结构简图。

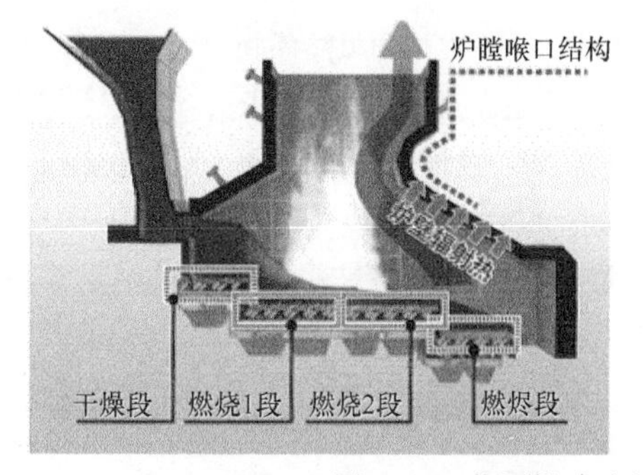

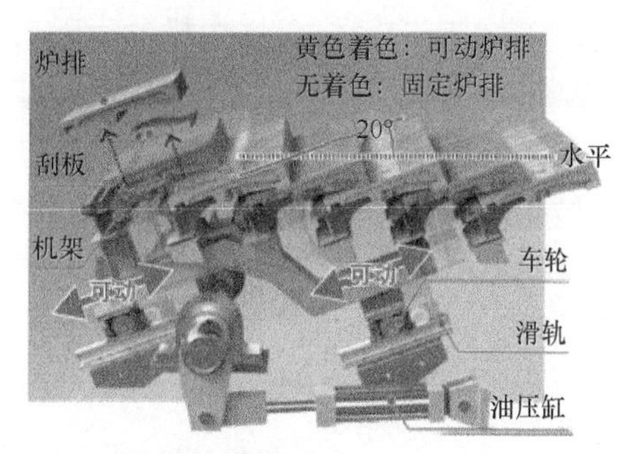

图 3-19　荏原株式会社 HPCC 型炉排结构简图

HPCC 型炉排的特点是：

(1) 高速燃烧：通过炉排片之间的微小间隙，如从篝火下猛烈鼓风一样高速(20m/s 左右)供给燃烧空气，形成均一火焰提高燃烧性能。由于炉排缝隙很小，漏灰极少，同时可处理一定量(总处理量的 20%以下)污泥和填埋垃圾。

(2) 水平炉排：整体水平布置，炉排片向上倾斜 20°，既可提高搅拌效果也可控制垃圾推进速度。

(3) 4 段独立驱动：可灵活对应不同品质的垃圾。

(4) 烟气再循环：利用布袋后面的烟气再循环作为 2 次风(含氧量低)，既可以满足旋涡搅拌，也可使空气比降为 1.3 左右，又可进一步有效利用热量。

(5) 强制空冷炉排：在垃圾热值较低时，关闭阀门，可作为普通空冷炉排使用。同时在垃圾热值较高时打开阀门，通过强制空冷使炉排片寿命延长到通常的 2 倍左右。

(6) 炉排结构简单：各段主炉排片规格统一，安装更换简单。炉体结构简单，成本低，易于维护。局部可以采用空冷壁，另外采用较为特殊的耐火材料可以防止结焦。

目前，日本荏原株式会社炉排技术已转让给上海环境集团有限公司，可预期其业绩有望提升一个台阶。

7) 法国阿尔斯通公司 SITY2000 炉排

法国阿尔斯通公司(现已被德国马丁公司收购)SITY2000 炉排为逆推炉排，炉排与炉排片均向下倾斜，整个炉排片无阶段落差，送气孔设在炉排片两侧，有自清作用。可动炉排片与固定炉排片呈阶梯式纵向交互配置。垃圾在炉排上靠重力向下滑落，底层垃圾受可动炉排片逆向运动的推力而涌向上层，达到翻搅作用。垃圾在炉内分为三段燃烧：干燥段、燃烧段和燃烬段，各段的供应空气量和运行速度可以调节。

8) 日本田熊株式会社 SN 型炉排

日本田熊株式会社于 1957 年开始着手垃圾焚烧设备的开发，1963 年 1 月建成日本第一座连续式机械炉排的大阪市住之江工厂(3×150t/d),在世界上已有几百座垃圾焚烧厂的业绩。其技术具有完整的综合工艺，有垃圾焚烧炉、烟气冷却设备、烟气处理设备、余热利用设备。图 3-20 为 SN 型炉排结构简图。其焚烧技术特点如下：

(1) 在往复炉排的基础上新改良开发的新型炉排——SN 型炉排，采用足够的炉排面积，设置两个阶梯，使垃圾在炉内翻滚并燃烧。

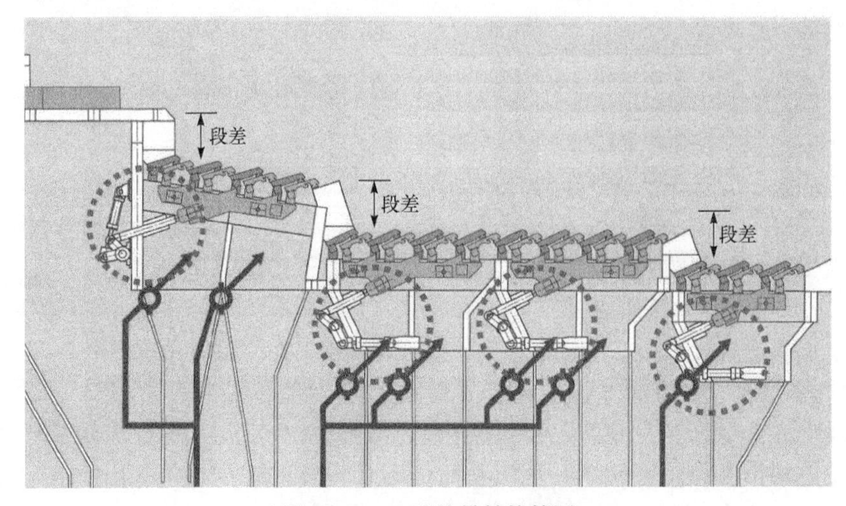

图 3-20 SN 型炉排结构简图

(2) 根据燃烧特点，燃烧空气分布于灰斗内由垃圾流动而产生的 7 个部分。

(3) 具有较高的炉内通风能力，供气管不受垃圾层厚度的影响，它与各炉体组合，来均衡地提供空气。

(4) 高耐久力：在每个炉条后有鳍状物，用来提高炉条降温效率，这样可以阻止炉条燃烧。炉条采用特殊难熔的铸钢来制造。

(5) 燃烧过程采用四个驱动单位：一个在干燥阶段，两个在燃烧阶段，还有一个在燃烬阶段。通过调整各独立驱动单位的速度，控制垃圾和灰层的厚度。

(6) 低空气比使锅炉高效化，减轻烟气处理负荷。

3. 国内炉排型焚烧炉技术主要厂家介绍①

1) 温州伟明集团

伟明集团成功研发的“HWM 二段往复式炉排”产品，具有较高的机械负荷能力。为了保证充分燃烧，抑制二噁英的产生，焚烧炉配置了辅助燃烧器，以确

① 本部分资料来源于各机械炉排供货商公开的宣传资料、产品样本等。

保护炉膛出口的烟温在 850℃以上停留时间不小于 2s。焚烧炉、余热炉为全自动化控制，并纳入全厂 DCS。二段往复式垃圾焚烧炉排简图见图 3-21。

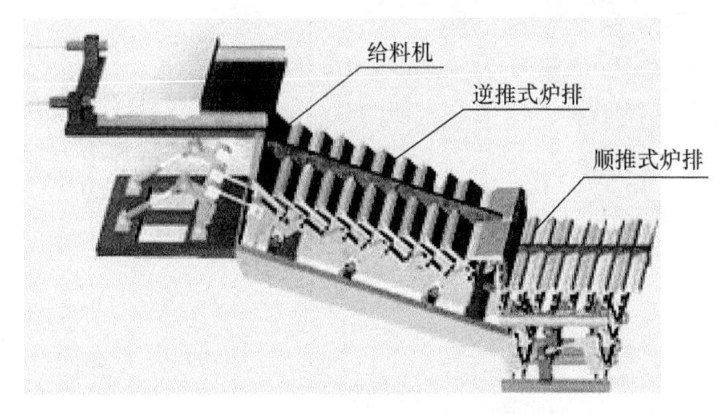

图 3-21 二段往复式垃圾焚烧炉排

2) 重庆三峰卡万塔环境产业有限公司

重庆三峰卡万塔环境产业有限公司(简称三峰卡万塔)是重庆钢铁集团与美国卡万塔控股集团的合资企业，技术来源于法国阿尔斯通公司的马丁 SITY2000。该技术采用倾斜逆推设计，可实现垃圾良好的搅动，配合良好的炉排出风方式和较高的一次风压，可保证垃圾在炉排上的良好燃烧，保证了炉排上的垃圾充分燃烧、灰渣热灼减率不大于 3%。三峰卡万塔拥有的炉排炉已经应用于数十个垃圾焚烧项目，总共 100 条垃圾焚烧线。包括单台 200t、300t、350t、400t、500t、600t、700t 等系列产品，其中规模 600t 以上的焚烧线有 36 条。其炉排结构如图 3-22 所示。

该炉排主要有以下特点：

(1) 采用合理的垃圾进料系统，给料小车采用前后布置的双层结构，小车前段布置有鳍片状的耐磨耐腐蚀铸件，垃圾给料均匀顺畅。

(2) 炉排采用模块化设计，炉排片种类较少，可以减少备件种类和数量，节约焚烧炉运行成本。

(3) 炉排由多列组成，各列相互独立，且每列炉排分上下两段，可视垃圾燃烧情况对各列炉排的上下两段速度进行独立控制，实现均匀布料和稳定燃烧。

(4) 为了保证焚烧炉起停炉炉膛温度变化的均匀性，每台焚烧炉一般采用多台启动燃烧器、辅助燃烧器，并合理选择布置位置。

(5) 动静炉排交替布置，接触面为加工面，运动阻力小，且每行炉排上相邻炉排片采用螺栓紧固，连接无间隙，漏灰量小。

(6) 每行炉排与隔墙之间设置了合理的热膨胀吸收间隙，既能保证炉排运动又不与隔墙发生摩擦，保持稳定运动，又能防止过多的炉渣灰漏入一次风室。

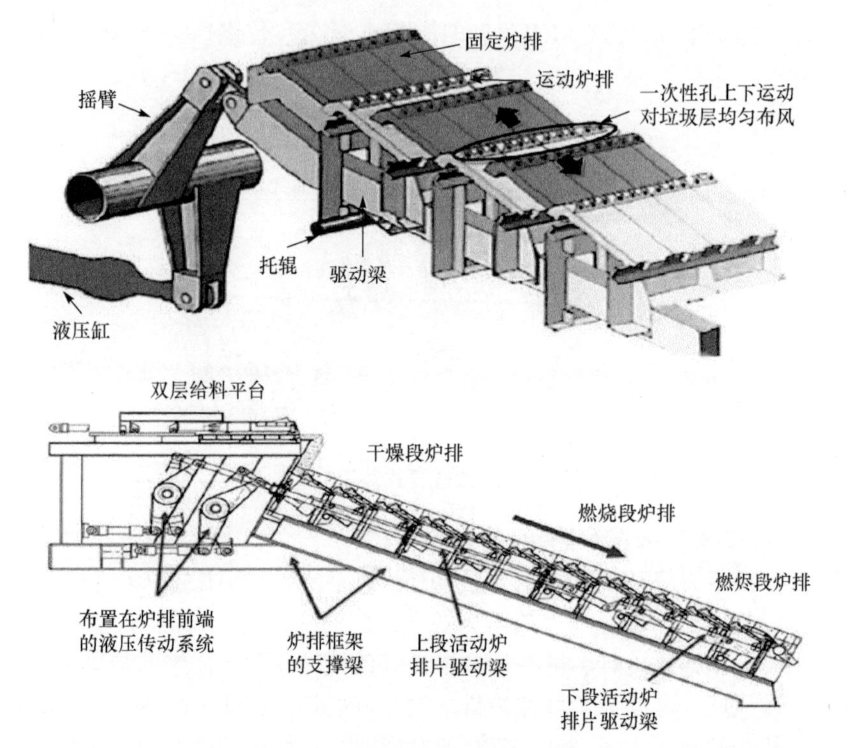

图 3-22　三峰卡万塔炉排结构图

(7) 炉排和给料器驱动系统结构简单，运行稳定。炉排的液压驱动装置布置在焚烧炉后部(给料器下方)，维护保养都十分方便。

(8) 针对中国垃圾高水分、高灰分、低热值的特性，国产化设计取消了溜槽水冷套及前后拱水冷壁，采用敷设耐火隔热层的绝热炉膛设计，配以合理的炉膛结构设计，可以合理组织炉内的热辐射和烟气流动，加强炉内烟气搅动、混合，强化燃烧，维持炉膛高温，以保证垃圾稳定燃烧及炉膛温度达到 850℃、2s，实现环保排放。

(9) 一次风风孔采用锥孔形设计，根据垃圾含水量合理设置开孔率，既保证一次风良好的穿透能力，又保持布风的稳定性。

(10) 根据垃圾热值不同，可设定不同的一、二次风温度，且一次风根据不同的燃烧阶段，采用分段布风，可保证垃圾的有效干燥、燃烧及燃烬。

3) 无锡华光锅炉股份有限公司

无锡华光锅炉股份有限公司(简称无锡华光)长期致力于环保产业的发展。早在 1990 年，就对采用炉排和循环流化床形式的垃圾焚烧锅炉进行研制与开发，先后与美国 Tamella Power 公司、Detroit 公司，日本 NKK、荏原、三菱重工、TAKUMA，比利时西格斯等炉排公司进行合作。同时与中国科学院、清华大学等国内著名院校进行流化床垃圾焚烧锅炉的合作开发。无锡华光于 2009 年 6 月又与日本 Hitz 签订了 L 型全系列(300～600t/d)垃圾焚烧炉排的技术转让协议，自引进该技术以来，已获几十台 200～600t/d 炉排式垃圾焚烧炉订单。

无锡华光垃圾焚烧技术有三大特点：

(1) 实行减容、减重和无害化处理，兼顾热量的回收利用。

(2) 采用先进焚烧工艺，控制 SO_2、HCl、NO_x、重金属和有害微量有机物的排放。

(3) 焚烧技术集成度高、自动化程度高、管理保障度高，有效地防止产生二次污染。

4) 杭州新世纪能源环保工程股份有限公司

杭州新世纪能源环保工程股份有限公司生产的料层可调型二段往复式炉排具有自主知识产权。

料层可调型二段往复炉排式垃圾焚烧设备是针对我国的水分较高、热值较低、不分拣混合生活垃圾的焚烧处理而开发的，具有很高的性价比。图 3-23 为多列料层可调型二段往复式垃圾焚烧炉排简图。

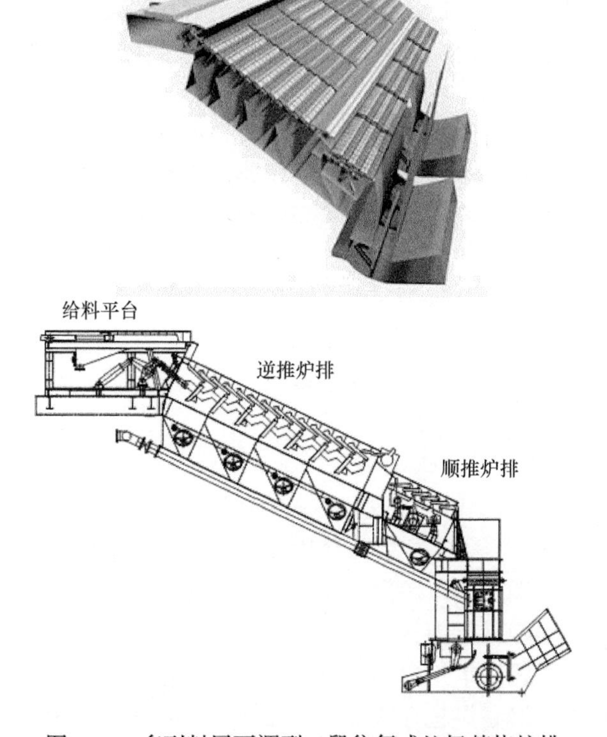

图 3-23　多列料层可调型二段往复式垃圾焚烧炉排

该炉排的特点如下：

(1) 逆推炉排与顺推炉排之间设置台阶有利于垃圾团块破碎；

(2) 燃烧段采用逆推炉排有利于垃圾的翻转及燃烬；

(3) 在逆推炉排末端设置料层高度调节装置有利于控制料层的厚度及垃圾的停留时间；

(4) 多风室、风室风门在宽度方向实现远程单独调节，可适应垃圾在不同焚烧段对风量的需求；

(5) 按照标准化、模块化进行设计制造，有安装精度要求的部件均在工厂定位与完成，可缩短现场安装工期。

5) 上海康恒环境股份有限公司

上海康恒环境股份有限公司技术来源于 Hitz Von Roll L 技术。

3.5.7 余热锅炉

1. 余热锅炉结构形式

余热回收的目的是降低烟气温度，同时回收烟气中的热量。大中型生活垃圾焚烧厂一般均设置余热锅炉，包括布置在燃烧室四周的锅炉炉管(即蒸发器)、过热器、节热器、炉管吹灰设备、蒸汽导管、安全阀等装置，由于蒸发器排列像水管墙，所以被称为水墙式焚烧炉。锅炉水循环系统为一封闭系统，炉水不断在锅炉管中循环，并生产饱和蒸汽。

余热锅炉一般采用自然循环方式，受热面的布置一般分为多回程水平布置和多回程立式布置，这两类布置的余热锅炉均能适应垃圾焚烧炉，水平布置占地面积相对较大，但水平布置的主要优点是受热面清灰可采用机械振打，清灰效果较立式布置采用的蒸汽吹灰或钢珠清灰效果好，可提高锅炉热效率和使用寿命。

在垃圾焚烧热能回收过程中，由于垃圾所含盐分、塑料成分较高，燃烧气体产物中含有大量的氯化氢等腐蚀性气体和灰分，因此选择合适的过热蒸汽参数对全厂发电效率和过热器寿命都有着重要的意义。

2. 蒸汽参数的确定

目前垃圾焚烧余热锅炉出口过热蒸汽参数，通常采用中压参数(4.0MPa，400℃)，少数项目采用次高压参数(6.5MPa，450℃)。中温次高压蒸汽参数能提高发电效率，因此逐步提高蒸汽参数是垃圾焚烧发电行业的一种趋势，具有较好的发展前景。由于在实际运行中，采用高参数时遇到了受热面腐蚀及合金钢造价高等问题，作者所在课题组承担的国家重点研发计划重点专项“有机固废高效清洁稳定焚烧关键技术与装备”正在攻克这一难题，并取得了初步成效。下面就目前技术水平，对这两种蒸汽参数进行比较。

(1) 中温次高压技术与中温中压技术均是成熟技术，在国内进行制造和设计不存在问题，这两种参数的主要区别在于过热器的材质。一方面，430℃是锅炉过热器材质提高的分界线，430℃以下可采用碳钢，430～540℃就必须采用合金钢；另一方面，主蒸汽参数的提高，必将带来锅炉烟气侧受热面温度增加，从而使锅炉受热面受到来自 HCl 和 SO_x 等腐蚀性化学成分更强烈的腐蚀威胁，其结果是降低了过热器的使用寿命。

根据我国《蒸汽锅炉安全技术监察规程》(劳部发〔1996〕276 号)，锅炉的材质选用应遵循表 3-20～表 3-22 的规定，表 3-20～表 3-22 分别为锅炉用钢管、锅炉用锻件、锅炉用铸钢件要求。

表 3-20　锅炉用钢管要求

种类	钢号	标准编号	适用范围		
			用途	工作压力/MPa	壁温/℃
碳素钢	10, 20	GB/T 8163	受热面管子	≤1.0	
			集箱、蒸汽管道		
	10, 20		受热面管子	≤5.9	≤480
			集箱、蒸汽管道		≤430
	20G	GB/T 5310	受热面管子	不限	≤480
			集箱、蒸汽管道		≤430
合金钢	12CrMoG 15CrMoG	GB/T 5310	受热面管子	不限	≤560
			集箱、蒸汽管道		≤550
	12Cr1MoVG		受热面管子		≤580
			集箱、蒸汽管道		≤565
	12Cr2MoWVTiB 12Cr3MoVSiTiB	GB/T 5310	受热面管子		≤600

表 3-21　锅炉用锻件要求

钢的种类	钢号	标准编号	适用范围	
			工作压力/MPa	壁温/℃
碳素钢	Q235-A，Q235-B Q235-C，Q235-D	GB/T 700	≤2.5	≤350
	20，25	GB/T 699	≤5.9	≤450

续表

钢的种类	钢号	标准编号	适用范围	
			工作压力/MPa	壁温/℃
合金钢	12CrMo	NB/T 47010—2017	不限	≤540
	15CrMo			≤550
	12Cr1MoV			≤565
	30CrMo 35CrMo			≤450
	25Cr2MoVA			≤510

表 3-22　锅炉用铸钢件要求

钢的种类	钢号	标准编号	适用范围	
			工作压力/MPa	壁温/℃
碳素钢	ZG200-400	GB/T 11352 JB/T 9625	≤6.3	≤450
	ZG230-450		不限	≤450
合金钢	ZG20CrMo	JB/T 9625	不限	≤510
	ZG20CrMoV			≤540
	ZG15Cr1Mo1V			≤570

事实上，以上规范主要是针对普通场合下使用的蒸汽锅炉如燃煤电厂中使用的蒸汽锅炉。而在垃圾焚烧厂，垃圾焚烧产生的烟气中含有大量的HCl气体和灰分，烟气对过热器的腐蚀相对于普通发电厂中的锅炉要大得多，图 3-24 是垃圾焚烧厂中过热器管壁厚度耗损率与管壁温度的关系曲线(图中 HCl 浓度指烟气中HCl的浓度，其值为 1200mg/Nm^3)。

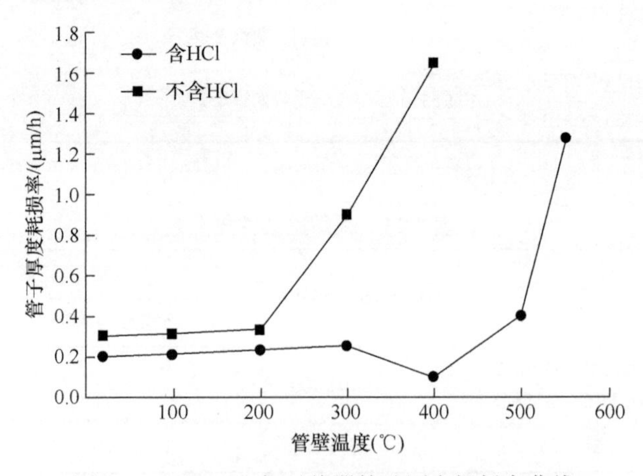

图 3-24　15CrMo 钢过热器管壁厚度损耗率曲线

从上图可以看出，在管壁温度达到 200℃以后，烟气中有 HCl 存在的情况下，腐蚀速度随着温度的增加迅速增加；即使烟气中没有 HCl，管壁温度超过 450℃之后，腐蚀速度也迅速增加。根据腐蚀学理论，腐蚀速度与温度呈指数关系，随着温度的提高，腐蚀不断加剧。由于垃圾燃料的特殊性，为了避免余热锅炉过热器的高温腐蚀，采用 15CrMo 钢材质的过热器时，过热蒸汽参数宜<400℃(管壁温度比过热蒸汽温度高 10～30℃)。

与腐蚀性烟气接触的管壁温度以及烟气本身的温度是换热部件管材腐蚀速度大小最主要的决定因素，在实际的焚烧厂设计中，既要尽量提高锅炉过热蒸汽参数以增加发电量，也要综合考虑管材的腐蚀问题从而保障焚烧厂连续的安全、稳定、经济性运行。

(2) 采用中温次高压技术，锅炉受热面面积有所增加，本体尺寸变化较小。由于提高了主蒸汽参数，热机的承压部件(主要有锅炉、汽轮机、给水泵等)、管道及其附件等的制造成本(金属质量增加、材质提高)增加，从而增加了锅炉设备的初投资。

(3) 初期投资分析。不同的过热蒸汽温度和压力下，锅炉制造对有关部件如过热器等的材质要求有所不同，中温次高压锅炉造价要高于中温中压锅炉，锅炉造价的差异主要原因在于高温过热器的材料差异较大。另外，水冷壁、省煤器材料有中压与高压之分。综合起来，余热锅炉采用中温次高压参数比采用中温中压参数的造价大约高 36%。

(4) 运营与维护。提高余热锅炉过热蒸汽参数的温度和压力，在烟气有强腐蚀性的情况下，会降低余热锅炉系统的安全性，对余热锅炉系统的维护、检修等带来较大的压力，进而降低了整个焚烧厂运行的稳定性。

3. 国外垃圾焚烧发电厂中温次高压锅炉应用情况

德国在 20 世纪 80 年代以前多采用中温次高压参数，而在 80 年代以后建立的垃圾焚烧厂则基本上都采用了中温中压的参数。美国在 90 年代之前多数采用中温中压的余热锅炉系统，此后则偏重采用中温次高压的过热蒸汽参数。有一点值得注意，欧洲和美国的生活垃圾相对我国的生活垃圾要干燥得多，而且由于垃圾分类收集工作做得较好，焚烧产生的腐蚀性气体较少，灰分也较少，对过热器的腐蚀相对我国要小一些。

日本的垃圾焚烧厂目前基本上都采用中温中压参数，正在尝试中温次高压的参数。东南亚国家则基本都采用中温中压参数。

从以上统计资料可以看出，中温中压技术和中温次高压技术均已十分成熟，不存在制造和运营维护上的问题。日本和东南亚国家，尤其是东南亚国家的垃圾与中国垃圾的性质较为接近，绝大多数的焚烧厂都采用了中温中压参数，而且日本对中温次高压参数也只处于尝试阶段，对其的评估也没有全面展开。

一台焚烧炉对应一台余热锅炉，余热锅炉应根据焚烧炉处理能力、废物热值、产生的烟气量等计算选择锅炉的受热面积，余热锅炉对流受热面应设置有效的清灰设施，目前清灰方式主要有机械振打清灰、蒸汽吹灰、激波清灰等，应根据具体情况选择一种或几种有效、安全、可靠的清灰方式。

3.5.8 汽轮发电机组

汽轮发电机组是将锅炉产生的高温高压蒸汽，导入发电机后，在急速冷凝的过程中推动发电机的涡轮叶片旋转，产生电力，并将未凝结的蒸汽导入冷却水塔，冷却后贮存在凝结水贮槽，经由给水系统再打入锅炉炉管中，进行下一循环的发电工作。在发电机中的蒸汽，也可中途抽出一小部分做次级用途，如助燃空气预热等。给水处理厂送来的补充水，注入给水系统前的除氧器中，除氧器则以特殊的机械构造将溶于水中的氧去除，以防炉管受到腐蚀。图 3-25 为某垃圾焚烧发电厂汽轮发电机组实况。

图 3-25　某垃圾焚烧发电厂汽轮发电机组实况

1. 汽轮发电机组的配置

汽轮发电机组型式的选用，应根据利用垃圾热能发电或热电联产的条件确定，纯发电的焚烧厂可选择纯凝汽机组，热电联产的焚烧厂可选择背压式或抽凝机组。汽轮发电机组的数量不宜大于 2 套，机组年运行时数应与垃圾焚烧炉相匹配，应根据焚烧厂焚烧炉数量、蒸汽的产量、运行方式等因素考虑配置汽轮发电机组的数量，目前，一般有 1 炉 1 机、2 炉 1 机、3 炉 2 机等常用配置。垃圾焚烧发电厂的主要目标是将生活垃圾进行无害化、减量化处理，余热发电是提高项目经济性和可持续性运行的手段之一，垃圾焚烧发电厂采用的是“机随炉”的运行方式，这是垃圾发电厂与常规的火力发电厂运行方式上的最大区别。因此，垃圾焚烧发电通常配置减温减压装置，尤其是单台发电机组通常配置全流量的旁路冷凝和减温减压装置，以便在汽轮发电机需停车检修期间，焚烧炉仍将正常或减负荷运行。

2. 发电系统

汽轮机排汽冷凝方式有水冷和直接空冷两种方式。直接空冷是指汽轮机排汽通过粗大的排汽管道送到主厂房外的空冷凝汽器内进行间接冷却。空冷凝汽器由许多翅片管组成，轴流风机使空气流过凝汽器翅片管束的外侧，将管内流过的排汽冷凝成水。凝结水靠重力自流汇集于布置在下方的凝结水箱内，由凝结水泵送回汽轮机的热力系统。

水冷是指汽轮机排汽用循环冷却水冷却，冷却水因吸热温度升高，汽轮机排气冷凝成水并返回除氧器。由于水的冷却效果比空气的冷却效果好，因此，汽轮机的排汽压力比较低。

这两种冷却方式目前在国内均有实例，空冷适用于缺少水的项目。下面对这两种冷却方式进行经济比较。

1) 设备投资

水冷方式，按现有国内小 EPC 的方式投资总价在 300 万～500 万元。

空冷方式，总的造价在 800 万～1000 万元。

2) 运行费用

水冷的运行费用主要是耗水量和耗电量。

空冷的运行费用主要是耗电量。

详细的数值需要根据汽轮发电机组供货商提供的具体设计数据计算，一般按照经验空冷的耗电量是水冷的耗电量的 2 倍。空冷的耗水量很少，水冷的耗水量大，首次运行的用水量大，运行过程中的新水量与空冷的用水量相比较差距不明显，暂不考虑。具体的耗水量需要根据汽机的详细参数确定。

3) 空冷的背压引起的发电量的减少

采用空冷方案，凝汽器排汽压力增高，发电量降低，通常比采用水冷方案发电量减少 8%。空冷风机装机容量较大，厂自用电率比水冷方案增大 1%～1.5%。

因此，若当地水资源可利用，应优先选用水冷方案。

3. 汽水系统

余热锅炉过热蒸汽集汽联箱出口到汽轮机进口的蒸汽母管，以及从蒸汽母管通往各辅助设备的蒸汽支管均为主蒸汽管道。主蒸汽系统采用单母管制，余热锅炉的主蒸汽母管从焚烧间接至汽机间，经关断阀接至汽轮机主汽门，进入汽轮机做功发电。从主蒸汽母管到旁路减温减压器和到一级、二级减温减压器的管道上均设有关断阀。

主给水系统范围是由除氧器出水口到焚烧间余热锅炉省煤器给水集箱的进

水口。给水系统直接影响锅炉的安全运行，给水泵应设置备用泵。

4. 化学水系统

为保证锅炉高效、安全稳定运行，防止锅炉结垢，进入锅炉的水必须经过处理后才能进入汽水系统。

根据《火力发电机组及蒸汽动力设备水汽质量》(GB/T 12145—2016)，压力为 3.8～5.8MPa 汽包锅炉的饱和蒸汽和过热蒸汽的质量指标是：二氧化硅含量 ≤ 20μg/kg，钠离子含量 ≤ 5μg/kg。为满足锅炉补给水和锅炉蒸汽对减温水品质的要求，保证锅炉安全运行，水处理系统必须进行处理并达到以下要求：硬度约 0，二氧化硅 ≤ 20μg/L，电导率 < 0.2μS/cm。

3.5.9　烟气净化

由于生活垃圾中含有部分有毒有害物质，在焚烧过程也会产生少量有毒有害物质，为避免对环境造成污染，需对焚烧后烟气进行净化处理。烟气净化与焚烧线相对应，根据工艺方案不同，配置烟气净化系统，净化处理后烟气达到《生活垃圾焚烧污染控制标准》(GB 18485—2014)的排放要求或项目所在地地方标准(如有)，同时还应满足项目环境影响报告书及批复文件的要求。表 3-23 是《生活垃圾焚烧污染控制标准》(GB 18485—2014)和欧盟 2010 标准的对照表，目前我国部分地区相继出台地方标准，这些地方标准根据各地环境容量、城市定位等诸多因素，对其敏感因子和当地环境容量较少的因子制定了更为严苛的排放限制。

表 3-23　垃圾焚烧烟气污染物排放限值表

项目	单位	GB 18485—2014		欧盟 2000 标准			欧盟 2010 标准		
		1h	24h	97%半小时均值	100%半小时均值	日均值	97%半小时均值	100%半小时均值	日均值
颗粒物	mg/Nm^3	30	20	10	30	10	10	30	10
一氧化碳	mg/Nm^3	100	80	150(10min 均值)	100(半小时均值)	50	150(10min 均值)	100(半小时均值)	50
氮氧化物	mg/Nm^3	300	250	200	400	200	200	400	200
二氧化硫	mg/Nm^3	100	80	50	200	50	50	200	50
氯化氢	mg/Nm^3	60	50	10	60	10	10	60	10
氟化氢	mg/Nm^3	—	—	2	4	1	2	4	1
有机物	mg/Nm^3	—	—	10	20	10	10	20	10
镉+铊	mg/Nm^3	0.1(测定均值)		0.05(测定均值)			0,05(测定均值)		
汞	mg/Nm^3	0.05(测定均值)		0.05(测定均值)			0.05(测定均值)		

续表

项目	单位	GB 18485—2014		欧盟2000标准			欧盟2010标准		
		1h	24h	97%半小时均值	100%半小时均值	日均值	97%半小时均值	100%半小时均值	日均值
锑+砷+铅+铬+钴+铜+锰+镍	mg/Nm^3	1.0(测定均值)		0.5(测定均值)			0.5(测定均值)		
二噁英	TEQ ng/Nm^3	0.1(测定均值)		0.1(测定均值)			0.1(测定均值)		

烟气净化系统涉及的内容多，将在第4章中详细介绍。

3.5.10　灰渣处理

1. 焚烧产生灰渣种类

焚烧系统所产生的固体灰渣，一般可分为以下四类。

(1) 漏渣是由炉排间隙的细缝落下，经由集灰斗收集，其成分有玻璃碎片、熔融的铝金属及其他未完全焚烧的成分等。

(2) 底灰是焚烧后由燃烬炉排或排渣口排出的残余物，主要含有燃烧后的灰分、未燃烬的残余有机物及不可燃烧的其他固体物(如金属、玻璃、砖瓦块等)。一般机械炉排炉排出的底灰经水冷后排入渣池；流化床炉由排渣口排出后经间接冷却后再处理；危险废物焚烧后的底灰排出后可冷却后再处理，或者将热渣直接输送至熔融炉中以便利用其热量。

底灰中未燃烬的有机物的量是衡量焚烧设备性能的重要指标之一，在我国的焚烧污染控制标准中，采用热灼减率反映灰渣中残留可焚烧物质的量。我国生活垃圾和危险废物焚烧标准中规定热灼减率应小于5%，大部分地区要求不大于3%。

目前我国生活垃圾焚烧技术规定底灰为一般固体废物，可采取综合利用等方式进行处理，危险废物焚烧产生的底灰为危险废物，需要进一步采用无害化处置或安全填埋。

(3) 锅炉灰是焚烧烟气中悬浮颗粒被余热锅炉收集于灰斗内物质。目前生活垃圾锅炉飞灰一般与底灰混合进入炉渣处理系统，但理论上这类物质应归入飞灰中。

(4) 飞灰是指由焚烧烟气净化设备所收集的细微颗粒物，一般是通过除尘设备(如旋风除尘器、袋式除尘器、静电除尘器等)所收集的粉尘、挥发性颗粒物、喷入系统的活性炭、脱硝系统产生的细微颗粒物、酸性气体中和系统产生的中和反应产物(如 $CaCl_2$、$CaSO_3$、$CaSO_4$ 等)及未完全反应的碱性物质(如 $Ca(OH)_2$、

$NaHCO_3$)以及消石灰中的杂质(如 $CaCO_3$)等。

由于焚烧时炉膛温度高于汞(Hg)、铅(Pb)、锌(Zn)、铬(Cr)、镉(Cd)等重金属的气化温度，绝大部分重金属在烟气净化系统中因温度的降低重新凝附在粉尘颗粒表面随粉尘收集系统进入飞灰中，少部分未凝聚在粉尘表面而悬浮于气体中的重金属及绝大部分气态汞被喷入烟气净化系统的活性炭或其他物质吸附，随后随同吸附剂被除尘系统收集下来进入飞灰中。因此，在这部分飞灰中含有重金属、二噁英等剧毒有机污染物及其他有害物质，我国法律和标准明确规定生活垃圾和危险废物焚烧飞灰为危险废物，对于生活垃圾焚烧飞灰必须经过稳定化处理并满足现行国家标准《生活垃圾填埋场污染控制标准》(GB 16889)规定的条件下，进入生活垃圾卫生填埋场处理，否则只能进危险废物处理厂处理。对于危险废物焚烧飞灰必须经过稳定化处理后才能送安全填埋场填埋。目前作者所在课题组正在对生活垃圾焚烧飞灰和危险废物焚烧飞灰进行玻璃化熔融试验研究，研究工作取得了一定的进展，期望将其转变为一般固体废物再进行资源化利用，如作为建筑材料、微晶玻璃和保温材料等。

2. 焚烧灰渣的收集及输送

焚烧过程中产生的灰渣和飞灰，经收集后再进行后续处理。在收集和输送过程中，应考虑避免形成架桥等阻塞问题，保证灰、渣收集和运输过程顺畅、有效；同时须考虑密封问题，防止灰、渣外泄污染环境和防止空气进入焚烧系统，干扰焚烧过程的控制。炉排炉焚烧炉渣由燃烬段尾端排出，流化床炉由排渣口排出，排渣时温度可高达 400～500℃。机械炉排炉一般采用水封式出渣，不仅将炉渣温度降低，同时利用水位高度将焚烧炉与外部空气隔离开。机械炉排炉的炉渣一般用水冷式出渣机排出炉外，经机械输送机和金属分离设备后输送至渣坑暂存，也有采用出渣机出渣后直接溜入渣坑暂存，再经抓斗送入运输车辆后再进一步综合利用或处置。

流化床炉渣从排渣口排出后，一般经过机械冷却，利用炉渣余热加热一次风。冷却分离后的炉渣送入渣坑暂存，再经抓斗送入运输车辆后进一步综合利用或处置。

飞灰输送可采用机械输送和气力输送 2 种方式。机械输送包括：螺旋输送机、刮板式输送机、链条式输送机和斗式提升机等。气力输送包括正压输送和负压输送两种，正压输送的距离和高度大于负压输送的距离和高度，气力输灰系统应采取防止空气进入与防止灰分结块的措施。收集飞灰用的储灰罐容量，应不少于 3d 额定飞灰产生量。储灰罐宜采取保温、加热措施，同时应设有料位指示、除尘、防止灰分板结的设施，并在排灰口附近装置增湿设施。

3. 焚烧灰渣的性质

根据《国家危险废物名录》、《危险废物集中焚烧处置工程建设技术规范》(HJ/T 176)、《危险废物焚烧污染控制标准》(GB 18484)、《生活垃圾焚烧污染控制标准》(GB 18485)、《生活垃圾焚烧处理工程技术规范》(CJJ 90，该规范将于近期升级为国家标准，并更名为《生活垃圾焚烧处理与能源利用规范》，已完成定向征求意见和公开征求意见)等国家相关标准，生活垃圾焚烧炉渣属于一般固体废物；生活垃圾焚烧飞灰属于危险废物，但在危险废物管理豁免清单之内；危险废物焚烧产生的炉渣和飞灰属于危险废物，按危险废物管理。因此根据焚烧炉渣和飞灰的不同性质应分别对炉渣和飞灰进行处理处置。

4. 生活垃圾焚烧炉渣的处理

对于机械炉排，炉渣主要来源于炉排燃烬的炉渣，炉排下部漏渣和余热锅炉受热面积灰，焚烧炉渣的热灼减率$<3\%$，属一般固体废弃物。

炉渣的处理方式主要有填埋与综合利用2种方式，填埋需占用大量的土地资源，且不产生任何经济效益。综合利用不仅可以节约大量的土地资源，而且可以提高生活垃圾的资源化利用水平，降低生活垃圾的处理费用。表3-24为某生活垃圾焚烧发电厂焚烧炉渣的成分。

表3-24　某生活垃圾焚烧发电厂焚烧炉渣成分

序号	项目	比例/%
1	复合物	24.5
2	$CaSO_4$	15
3	$Ca(OH)_2$	19.5
4	$CaCO_3$	6.5
5	NaCl	15
6	KCl	8
7	SiO_2	4
8	P_2O_5	2.5
9	H_2O	5
	合计	100

炉渣的稳定性好，密度低，其物理和工程性质与轻质的天然骨料相似，并且焚烧炉渣容易进行粒径分配，易制成商业化应用的产品，炉渣的资源化利用途径主要有以下几种：

(1) 石油沥青路面的替代骨料：炉渣经筛分、磁选等方式去除其中的黑色及有色金属并获得适宜的粒径后，可与其他骨料相混合，用作石油沥青铺面的混合物。这在美国、日本及欧洲一些国家均有使用。这些灰渣被分别用于道路的黏结层、耐磨层或表层和基层。示范工程的测试结果表明，只要处置得当，灰渣沥青利用并不会对环境造成危害。通过对炉渣-沥青混合物渗沥液 9 年的跟踪测试，研究者发现即使用保守的方法估计(当重金属浓度低于检测限时，以检测限值作为该重金属的浸出浓度)，底灰中 Pb、Cd、Zn 和其他成分的 9 年累计释放量也仍然很低。

(2) 制作路面砖的骨料：焚烧炉渣被用作混凝土中的部分替代骨料最常见的是将炉渣、水、水泥及其他骨料按一定比例制成混凝土路面砖，这在美国已有商业化应用。炉渣中的环境相关污染物能被有效地截留于水泥基质中，工程测试还表明该灰渣砖与标准混凝土砖的抗压强度相当。

(3) 填埋场覆盖材料：炉渣用作填埋场覆盖材料是美国目前用得最多的资源化利用方式。由于填埋场地自身的有利卫生条件(含环境保护设施如防渗层及渗沥液回收系统等)，灰渣因重金属浸出而对人类健康和环境的不利影响可以得到很好的控制。灰渣若用作填埋场覆盖材料，可不必进行筛选、磁选、粒径分配等预处理工艺。因此在经济上、环境上和技术上，灰渣用作填埋场覆盖材料均是一种非常好的选择。

(4) 路堤、路基等的填充材料：炉渣的稳定性好，密度低，其物理和工程性质与轻质的天然骨料相似，并且焚烧灰渣容易进行粒径分配，易制成商业化应用的产品，因此成为一种适宜的建筑填料。欧洲多年的工程实践经验表明，这种灰渣资源化利用方式是成功的。

5. 危险废物焚烧炉渣及飞灰的处理

按照《国家危险废物名录》及《生活垃圾焚烧处理工程技术规范》(CJJ 90，该规范将于近期升级为国家标准，并更名为《生活垃圾焚烧处理与能源利用规范》)等规范，危险废物焚烧炉渣及飞灰、生活垃圾焚烧产生的飞灰按危险废物处理，飞灰必须单独收集，不得与生活垃圾、焚烧残渣等混合，也不得与其他危险废物混合，不得进行简易处置，不得排放，应在焚烧厂内进行必要稳定化处理。飞灰稳定化方式较多，常用的有水泥固化、熔融固化、药剂稳定化等。

1) 水泥固化

水泥是一种无机胶结材料，水化反应后可生成坚硬的水泥固化体。在水化过程中，飞灰中重金属可以通过物理吸附、化学吸收、沉降、离子交换、钝化等多种方式与水泥发生反应，最终以氢氧化物或络合物的形式停留在水化硅酸盐胶体 C—H—S 表面上，同时水泥的加入也为重金属提供了碱性环境，抑制了重金属的溶出。图 3-26 为水泥固化法流程。

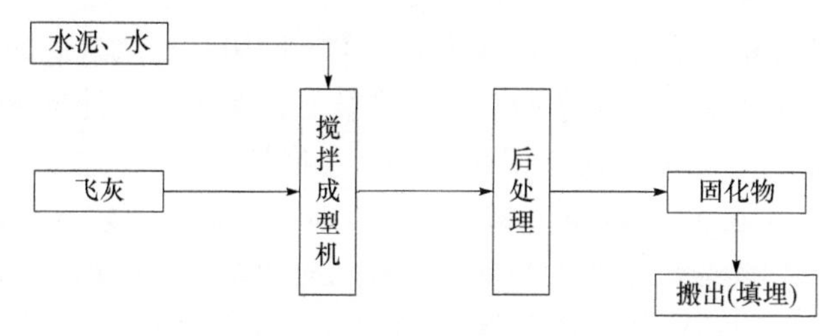

图 3-26　水泥固化法流程

水泥固化处理飞灰具有原材料来源丰富；操作简单，不需要特殊的设备，处理费用低廉；被固化的废渣不要求脱水和干燥；可在常温下操作等优点。但处理后飞灰的化学和物理稳定性较弱；固化体增容比较大，水泥耗费量大；固化体易受酸性介质浸蚀，需对固化体表面进行涂覆；飞灰中的二噁英并没有从中脱除；飞灰中若含有特殊的盐类，会造成固化体破裂、有机物分解，易造成裂隙，增加渗透性，降低结构强度；水泥在生产过程中还排出大量的 CO_2，污染环境。

2) 熔融固化

熔融是将飞灰、炉渣等配以一定量的熔剂送入高温熔炉中，经过 1300℃左右的高温将飞灰和炉渣熔融，混合物冷却成固体或者玻璃体，飞灰中的有害物完全被固化在熔融体内并不会被浸出，飞灰中的二噁英等有机污染物受热分解破坏，实现飞灰减容化、无害化、资源化目的。熔融固化技术是目前最为先进的垃圾焚烧飞灰处理方法。熔融处理技术使得焚烧产生的残渣、底灰和飞灰能够稳定化、无害化。熔融处理后的熔渣可以再次成为有用的资源。

但采用高温熔融工艺需要消耗大量的能源，熔融炉的耐火材料耗损很大，同时由于其中的 Pb、Cd、Zn 等易挥发重金属元素需进行后续严格的烟气处理，所以处理成本很高。图 3-27 为熔融固化法流程。

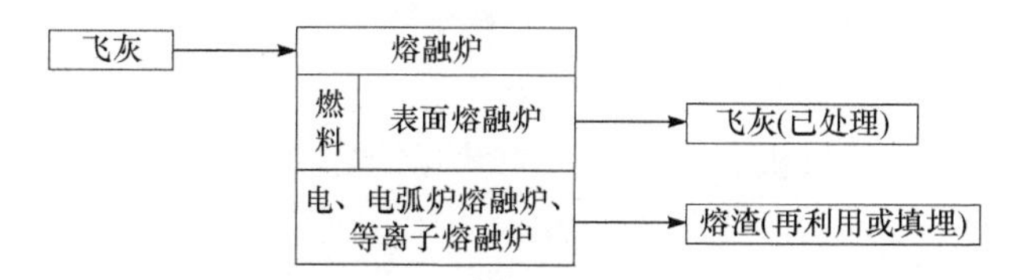

图 3-27　熔融固化法流程

3) 药剂稳定化

药剂稳定化是利用药剂通过化学反应使有毒有害物质转变为低溶解性、低迁移性及低毒性物质的过程。药剂稳定化法可以单独使用，具有增容比小、能耗低和工艺简单等优点，也可与水泥固化法联合使用，能减少水泥用量，增强稳定化效果。

依据化学药剂与重金属的反应原理，可将飞灰的稳定化处理药剂分为无机型和有机型 2 种。有机药类是以螯合型药剂为主，即用一种水溶性的螯合高分子，与重金属离子反应形成不溶于水的高分子络合物，使飞灰中的重金属固定下来。螯合剂与重金属形成的螯合物比相应的非螯合物具有更高的稳定性，对 Pb^{2+}、Cd^{2+}、Ag^{+}、Ni^{2+}和 Cu^{2+}五种重金属离子都有非常好的捕集效果，去除率均达到98%以上，对 Cr^{3+}的捕集率达 85%以上，得到的产物能在更宽的 pH 范围内保持稳定，有更高的长期稳定性。采用药剂进行稳定化时可掺入少量水泥以增强稳定化产物强度，便于后续填埋处理。图 3-28 为药剂稳定化处理流程。

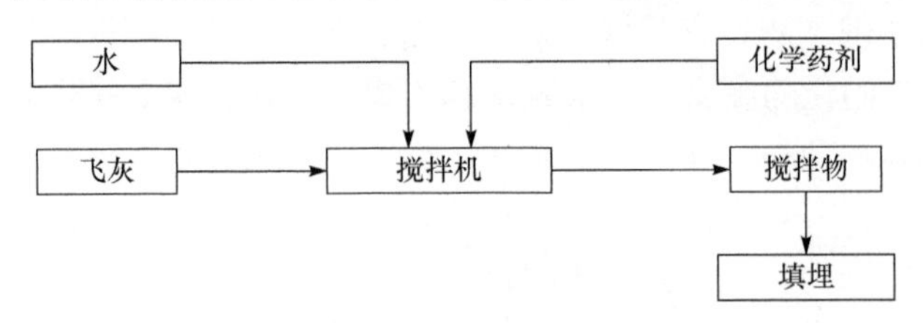

图 3-28　药剂稳定化处理流程

3.5.11　通风除臭系统

生活垃圾产生的臭气主要污染因子为 H_2S、NH_3、甲硫醇等，目前主要有焚烧分解、活性炭吸附和生物降解等方法，前两种方法在大中型生活垃圾焚烧厂得到了广泛使用，生物降解在生活垃圾填埋场使用较多，在焚烧厂也有小范围内的使用实例。下面主要介绍前两种方法在生活垃圾焚烧厂的使用情况。

首先是臭气源的密闭和收集，将垃圾池设计成全封闭微负压，防止臭气外溢；垃圾运输坡道也采用全封闭方式，同时在卸料大厅进入口设置自动开关及空气帘，并将通往其他区域的通行门设气密室，加强卸料门的使用管理等措施。焚烧炉正常生产时，将渗沥液收集、输送区域所产生的臭气通过臭气引风机引入垃圾池内，连同垃圾池内产生的含有臭气和甲烷等有害物质的空气从垃圾池上部吸出，作为一次风送入焚烧炉内燃烧、氧化。在焚烧炉检修期间，将上述空气用活性炭吸附后排空，臭气风机和活性炭吸附装置的能力应保证垃圾池的换气次数为1.5～3 次/h。垃圾焚烧厂臭气控制方案流程图详见图 3-29，图 3-29(a)为焚烧炉正

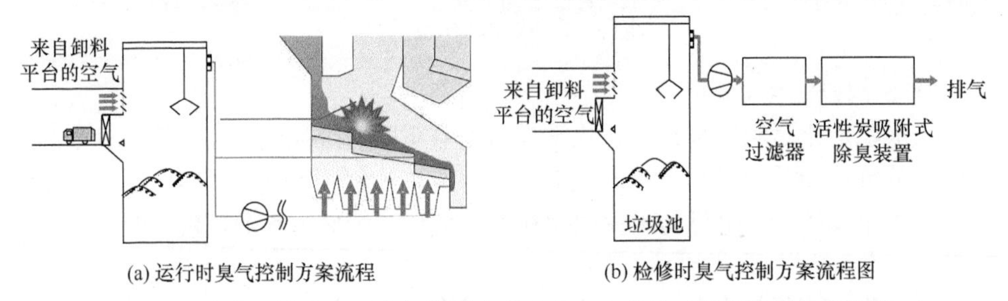

(a) 运行时臭气控制方案流程　(b) 检修时臭气控制方案流程图

图 3-29　焚烧炉正常运行时臭气控制方案流程(a)和检修时臭气控制方案流程(b)

常运行时臭气控制方案流程，图 3-29(b)为焚烧炉检修时臭气控制方案流程。

3.5.12　DCS

现代垃圾焚烧发电厂均设置了一套全厂的分散控制系统(DCS)对全厂各子系统进行自动控制和监控。控制的参数有：焚烧炉自动燃烧控制系统(ACC 系统)、点火系统、辅助燃烧系统、锅炉汽水系统、汽轮机组及辅机系统、烟气净化系统等。

中央控制室内设置工业电视监视系统，设置彩色大屏幕监视系统，以对一些关键部位和特殊场所进行直观监视，改善操作条件和提高配置水平。设置烟气在线检测系统，烟气污染物排放指标实时向大众公示。图 3-30 为某垃圾焚烧厂中央控制室。

图 3-30　中央控制室

3.5.13　垃圾渗沥液处理系统

生活垃圾焚烧厂渗沥液具有水质复杂、COD 浓度高、氨氮浓度高、金属离子浓度高、水质水量变化大以及渗沥液微生物营养元素比例失调等特点，由此也决定了生活垃圾焚烧厂渗沥液处理工艺与一般垃圾填埋场渗沥液处理工艺和城市污水处理厂处理工艺不同，且其处理工艺更复杂、难度更大。

常见的生活垃圾焚烧厂渗沥液处理工艺为组合工艺，如预处理+厌氧+好氧+膜法(超滤+反渗透)组合工艺，主要污染物处理工艺采用厌氧和好氧生化处理系统，渗沥液处理产生的污泥经脱水后进入垃圾池送焚烧炉焚烧处理。渗沥液调节池等臭气产生场所需设置臭气收集管道，收集后需考虑合理可靠的处理措施。厌氧产生的沼气可以送焚烧炉回收利用。垃圾渗沥液的处理涉及污水处理专业，不在本书重点介绍范围内。

3.6　流化床焚烧炉典型技术类型及工艺过程

流化床炉为近三十年间发展起来的技术，适用于燃烧劣质燃料，氮氧化合物(NO_x)排放低，垃圾焚烧彻底，垃圾渗沥液可入炉回喷，越来越受到重视。

流化床焚烧炉与机械炉排炉在技术类型和工艺流程中基本相同，差别在于炉体本身及流化床炉需要对垃圾进行预处理和掺烧一定比例的燃煤，因此，本节主要介绍垃圾预处理工艺和流化床炉的焚烧机理及设备。其余部分参见 3.5 节。

3.6.1　流态化原理

当一流体由下往上通过固体颗粒层时，固体颗粒在流体的作用下呈现类似流体行为的现象，称为流态化。应用此原理，以带有一定压强的气流通过粒子床，当气体的上浮力超过粒子本身的重力，将使粒子移动并悬浮于气流中，此型设计称为流化床(fluidization)。流化床焚烧炉具有气-固间热交换质交换速度快、层内温度均匀、生产效率高、废物焚烧效率高、有害物质分解彻底等优点。缺点是需要添加一定量的辅助燃料、入炉废物尺寸要求严、烟尘率高、动力消耗高、设备磨损量大。

在流化床中，具有流体行为的固体粒子层会由于下方空气输送的快慢而呈现不同的形态，当气体流速极低时，粒子层呈静止状态，气体从粒子的间隙通过，此操作区域称为固定层，或称为静止床或固定床(fixed bed)，如图 3-31(a)所示。当气速逐渐增加，直到克服固体粒子本身的重力，粒子便开始移动并悬浮于气流中或随气体流动，使固体粒子具有流体行为，此时称为初期流态床，又称移动层，如图 3-31(b)所示。当气速超过流态化开始速度时，密度较床密度小的物体会浮于床表面，并使床壁开孔，但床表面仍保持水平，此时床内粒子会像水一般喷出，造成炉床搅动增大，粒子间产生气泡，粒子层呈沸腾状态，称为流动层，又称气泡式流态床，如图 3-31(c)所示。当气速持续增加至高于粒子终端速度，粒子会被气体带离床面，随着气体飞散，床内粒子呈现气相输送状态，称为夹带层，或称快速流态床，如图 3-31(d)及图 3-31(e)所示。

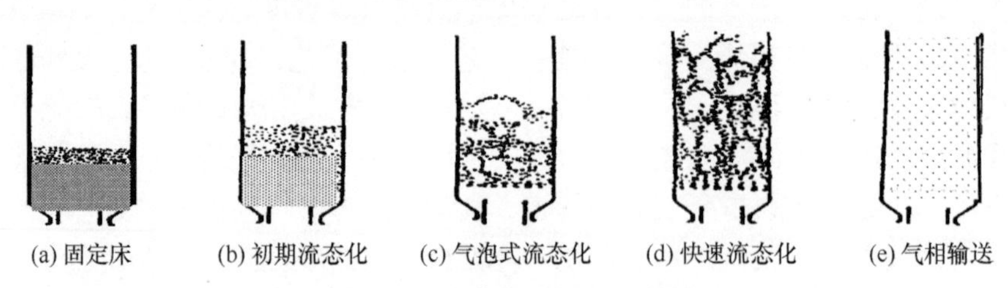

图 3-31　砂床流动状态示意图

固定层、流动层及夹带层的形成与底部吹入的空气量有关，流化速度与压力损失关系可参考图 3-32。一般流化床焚烧炉鼓风机的送风量是依燃烧所需的空气量决定，向上的气流流速控制着颗粒流态化程度，通常输送量控制在不发生气相输送状态的范围内。在一般的操作情况下，砂层保持固定的高度，但有时随垃圾性质的变动，必须做适当的调整，此时可利用空气量的调节，达到维持砂床理想状态的目的。

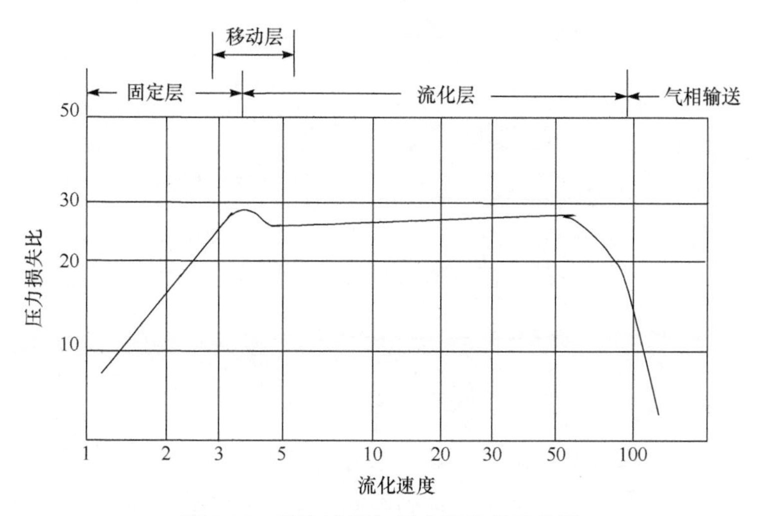

图 3-32　流化速度与压力损失关系曲线

3.6.2　流化床焚烧炉的应用

1. 流化床焚烧炉的结构及性能

流化床的燃烧原理是借助石英砂介质的均匀传热与蓄热效果以达到物料的完全燃烧，由于介质之间所能提供的空隙狭小，所以无法接纳较大的颗粒，因此若是处理固体废物，则必须先破碎成小颗粒，以利于燃烧反应。此类型焚烧的助燃空气多由底部送入，炉膛内可分为栅格区、气泡区、床表区及干舷区，向上的气流流速控制着颗粒流体化的程度，气流流速过大会造成介质被上升气流带入烟气中，因此，在流化床炉外通常设置一台旋风除尘器将大颗粒介质捕集后再返回炉膛内。流化床焚烧炉构造示意图如图 3-33 所示。

目前流化床焚烧炉可分为 4 类，包括气泡式、循环式、压力式及涡流式，其中气泡式流化床与循环式流化床的发展日臻成熟，这两种流化床焚烧炉主要的差异在于后者的流化床空气流速较高，会将固体粒子吹出燃烧室，但可利用热旋风分离器使粒子与气体分离，再让固体粒子回流至燃烧室。压力式流化床是气泡式流化床的改良式，在炉体结构及燃烧控制上没有多大的差异，其主要特点是能够

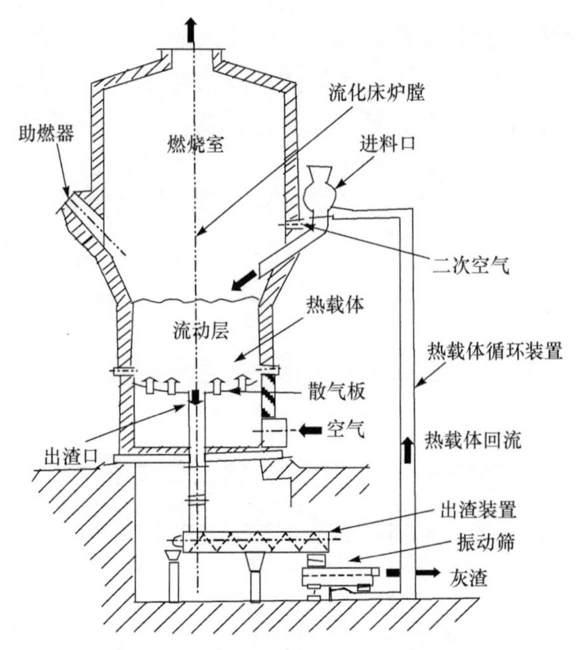

图 3-33　流化床焚烧炉构造示意图

提高总发电效率。涡流式流化床焚烧炉则为近期开发的技术，也是气泡式流化床焚烧炉改良后的产品，已经证明有提高燃烧效率、降低载体流失等多项优点。

在实际操作过程中，无论采用哪种方式都不可能将载体和灰渣完全分开，加上摩擦损耗，炉内的载体量会不断减少，运行过程中应注意不断补充，以维持足够的流化层厚度。为了保证燃烧完全，流化层内的温度通常维持在 700～800℃，床层上空间的烟气温度通常为 750～850℃。为了防止载体的熔融黏结，应注意流化层内的温度不宜过高。

流化床式焚烧炉适于处理多种废物，如城市生活垃圾、有机污泥、有机废液、化工废物等。对于城市垃圾，为了保证在炉内的流化效果，焚烧前应破碎至一定尺寸。因此，与前述机械炉相比，预处理费用将占一定的比例。但由于物料混合均匀，传热、传质和燃烧速度快，单位面积的处理能力大于机械式焚烧炉，灰渣的热灼减量几乎可以为零。

流化床焚烧炉设计的重要参数如下：

(1) 燃烧室热负荷：$(34\sim62)\times10^4$kJ/(m^3 · h)。

(2) 炉排燃烧率(取流化床单位截面积)：400～600kg/(m^2 · h)。

(3) 流化风速：通常取流化初始速度 u_{mf} 的 2～8 倍，以空塔风速计在 0.5～1.5m/s 范围内。

2. 流化床焚烧炉的主要特点

炉排炉是利用炉排或滚筒的机械作用搅拌炉内垃圾，促进其燃烧；而流化床炉是在高速气流作用下，由气流驱动垃圾在炉膛内沸腾流动，同时气体与颗粒发生激烈碰撞混合，因而其燃烧强度大大超过炉排炉和回转窑炉。

流化床炉内存有相当于几十倍垃圾量的石英砂作为床料，其温度高达800℃以上，被用作热载体加热垃圾，可迅速干燥垃圾中的水分，平衡稳定炉内各部分的温度。

由于垃圾和床料组成颗粒体系尺寸差别大，流化床内自动生成以固相燃烧为主的密相区(即一次燃烧)和以气相燃烧为主的稀相区(即二次燃烧)。密相区位于炉体下部，温度稍低，垃圾和床料在此翻腾混合，使垃圾干燥、点燃、气化和燃烧。稀相区位于炉体上部，通过补充二次空气后，未燃烬的气态物质继续燃烧，温度比密相区略高，确保焚烧彻底，并为破坏二噁英类物质的前体物提供所需要的温度和停留时间。

在焚烧余热利用上，流化床除了可采用水冷壁、屏式换热面、尾部换热面外，还可以在密相区设置埋管换热面。利用埋管换热面作高温过热器，可以避免垃圾焚烧尾气对管壁的高温腐蚀，提高垃圾焚烧发电量，在相同的焚烧量下，485℃的蒸汽的发电量比400℃的蒸汽多20%以上。另外可通过控制埋管传热量快速有效地控制密相区燃烧温度的波动。

近年流化床垃圾焚烧炉在炉体结构和燃烧控制技术方面不断改进与发展，不但燃烧彻底(燃烧效率达到98%以上，灰渣热灼减率低于1%)，且能有效控制氮氧化合物(NO_x)、二氧化硫(SO_2)、氯化氢(HCl)及二噁英类等二次污染物的产生。

流化床焚烧炉对入炉垃圾尺寸有着非常严苛的要求，因此，需要对入炉垃圾进行预处理(包括分选出砖瓦、金属和破碎等工序)，喂料设备由于工作环境恶劣而成为故障频发点。同时，由于流化床炉正常运行时，需要添加辅助燃料，同时由于流化床炉的运行特点，炉膛喉部磨损严重，焚烧炉结焦，连续运行时间较短。

3. 流化床不同炉型的差异

按流化床炉内气流速度的不同，可以将流化床分为鼓泡床和循环流化床，如图3-34和图3-35所示。

鼓泡床的气流速度仅为床料颗粒初始流化速度(u_{mf})的数倍，一般2m/s左右；而循环流化床的气流速度则为床料颗粒终端流化速度(u_t)的数倍，一般大于5m/s。高的气流速度对垃圾的燃烧非常有利：一是可以加剧床料、垃圾和空气之间的混合；二是可直接提高气流的湍流强度，从而提高传热、传质和二次燃烧的强度；三是可使床料从流化状态进入循环状态，循环的床料可迅速平衡床内各部分(主

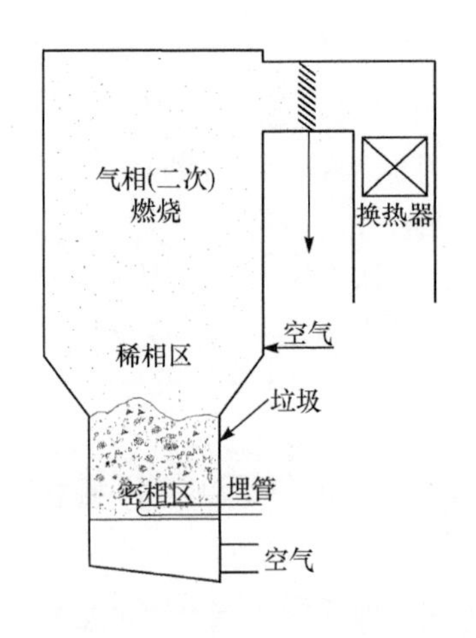

图 3-34　鼓泡型流化床焚烧炉简图

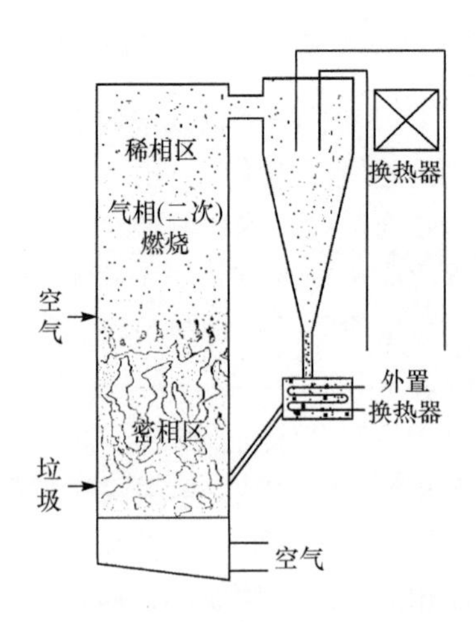

图 3-35　循环流化床焚烧炉简图

要是一次燃烧室和二次燃烧室)的温度，使流化床内燃烧温度保持稳定，对降低污染物排放十分有利。

此外，循环流化床不仅可以利用埋管作为换热和控制燃烧的手段，而且可以设置外置式换热器作为高温过热器，彻底隔绝烟气和过热管束的接触，从而完全避免高温腐蚀。

3.6.3　典型工艺

与机械炉排炉一样，典型的流化床焚烧炉包含：垃圾储存系统、渗沥液收集系统、进料系统、一次风二次风系统、焚烧系统、排渣系统、灰渣处理系统、废水处理系统、烟气净化系统、余热回收系统、发电系统、控制系统和除臭系统等，同时与机械炉排炉不同之处是，流化床焚烧炉还配套有垃圾预处理系统、给煤系统和返砂系统，图 3-36 是典型的生活垃圾焚烧发电流化床炉工艺流程图。

工艺过程如下：

1. 预处理系统

垃圾由垃圾车载入厂区，经地磅称重，再沿输送道路进入封闭式卸车大厅，将垃圾倾入位于垃圾仓中预处理线的料斗中。

卸车大厅±0.00 平面设有预处理线，需预处理的垃圾卸入位于垃圾仓内的进料斗，料斗下的板式给料机将垃圾送往带式输送机。在板式给料机头部设置均匀给料机，使垃圾输送平稳、均匀。分选后的垃圾除铁后进入破碎机破碎到要求的粒度后，进一步除铁，再经输送机送至垃圾仓。不需要破碎的垃圾，可直接卸到垃圾池内。

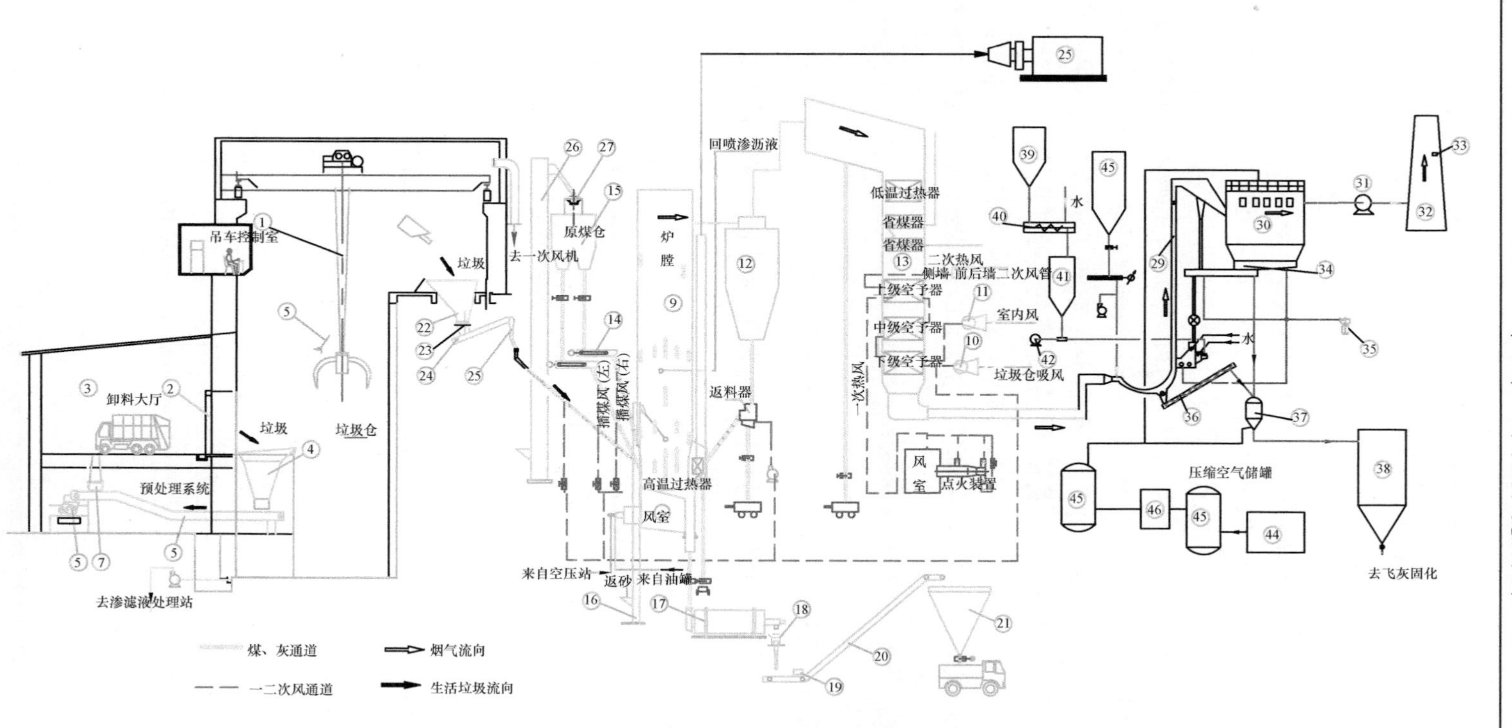

图 3-36　生活垃圾焚烧发电循环流化床炉典型工艺

1-进料抓斗；2-垃圾卸料门；3-卸料平台；4-受料斗；5-喷药泵；6-破碎机；7-入料口除铁器；8-输送机；9-流化床焚烧炉；10-一次风机；11-二次风机；12-旋风分离器；13-余热锅炉；14-称重式给煤机；15-煤仓；16-斗式提升机；17-滚筒冷渣机；18-鳞板输送机；19-炉渣除铁器；20-输送机；21-贮渣仓；22-垃圾进料斗；23-给料及均匀拨料装置；24-炉前给料机；25-压火装置；26-斗式提升机；27-输送机；28-蒸汽发电机组；29-脱酸反应器；30-布袋除尘器；31-引风机；32-烟囱；33-在线监测；34-流化斜槽；35-流化风机；36-输送机；37-仓式输送泵；38-飞灰仓；39-石灰粉仓；40-消化器；41-氢氧化钙仓；42-流化风机；43-活性炭仓；44-空压机；45-储气罐；46-除油除水装置

垃圾经过预处理后，可以提高给料的连续性和均匀性，提高焚烧炉燃烧稳定性和锅炉热效率，提高焚烧系统工作的可靠性。

2. 储存及进料系统

垃圾池为密闭、具有防渗防腐功能，并处于负压状态的钢筋混凝土结构储池，用于垃圾的接收和贮存。垃圾池一般设计成半地下式，垃圾池的容积以日处理设计规模为基础，按可贮存 5～7d 的垃圾量计算。垃圾在垃圾池内堆存不仅可达到垃圾堆放发酵，渗沥液顺利导出提高垃圾热值的目的，而且还能保证设备事故或检修时仍可接收垃圾，起到一定的调节作用。在垃圾堆放期间，对其进行搅拌、混合、脱水等处理，使垃圾成分更加均匀，有利于焚烧。底层垃圾自然堆积压实，压缩后的垃圾密度提高 50%～80%，提高了仓内垃圾的实际堆存量。

垃圾池上方靠焚烧炉一侧设有一次风机吸风口，抽吸垃圾池内臭气作为焚烧炉燃烧空气，并使垃圾池、卸料大厅呈微负压状态，防止臭味和甲烷气体的积聚和溢出。此外，在垃圾池顶部加设通风除臭系统，保证焚烧炉停炉期间垃圾储存坑的臭气不向外扩散。

3. 垃圾上料及给料系统

垃圾池顶设置垃圾抓斗起重机。垃圾抓斗起重机除承担对焚烧炉的正常加料任务外，还需完成对垃圾进行混合、倒堆、搬运、搅拌等任务，其目的是确保入炉垃圾组分的均匀及稳定燃烧。

垃圾抓斗起重机配有称重装置，可将垃圾装入量传送给吊车控制室进行记录。每次读数包括垃圾净重、进料位置和时间，每个进料斗配有各自的计数器，自动分系统计量。垃圾抓斗吊具有计量、预报警、超载保护及防摆、防倾、自定位、防撞等功能。吊车控制室能够记录并显示投料的各种参数，并将各数据传送中央控制室。

抓斗起重机运行由控制室操作人员遥控操作。吊车配备手动控制、半自动控制和全自动三种操作控制模式。

通过给料斗和输送设备将垃圾送入流化床炉内进行焚烧。

4. 给煤系统

在流化床焚烧炉中需要掺烧一定量的燃料(煤)以维持焚烧温度，因此，需要增加一套给煤系统。根据国内相关规定，生物质焚烧发电所添加的燃料(煤)与生物质之比应小于 20%(质量比)。

5. 焚烧系统

循环流化床焚烧炉采用一定范围粒度的石英砂作为床料，在空气吹动作用下，石英砂颗粒在流化床内翻腾运动。垃圾入炉后即和炽热的石英砂混合，迅速受热、干燥和燃烧。焚烧炉采用煤助燃，通过调节给煤量使焚烧温度始终控制在850～950℃。

焚烧所需一次风和二次风，经空气预热器加热至 200℃左右，一次风供流化使用，由高压鼓风机供给；二次风沿炉膛高度分级送入炉内，补充燃烧所需的空气。

焚烧所需空气分一次风和二次风送入炉膛。一次风由垃圾仓吸入，保持垃圾仓呈微负压，避免臭气外泄。吸入的一次风由一次风机送入一次风空气预热器，被预热至 200℃左右，然后经风室和风帽小孔进入流化床燃烧室，控制流化床的流化状态并提供部分燃烧所需空气，由于炉膛内的温度大于 850℃，且停留时间大于 2s，所以臭气在炉内能彻底分解；二次风由焚烧车间锅炉上部空间吸入，经二次风机送入二次风加热器后被加热到 150℃左右，从锅炉前后墙和侧墙沿炉膛高度分级送入炉内，补充燃烧所需空气。二次风分级送风方式可控制炉内燃烧状况，减少 NO_x 的产生量。

一、二次风风量的比例约为 0.55∶0.4，另有 0.05 的风量为播煤风。锅炉在运行当中可以调节一、二次风的风量来控制燃烧，即达到完全燃烧的目的，又可以控制 SO_x 和 NO_x 的生成。

烟气和夹带的物料由炉膛出口进入高温旋风分离器，经过旋风分离器被分离出来的高温循环物料通过返料器，先被送入外置换热器，通过热交换室将其携带的部分热量传给受热面后再进入流化床燃烧室，完成物料循环；若炉内物料不能平衡，还可通过返砂系统补充部分物料。经过分离器之后，烟气依次流过对流管束、低温过热器、省煤器和空气预热器然后进入烟气净化系统。被分离出来的高温循环灰则通过返料器被送入外置换热器，再从外置换热器返回炉内循环再燃烧。

垃圾燃烬后形成的飞灰被烟气携带离开炉膛，垃圾中的不可燃物经置于焚烧炉底部的排渣装置排出。

锅炉采用床下热烟气发生器点火方式。点火用柴油或天然气在热烟气发生器内筒燃烧，产生高温烟气，与进入的冷风充分混合成 850℃左右的热烟气，经过布风板，在沸腾状态下加热炉料至燃料着火温度，再启动床上点火装置，直至锅炉稳定燃烧。这种点火方式具有热量交换充分、油耗量低、点火劳动强度低、成功率高等特点。

流化床燃烧室的布风板采用倾斜布风板，由给料口一侧向排渣口倾斜。排渣口在流化床燃烧室的后侧墙下方。

6. 余热利用系统

循环流化床垃圾焚烧炉是焚烧与余热回收合二为一的设备，余热回收由水冷壁、锅筒、对流管束、过热器及省煤器等组成。焚烧产生的850～950℃烟气的热量，首先被第一通道的水冷壁吸收，然后烟气继续冲刷屏式受热面及低温过热器，烟气中大部分的热量在这里被吸收，再经过省煤器，最后经过空气预热器，排至净化系统，锅炉出口烟气温度约为190～210℃。

锅炉给水经除氧器由给水泵送来，通过省煤器预热后送至锅筒，锅炉产生的过热蒸汽，送往汽轮机。

7. 排渣系统

焚烧炉排出的炉渣温度约800℃，经炉底排渣口进入风、水冷却式滚筒冷渣机进行冷却。冷渣机套筒由传动装置驱动，采用风、水同时与筒内炉渣进行直接和间接的热交换，使筒内热态炉渣逐步冷却到150℃以下。冷渣机尾部兼设筛分装置，筛下物主要为细砂，细砂量占渣量的30%～40%，由斗式提升机送往位于焚烧炉中部砂仓。砂仓下设密封螺旋给料机，将筛下物送入炉内。筛上物为大粒径炉渣，经溜管落入耐高温胶带输送机，再通过集中输送系统的大倾角胶带输送机将炉渣转送到储渣仓。同时在集中输送系统的前端水平输送带上设有除铁器，除去渣中的含铁物质。

8. 发电系统

余热锅炉产生的饱和蒸汽用于推动蒸汽轮发电机组发电，发出的电除本厂自用外，剩余的电量可并网售出，一般工厂的厂用电量占发电量的14%～22%，又称厂自用电率，厂自用电率的高低与工厂用电统计范围(如是否含炉渣利用、渗沥液处理等)、设备装备水平、操作习惯、管理水平等诸多因素有关。

9. 烟气净化系统

经余热锅炉冷却后的烟气采用增湿灰吸收法脱除烟气中SO_2和HCl等酸性气体。为确保二噁英和重金属等有害物质达到排放标准，添加活性炭吸附的辅助净化措施和袋式除尘器对烟气进行除尘。其工艺过程是：余热锅炉出口烟气温度为160～170℃，进入脱酸反应器同随后进入的活性炭及增湿的消石灰和飞灰的混合粉充分接触，反应形成粉尘状钙盐，以达到降温至120℃及脱除烟气中SO_2和HCl等酸性气体的目的，同时吸附二噁英和重金属等有害物质。随后含尘烟气经过机械除尘器收集后进入袋式除尘器，机械除尘器和袋式除尘器收集下来的粉尘进入流化底仓，小部分送到输灰仓泵，大部分通过循环灰回转阀进入混合增湿器，在此与来自石灰消化器的定量消石灰混合增湿后给入脱酸反应器，脱酸反应器下部粉尘由排料阀排入粗料输送机，粗料输送机的粉尘进入出灰仓泵。净化后的烟气通过引风机送往烟囱外排。

10. 渗沥液收集系统

垃圾池一侧设有地廊及渗沥液收集池，垃圾池中的渗沥液通过安装在池壁上的篦子汇集到收集池中，经过滤后由污水泵送至渗沥液缓冲箱，再由污水泵喷入焚烧炉或送往渗沥液处理车间进一步处理。

11. 控制系统

为保证生活垃圾完成“3T+E”的焚烧要求，确保焚烧效果和设备安全稳定运行，流化床炉也设置 1 套 DCS，其控制系统与机械炉床焚烧炉的控制系统大同小异，主要内容基本相同，控制的项目视具体情况和装备水平不同，各有细小差异。

12. 其他系统

此外，现代流化床生活垃圾焚烧发电厂还应有通风除臭、废水处理、锅炉化水、飞灰稳定化等系统。

3.6.4　国内外应用的现状

流化床技术是 20 世纪 80 年代发展起来的一种清洁燃烧技术，在燃用煤、积淤物等均质燃料方面已被广泛采用，并趋于成熟。对于垃圾采用循环流化床燃烧方式，我国科研工作者做了大量的工作，流化床燃烧技术目前已趋于成熟。

流化床垃圾焚烧炉是在炉内铺设一定厚度、一定粒度范围的石英砂或炉渣，通过底部布风板进入一定压力的空气，将砂粒吹起、翻腾、浮动。流化床内气-固混合强烈，传热传质速率高，单位面积处理能力大，具有极好的着火条件。垃圾入炉后即和灼热的石英砂迅速处于完全混合状态，垃圾受到加热、干燥，有利于完全燃烧。床内燃烧温度控制在 850～950℃范围内，其燃烧过程特性与普通流化床锅炉相似。

流化床焚烧炉的主要缺陷是：城市生活垃圾中含有瓦砾、石块等块状不可燃物，这些物体进入炉内会影响焚烧炉燃烧的稳定性，当不可燃物的体积过大时还会造成排渣困难，以至造成停炉停机的后果。为解决垃圾中混有不可燃物的问题，需要加一套比较复杂的炉前预处理设备，包括筛分、破碎等设备。为解决排渣问题，目前各国正在开发新的布风措施，以使大的渣块能够顺利地排出。

采用循环流化床燃烧技术，可实现稳定、高效燃烧，对于热值及成分多变的垃圾，具有独特的优势，尤其是在污染控制方面，流化床燃烧技术同时解决了燃烧与污染物脱除分解过程。因此，循环流化床垃圾焚烧处理是一种综合性能优越的燃烧方式，尤其适合我国垃圾成分复杂、热值偏低的国情。

3.6.5 循环流化床焚烧技术的相关政策

环境保护部、国家发展和改革委员会、国家能源局发布的《关于进一步加强生物质发电项目环境影响评价管理工作的通知》(环发〔2008〕82 号)规定：现阶段，采用流化床焚烧炉处理生活垃圾作为生物质发电项目申报的，其掺烧常规燃料质量应控制在入炉总质量的 20%以下。其他新建的生物质发电项目原则上不得掺烧常规燃料。国家鼓励对常规火电项目进行掺烧生物质的技术改造，当生物质掺烧量按照质量换算低于 80%时，应按照常规火电项目进行管理。

3.6.6 循环流化床焚烧技术发展前景的预测

据报道，国家将推出新的政策，即以后垃圾焚烧不管采用何种炉型，国家将不设门槛，而且给予同样的优惠政策，垃圾补贴属于地方政府行为；另外每处理 1t 垃圾发电量按 280kW · h 进行计算。此政策付诸实施，对循环流化床垃圾焚烧锅炉将是一大福音，其垃圾焚烧的技术优势也必将得到更充分的体现，循环流化床垃圾焚烧锅炉市场占有率将维持在一定范围内，特别是在中、小型城市及中西部地区有一定市场。笔者认为流化床锅炉将占有一定的市场份额，理由如下：

(1)一次性投资少，循环流化床锅炉价格一般仅为炉排炉的 1/2～1/3，占地面积约为同等级炉排炉的一半。

(2) 蒸汽参数可以采用次高温、次高压系列，发电效率高约 10%，而目前炉排炉蒸汽参数大多为中温中压。

(3) 垃圾燃烧混合均匀，燃烧效率高，对垃圾热值要求低，适应性强，而炉排炉相对要求较高。

(4) 垃圾处理能力大，而炉排炉由于受炉排面积的制约，超负荷能力相对较弱。

(5) 烟气排放容易达标。流化床垃圾焚烧炉掺烧少量煤以后，二噁英排放完全能达标，甚至超过欧洲标准。同时，流化床垃圾焚烧炉具有炉内脱硫及 SO_2、NO_x 排放低的特性。相比炉排炉二噁英排放达标有一定的条件和要求，特别是国内垃圾热值普遍偏低，负荷波动时炉膛燃烧温度很难超过 850℃，且对尾部的烟气净化设备配置要求高。

(6) 灰渣可综合利用。

流化床焚烧炉也有明显的缺陷，主要是：

(1) 对焚烧的垃圾要求较高。由于国内垃圾成分复杂，需要复杂的垃圾预处理系统，垃圾预处理系统自动化程度不高，环境非常恶劣，操作、设备巡检和定期检修条件恶劣，与现代工业生产条件不相匹配。

(2) 垃圾给料系统的密封及运料的连续性也一直是运行中存在的一个问题。目前较好的解决方式是采用无轴双螺旋给料机，能较好解决密封及缠绕问题。哈尔滨及武汉项目目前采用此给料机，效果较好。

(3) 焚烧系统故障率较高，系统很难达到年工作 8000h 及以上。为维持焚烧炉内垃圾和石英石本身处于流态化状态，鼓入的一次风通过风帽后的速度在 20m/s 以上，固体和气体对炉内的冲刷严重。

(4) 部分流化床焚烧炉因设备、操作等诸多原因，导致其烟气中 CO 含量较高。

3.7 旋转窑式焚烧炉

3.7.1 工作原理及应用范围

旋转窑式焚烧炉(又称回转窑)是一个略为倾斜而内衬耐火砖的钢制空心圆筒，窑体通常较长，包括筒体、传动装置、滚圈、托轮、窑头及燃烧装置、窑尾、窑头窑尾密封装置和二次燃烧室。筒体以一定的速度(可调)缓慢旋转，使废物在窑中搅拌并沿筒体中心线向前缓慢移动。旋转式焚烧炉中大多数废物是由燃烧过程中产生的气体及窑壁传输的热量加热的。

旋转窑式焚烧炉对废物的适应能力很强，能焚烧各种物态(固体、液体和气体)、各种形状(颗粒、粉状、块状、桶状及黏状)的可燃废物，可连续生产，机械化程度高，维护及操作简单，特别适合处理危险废物和含水率高的一般固体废物，也可用于污水处理站污泥干燥。

危险废物具有毒性、易燃易爆性、腐蚀性、反应性、感染性、放射性等危险特性，如医院临床废物、多氯联苯类废物、废电池、废矿物油、含汞废日光灯管等。同时危险废物的种类多、性质复杂、处理困难、危害大，所以必须加以严格控制。根据危险废物处理处置的国际通用原则，需针对各种类型危险废物的特性采用综合的处理处置方法，从安全性、经济性、技术可行性的角度出发，实现对危险废物无害化、减量化、资源化的处理，而焚烧无疑是一种比较可靠、经济和安全有效的手段。

2004 年 6 月出台的《危险废物和医疗废物处置设施建设项目复核大纲(试行)》对炉型的选择要求如下：“危险废物焚烧炉型应优先采用对废物种类适应性强的回转窑焚烧炉。医疗废物焚烧炉型选择时，单台处理能力在 10t/d 以上的焚烧炉应优先采用回转窑焚烧炉，鼓励采用连续热解焚烧炉；小于 10t/d，优先采用连续热解焚烧炉、高温蒸煮等工艺，严禁采用单燃烧室焚烧炉和炉排炉。”从中可以看出，国家鼓励将回转窑焚烧炉用于危险废物的焚烧处理。

早在20世纪70年代回转窑处理危险废物技术就在发达国家如美国、加拿大、日本等开始采用，现阶段仍然是目前危险废物焚烧技术中最主流的技术。回转窑焚烧炉是应用最多的一种炉型，是适应性很强且能焚烧固体、半固体、液体、气体废物的多用途焚烧炉。

旋转式焚烧炉的生产能力比炉排炉小。目前，也有在大型水泥窑中掺烧生活垃圾和危险废物的实例，但为保证水泥的品质，其掺烧的量一般都不大于该窑生产能力的10%。

3.7.2 回转窑焚烧技术

每一座回转窑常配有一到两个燃烧器作为点火燃烧器和辅助燃烧器，其使用的燃料可包括燃料油、瓦斯或高热值的废液，可装在旋转窑的前端(也称窑头)或后端(也称窑尾)。在启炉时，启动燃烧器将窑温升高到要求温度后才开始进料。正常生产时，燃烧器可根据窑内温度自动启停，当窑内温度低于设定温度时，燃烧器作为辅助燃烧装置自动启动，以提高炉温；当窑内温度高于设定温度时，自动停止，以节省辅助燃料消耗。回转窑的进料方式多采用批式进料，以螺旋推进器(或其他进料装置)配合锁气装置(air lock)实现窑的密封。废物在窑内各段经过干燥、点火燃烧、燃烬，炉渣落入水封落渣口排出。二燃室通常也装有一到数个燃烧器作为点火燃烧器和辅助燃烧器，二燃室的设计必须符合下列要求：危险废物焚烧时，烟气在二燃室内温度1100℃以上停留时间应大于2s；焚烧含多氯联苯废物时，二燃室温度不低于1200℃，烟气停留时间不小于2s；医疗废物焚烧时，烟气在850℃以上停留时间大于等于2s；生活垃圾焚烧时，烟气在炉膛内850℃以上停留时间大于等于2s。

废液有时与固体废物混合后一起送入窑内，或借助压缩空气或蒸汽进行雾化后直接喷入。焚烧炉渣与飞灰应分别收集处理。

回转窑焚烧处理的优缺点详见表3-25。

表3-25 回转窑焚烧技术的优缺点

优点	缺点
(1) 可接受固、液、气三相废物，或整桶废物，适用范围广，物料接受能力强； (2) 物料搅拌效果好且炉内无运动零件； (3) 炉体转速可调，即物料停留时间可控； (4) 燃烧温度可控，毒性物质处理彻底； (5) 原始物料不需要预热即可进行处理； (6) 可连续出灰且不影响正常运行	(1) 过剩空气量高，系统热效率较低； (2) 炉内衬耐火砖维护量大； (3) 圆球状物料容易滚出炉窑，造成不完全燃烧； (4) 污泥烘干及固体废物熔融过程中易形成熔渣

3.7.3　典型工艺流程

图 3-1 为旋转窑式焚烧炉焚烧危险废物典型工艺流程，包括预处理及配伍系统、上料和给料系统、焚烧系统、余热利用系统、烟气净化系统、排渣系统、飞灰处理系统、通风除臭系统、DCS 等。

1. 预处理及配伍系统

危险废物入厂后进行计量、编码和简单的分析化验，以确认与所送样品或采用的处理方法、工艺技术和化验报告一致。编码后的危险废物，根据各种危险废物的分析化验结果，将可焚烧的危险废物根据热值、形态和尺寸等分别进行储存和预处理。

尺寸过大的固体危险废物经破碎后送入储存池储存待用。各种不同热值、含有各种不同有害物质的固体危险废物应根据不相溶、不反应的原则进行配伍、混合，以确保入炉危险废物的热值和有害物质的含量维持在设定范围内。

2. 上料、给料系统

焚烧的废物包括医疗废物、桶装(可燃桶)危险废物、散状危险废物和废液，各种固体废物通过不同的上料装置进入受料斗，图 3-37(a)为桶装医疗废物上料装置，图 3-37(b)为散状危险废物上料装置。进入受料斗后的废物在重力的作用下，进入推料装置内，由推料机直接送入焚烧炉内，为了有效地控制回转窑内的负压，在收料斗下方采用双闸板阀交替启闭，防止烟气外溢或空气漏入，图 3-38 为危险废物进料装置。废油、废液通过泵打入燃烧喷枪经压缩空气雾化后喷入窑内焚烧。

(a) 桶装医疗废物上料装置

(b) 散状危险废物上料装置

图 3-37　危险废物上料装置

图 3-38　危险废物进料装置

3. 焚烧系统

回转窑焚烧系统由回转窑、二燃室、出渣装置和辅助燃烧系统、空气供给系统等组成。

对于一般性危险废物，回转窑温度控制在 850～900℃，温度的控制是由布置在窑头的燃烧器的燃料量加以调节的，通常采用液体燃料或气体燃料。根据规范要求，二燃室的温度控制在 1100℃左右，烟气在二燃室停留时间必须大于 2s，在此条件下，烟气中的二噁英和其他有害成分的 99.99%以上将被分解掉。在二燃室顶部布置有烟气紧急排放烟囱，当设备出现故障时，烟气由此紧急对外排放。图 3-39(a)为某厂 15t/d 危险废物焚烧回转窑，图 3-39(b)为窑尾辅助燃烧装置。

(a) 回转窑

(b) 窑尾辅助燃烧装置

图 3-39　某厂 15t/d 危险废物焚烧回转窑及窑尾辅助燃烧装置

在二燃室和急冷塔之间设置余热锅炉来回收烟气能量，危险废物燃烧产生的高温烟气是一种热源，对其加以回收利用可降低整个系统的运行成本，提高经济效益，同时可减轻尾气处理的负荷。

回转窑和二燃室所需的一、二次风分别由 2 台风机提供，分别取自危险储存池和散状废物加料斗口处，一、二次风由高温烟气-空气换热器加热至 150～200℃后送入回转窑和二燃室内，一、二次风的风量根据窑内温度和二燃室出口烟气含氧量自动调节。

在二燃室设置选择性非催化还原(selective non-catalytic reduction, SNCR)脱硝系统，设置 2 支尿素溶液喷枪，喷入的尿素溶液量根据烟气在线监测装置反馈的 NO_x 和 NH_3 浓度自动调整。图 3-40(a)为某厂危险废物焚烧回转窑燃烧实况，图 3-40(b)为防爆和应急排放装置。

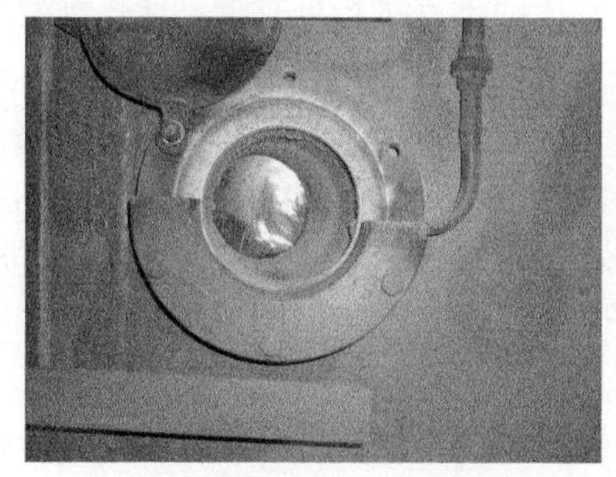

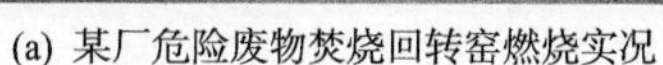

(a) 某厂危险废物焚烧回转窑燃烧实况　　(b) 防爆和应急排放装置

图 3-40　某厂危险废物焚烧回转窑燃烧实况及防爆和应急排放装置

4. 余热利用系统

从二燃室出来的高温烟气进入余热利用装置以回收烟气中的热量，如余热锅炉等，本工艺采用高温烟气-空气换热器换热，利用烟气余热加热一、二次风和对烟气进行再热。

5. 烟气净化系统

烟气净化系统主要包括急冷塔、干法脱酸、活性炭吸附、袋式除尘器、湿式洗涤塔和烟气加热器。

根据 2005 年 5 月 24 日实行的《危险废物集中焚烧处置工程建设技术规范》，为避免二噁英在低温时的再次合成，要求在 1s 内将烟气从 500℃降至 200℃，因此在烟气脱酸之前，设置双流体急冷塔。

在袋式除尘器之前的烟气管路上设有石灰粉脱酸反应塔，石灰粉通过罗茨风机吹送。烟气经过急冷塔后进入后续的烟气管道中，在此处加入的石灰粉与烟气中的酸性气体进行充分混合，去除大部分的酸性气体。完全反应后的飞灰及部分反应的石灰随烟气一起进入袋式除尘器，石灰粉和飞灰在袋式除尘器内被吸附在滤袋的表面，在此与烟气中的酸性组分继续反应，提高了脱酸的效率并提高了石灰粉的利用率。

烟气经过干法脱酸并经过袋式除尘器除尘后进入湿法脱酸塔，通过填充式洗涤塔和洗涤液(NaOH 溶液)进行吸收中和(利用填充物增加接触表面积)，碱洗去除酸性气体，达到深度脱酸目的。在各类脱酸处理设备中，湿式洗涤塔的脱酸效率无疑是最高的，可以达到99%以上。

烟气加热器是利用余热锅炉产生的蒸汽加热烟气，从而提高烟气排放温度，使排放温度高于烟气露点，防止后续的引风机和烟囱由于烟气结露而被腐蚀，防止出现烟囱冒白烟的现象。

通过以上工艺对危险废物回转窑焚烧产生的烟气进行处理后，烟气排放指标一般都能达到或优于《危险废物焚烧污染控制标准》(GB 18484—2020)。

回转窑焚烧处理危险废物具有适应性广、运行可靠、管理操作方便、焚烧彻底等优点，得到广泛的应用。由于危险废物种类较多、成分复杂，焚烧烟气中的有害成分很难用单独一种方法去除，所以合理选用烟气处理工艺才能使烟气达标排放。

6. 排渣系统

回转窑窑尾部分设有灰渣室，通过水冷密封，自动排渣。底渣经化验分析符合填埋要求后送到填埋场填埋；如不符合要求，则送至固化车间固化处理。

7. 飞灰处理系统

烟气净化系统收集的飞灰需进行稳定化处理后，送安全填埋场填埋。

8. 通风除臭系统

危险废物在堆放、运输、装卸、加料、焚烧过程中会产生恶臭气体，不仅污染环境，而且含有有毒有害成分，如医疗废物(HW01)、医药废物(HW02)在运输、储存和处置过程中，某些致病细菌、病毒可能随气体飘逸在空气中，染料、涂料废物(HW12)中含有挥发性有害物质。因此，对医疗废物和危险废物暂存点(库)首先应采取密闭措施不使其外溢，再用引风机抽取作为一、二次风送入焚烧炉被氧化、分解。对医疗废物暂存库采取密封措施，并将其室内空气用活性炭吸附过滤后排空。

9. DCS

对全厂进行自动控制，主要控制参数包括：回转窑加料量、一次风量、焚烧温度、窑转速、窑内负压与引风机转速、二燃室温度、二次风量、骤冷塔出口烟气温度、喷水量、活性炭和石灰喷射量等。

3.7.4 生产能力和操作参数的确定

旋转窑生产能力计算方法有多种，有按窑内废物流通能力计算、正常排烟能力计算、传热能力计算等，废物焚烧大多数按窑内废物流通能力计算再复核热负荷。式(3-28a)和式(3-28b)是废物在窑内流通能力公式：

$$G = 0.785D^2\phi\omega\rho \tag{3-28a}$$

或

$$G = 0.785D^2\phi L\frac{\rho}{t} \tag{3-28b}$$

式中，G 为生产能力，t/h；ϕ 为废物在窑内的平均填充系数；ω 为废物轴向移动速度，m/h；ρ 为废物堆密度，t/m^3；t 为废物在窑内停留时间，h；D 为窑内平均直径，m，对于异径窑，$D=\dfrac{D_1L_1+D_2L_2+D_3L_3}{L}$；$L_1$、$L_2$、$L_3$ 为异径窑各段带的长度，m；D_1、D_2、D_3 为对应于 L_1、L_2、L_3 的窑体内径，m；L 为窑体长度，m。

影响旋转窑焚烧炉焚烧效率的主要因素有温度、废物在窑内的停留时间、烟气氧含量、固体和气体的混合程度。这些因素相互影响和制约，在设计时应综合考虑。

(1) 温度。灰渣式旋转窑焚烧炉的温度通常控制在 650～980℃，如果温度过高，窑内固体易于熔融，产生的熔融物质黏结在窑内耐火材料上。如温度太低，反应速率慢，燃烧不易完全，炉渣热灼减率升高。熔渣式旋转式焚烧炉的温度一般控制在 1200℃以上，二燃室气体温度控制在 1100℃，但不宜超过 1400℃，以免产生过量的氮氧化物。但无论是灰渣式还是熔渣式旋转焚烧炉，二燃室烟气温度和烟气停留时间均应符合所对应的焚烧废物的要求。

(2) 氧含量。过剩空气量高，可加强燃烧速率及混合强度，但过量的空气会降低燃烧温度和气体停留时间。大多数旋转窑中总的空气过剩量控制在 100%～150%，以促进固体可燃物与氧气的充分接触；也有少数旋转窑在焚烧高热值固体废物时采用解热技术，即实际供气量低于理论空气量，以便二燃室获得更多的可燃气体，以控制回转窑的焚烧温度和减少二燃室辅助燃料的消耗。二燃室则应鼓入二次风，以便进一步燃烧烟气中可燃气体和其他有害物质。根据有关规定，二燃室出口烟气中氧含量应控制在 6%～11%(干基)。

(3) 固体废物在窑内的停留时间。足够的停留时间是废物完全燃烧的必要条件之一，在其他条件相同的情况下，废物在窑内停留时间越长，燃烧越彻底，但处理能力越低。在设计时，应根据所焚烧的废物种类和其他条件，综合考虑。物料在窑内移动的基本规律是：随着旋转窑的旋转，废物被带到一定高度，随后滑落下来，由于窑的倾斜角度，废物在滑落的同时，沿轴向前进了一段距离，形成了移动速度。移动速度与很多因素有关，如废物的水分、粒度、黏度、安息角及是否有熔融渣等，下式是废物在窑内停留时间的经验公式：

$$t = 0.19\times\frac{L}{D}\times\frac{K}{n\times S} \tag{3-29}$$

式中，n 为窑的转速，r/min；t 为废物在窑内停留时间，min；S 为窑的倾斜度，%；K 为系数，未设置阻挡设施或抄板的焚烧炉为 1，否则大于 1；

其他符号同式(3-28)。

从式(3-29)可以看出，废物在窑内的停留时间与窑的长径比成正比，与窑的转速和倾斜度成反比。在设计时，可以通过选择多种长度与窑内径比的组合和窑的倾斜度实现设计的停留时间；但为了满足不同种类废物焚烧时对停留时间的要求，大部分旋转窑式焚烧炉采用变频调速器调整转速，转速为 0.5～4.0r/min。

(4)烟气停留时间。根据相关规范要求，二燃室设计时，其容积和温度，应能满足上述关于烟气温度和烟气停留时间的要求。

【例题 8】 某焚烧厂采用回转焚烧炉焚烧固体废物，已知窑的倾斜度 S 为 2%，窑的长度为 9.6m，窑的内径为 1.6m，若要求固体废物在焚烧炉的停留时间 t 为 45～120min，则与停留时间对应的回转窑转速 n 的范围为多少？

【解】固体在旋转窑焚烧炉内的停留时间可用下列公式计算：

$$t = 0.19(L / D)\frac{1}{nS}$$

当停留时间为 45min 和 120min 时，相应的回转窑转速分别为

$$n_1 = 0.19 \times \frac{9.6}{1.6} \div (0.02 \times 45) = 1.27\ (\text{r/min})$$

$$n_2 = 0.19 \times \frac{9.6}{1.6} \div (0.02 \times 120) = 0.475\ (\text{r/min})$$

3.7.5 分类

回转式危险废物焚烧炉的分类有几种，根据焚烧后炉渣状态分可分为灰渣式和熔渣式焚烧炉 2 种，也可根据窑内废物流动方向和烟气流动方向的不同分为顺流式和逆流式 2 种。窑内废物流动方向与烟气流向相同的称为顺流式回转窑，其特点是进料端温度较低，对进料设备要求不高；但低温烟气在窑内停留时间长，传热效率不高，运营成本增大，同样条件下窑体长度长。

窑内废物流动方向与烟气流向相反的称为逆流式回转窑，其特点是废物刚加入窑内就接触到高温烟气，传热效率高，有利于焚烧；运营成本低；同样条件下窑体较短；容易实现强化焚烧。但对加料设备要求较高，故障率比顺流式回转窑高。

图 3-41 和图 3-42 分别为顺流式回转窑和逆流式回转窑配置示意图，图 3-43 为顺流式与逆流式回转窑内固体废物与气流走向示意图。

顺流式焚烧炉采用二段式燃烧，第一段类似水泥的水平圆筒式燃烧室，以一定转速旋转来搅拌垃圾，垃圾从前端送入窑中，经过干燥、点火燃烧、燃烬后，

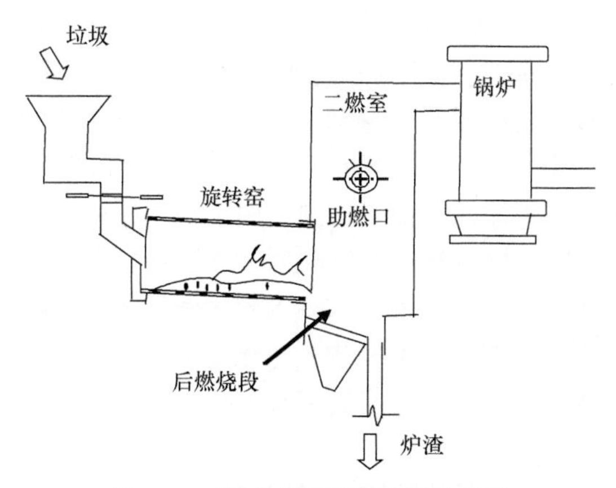

图 3-41　顺流式回转窑配置示意图

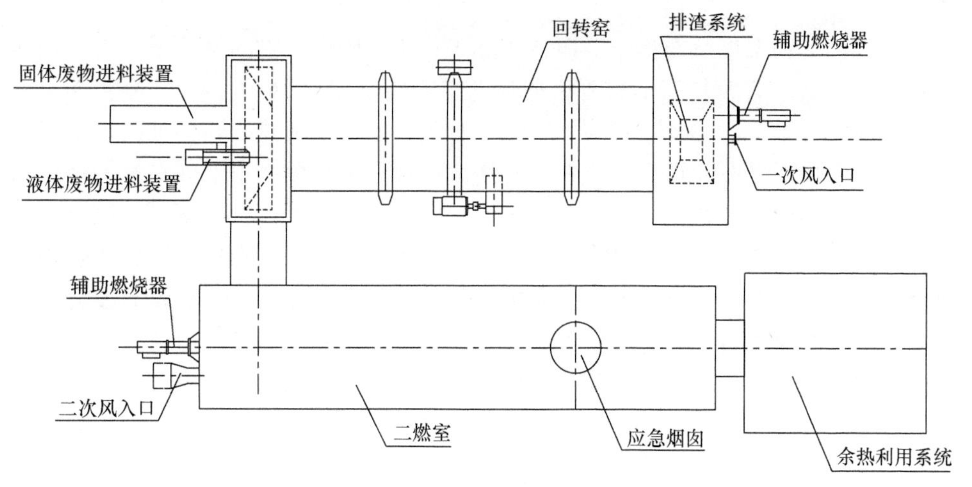

图 3-42　逆流式回转窑配置示意图

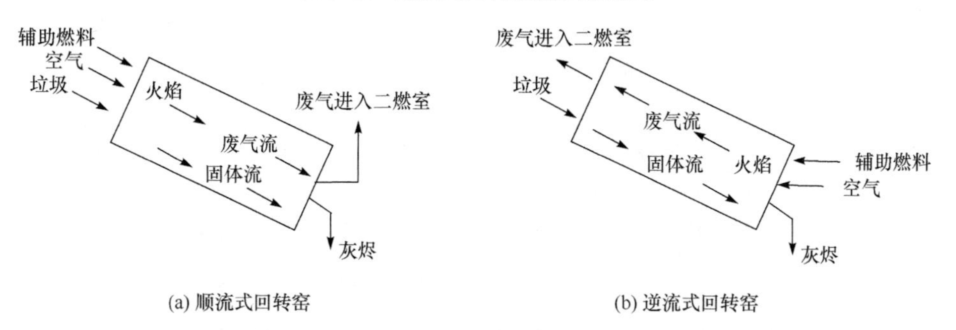

图 3-43　顺流式与逆流式回转窑物流走向图

炉渣从回转窑窑尾下端排出，烟气中未完全燃烧的可燃物在二燃室内继续燃烧后进入余热利用系统。

图 3-42 为逆流式回转窑配置示意图，该系统包括回转窑、二燃室、除渣机、辅助燃烧器；由加料机从窑头推入的废物在窑头高温烟气和窑的旋转运动作用下，在窑内向窑尾部方向缓慢翻转移动，在高温带之前经干燥、热解、燃烧，通过高温带之后继续燃烧并完成燃烬的全过程，燃烬后炉渣从窑尾下端出渣口排出。窑内烟气流向与废物流向相反，特别适用于不同种类和不同存在形态的废物混合处理，如废液、废气可以从窑头雾化后喷入窑内，能在很短的时间内完全燃烧，废油可以从窑尾方向雾化后喷入窑内，减少辅助燃料的消耗。因进料端温度较高，其尤其适合于含水率较高的废物，防止耐火材料低温腐蚀。从回转窑窑头排出的高温烟气，导入二燃室中将烟气中有害物质与二次风充分混合进一步完全燃烧。

图 3-44(b)和图 3-45 所示的顺流式回转窑和逆流式回转窑温度分布曲线是在所焚烧的废物无热值或热值很低可忽略仅由辅助燃烧器提供热量的情况下，窑内气流及固体废物温度分布情况。但在实际工程中，固体废物的发热量远大于辅助燃料的发热量，有时甚至不需要添加辅助燃料(逆流式焚烧炉)，因此真实的温度分布曲线应分别如图 3-46(a)和图 3-46(b)所示。由于逆流式回转窑加料端烟气温度较高，废物干燥段和点火段很短，燃烧段前移，燃烧段基本上处在窑的前半部分，进一步导致进料端烟气温度升高，窑前半部分温度处于最高区域，因此，逆流式回转窑焚烧效率高，辅助能源消耗较少(辅助燃烧器主要是在启炉和热灼减率超标时使用)，窑的长度通常比顺流式回转窑短。顺流式回转窑内的废物干燥主要靠辅助燃烧器提供的热量，干燥、挥发、燃烧、燃烬的阶段性现象非常明显，燃烧段处于窑的中后部，比逆流式回转窑明显后移，窑内废物和废气温度在燃烧段(火焰区)也达到最高值，随着窑内有机废物的燃烬和可燃物质的减少，窑后部废物残渣和废气温度逐步降低。

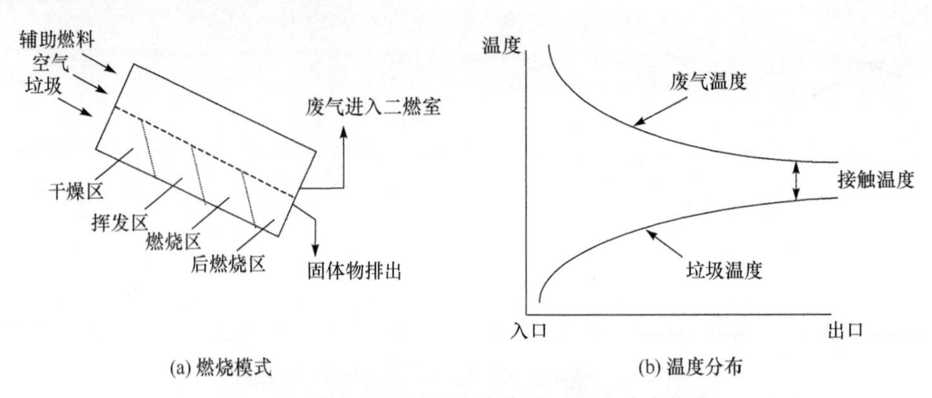

(a) 燃烧模式　　(b) 温度分布

图 3-44　顺流式回转窑燃烧模式及温度分布曲线

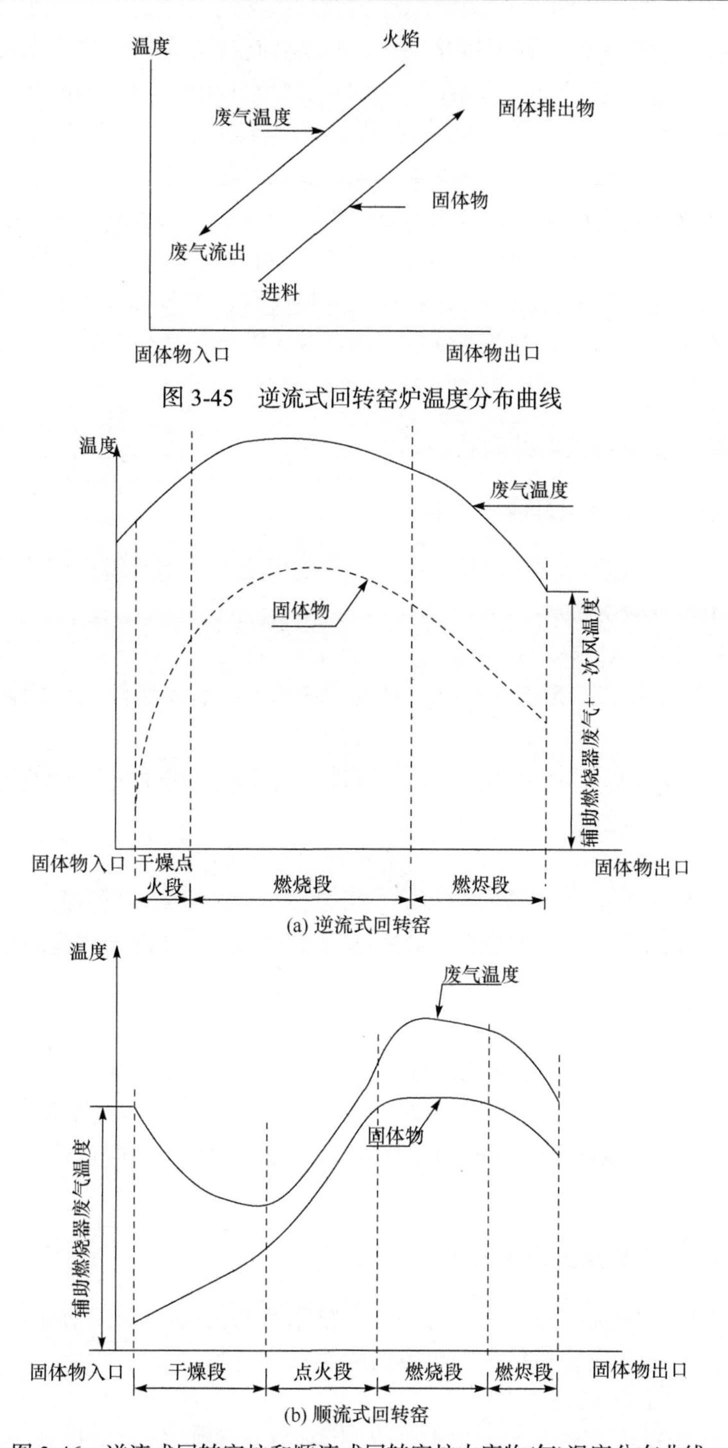

图 3-45　逆流式回转窑炉温度分布曲线

(a) 逆流式回转窑

(b) 顺流式回转窑

图 3-46　逆流式回转窑炉和顺流式回转窑炉内废物(气)温度分布曲线

依照第一燃烧室的操作温度来区分，可以将旋转窑式焚烧炉分成灰渣式旋转窑焚烧炉(ashing rotary kiln incinerator)或熔渣式旋转窑焚烧炉(slagging rotary kiln incinerator)。前者通常在650～980℃操作，而后者则在1203～1430℃。后者的耐火砖及燃烧室之间的接缝设计须特别加强。若桶装危险废物占大多数时，则须将旋转窑设计成熔渣式的状态，以达到完全燃烧的效果，但熔渣式旋转窑焚烧炉平时也可作为灰渣式焚烧炉操作。此外，若进料以批式(batch)进行，则可称此种旋转窑为振动式旋转窑(rocking kilns)。在液体喷注时，须考虑其黏度与雾化效果，同时也须考虑进料的相容性及腐蚀性，固、液、气三相并存时的热平衡现象也较复杂。

3.7.6 危险废物焚烧国内外现状

1. 危险废物焚烧国外技术现状

回转窑焚烧危险废物在国外已有几十年的历史了，据资料报道，目前国外以日本和瑞士技术较为成熟。

1) 瑞士 HOVAL 集团技术

20 世纪 80 年代，瑞士 HOVAL 开发了逆流式回转窑焚烧危险废物，代表性的业绩如下：

意大利 Sol srl，Fara di Soligo，处理能力为 300～700kg/h，处理废物为化学污泥，于 1993 年建设。

俄罗斯 Riazan 印刷废物处理厂，处理能力 2000kg/h，处理废物为印刷废物(塑料、油墨、废纸等)，二燃室焚烧温度 980℃、2s，于 1996 年建设。

葡萄牙马德拉丰沙尔焚烧厂，处理能力 2000kg/h，处理废物为医疗垃圾和家用废物，二燃室温度 950℃、2s，于 1996 年建设。

2) 日本富士工机

日本富士工机株式会社采用回转窑+炉排炉二段焚烧技术焚烧工业危险废物和医疗废物，其主要业绩在日本国内，因采用了炉排炉，其处理能力最大(业绩)为 96t/d。由于中国规范明确排除了炉排炉焚烧危险废物，因此该技术未能在中国应用。

2. 危险废物焚烧国内技术现状

国内危险废物焚烧有以中国恩菲工程技术有限公司(以下简称中国恩菲)和北京京城环保股份有限公司技术为代表的两大主流技术。

1) 中国恩菲技术

中国恩菲自主研发的危险废物逆流式(缺氧)热解回转窑焚烧处置技术(专利

技术)来源于有色冶炼渣处理逆流焙烧技术，具有完全自主知识产权，获得省部级科技进步一等奖。该技术是利用回转窑较容易分段控制反应气氛的特点，分段控制废物在窑内的反应气氛、反应过程和反应程度，以达到在窑头部分首先气化、热解部分有机物作为后续反应器的燃料，并减少二噁英前驱物的生成，在窑中部和后部再彻底分解废物中的有机物质和有害成分的目的，它是集热解与焚烧处理于一体的新型焚烧处理技术。其特点是回转窑与卧式二燃室并排布置，废物入炉后即与高温烟气接触，干燥段明显缩短，再配以控氧技术，使高分子物质裂解成小分子物质，减少二噁英前驱物的生成。该技术的优点如下。

(1) 减少二噁英的形成。

废物焚烧移动方向与烟气流动方向相反，使进窑废物在缺氧状态下与高温烟气接触，可促进废物的热解，降低二噁英形成的前驱物，减少二噁英的形成，从源头减少“二噁英”的排放。

(2) 降低生产运营成本和热灼减率。

采用缺氧热解焚烧技术，将废物中部分有机物热解成可燃气体进入二燃室，有利于提高二燃室的烟气温度，减少了二燃室的燃料消耗，有利于降低生产运营费用，在正常运行状态下，整个焚烧系统无须添加辅助燃料；同时废物在燃烧段和燃烬段为过氧状态下的燃烧，有利于降低焚烧残渣的热灼减率。

(3) 适应性强。

回转窑连续作业、进料、排渣，实现机械化，同时对废物种类、废物处理量和废物形态等适应性强，尤其适应废物成分、热值和形态变化大的情况。

(4) 降低工程总投资。

热利用率高、有利于减少回转窑容积和缩短窑身长度，同时回转窑和二燃室平行配置。不仅降低设备投资，而且降低了厂房的高度和长度，减少了工程总投资。

(5) 耐火砖寿命长，降低运营成本。

进窑废物与高温烟气接触，液体废物在瞬间气化，有利于提高耐火砖的寿命。

(6) 密闭、环保。

密闭推料机不漏液、不漏料，厂房内洁、污分区。

(7) 达标排放。

二燃室温度 850～1100℃，烟气停留时间大于 2s，各种有害物质经处理后达到或优于国家排放标准。

(8) 安全操作。

可有效防止因废物热值不均而产生的爆燃现象。

该技术的缺点是对进料设备要求很高。

目前在国内该技术已有成功运行 10 年以上的经验和实例，如昆明医疗废物集中处置中心(2×15t/d)、宁夏危险废物和医疗废物处置中心(1×15t/d)和孝感危险废物处置厂(1×50t/d)等项目。

2) 北京京城环保股份有限公司技术

北京京城环保股份有限公司以顺流式回转窑焚烧炉技术见长，其特征是：回转窑+立式二燃室，废物从回转窑的低温段进入，经过干燥、点火、燃烬等三个明显的过程，该技术优点是对进料设备要求不高。缺点是：回转窑因废物中水分(尤其是医疗废物中输液瓶)对耐火砖的低温腐蚀严重，燃料消耗高，传热效率不高，运营成本增大，同样条件下窑体长度长。

3) 热解技术

国内也对医疗废物等进行过热解等技术探索，如 2000～2003 年北京南宫医疗废物处置厂，采用二段热解炉处理医疗废物，但由于采用间断上料，处理能力达不到设计指标，热灼减率和烟气污染物排放指标均难以达标，目前已拆除。

3.8 水泥窑协同处理

3.8.1 水泥窑协同处理垃圾技术的发展现状

20 世纪 70 年代初以来，欧洲、日本、美国将废物作为替代燃料和原料在水泥窑中成功地进行了协同处理。例如，日本的水泥厂把垃圾焚烧厂焚烧生活垃圾时产生的灰渣、飞灰等废物作为生产水泥的替代原料；欧美一些国家首先把生活垃圾制成垃圾衍生燃料(RDF)成品，水泥厂使用 RDF 作为替代燃料，由窑头燃烧器喷入水泥窑内燃烧；还有些国家把生活垃圾先分成可燃物及不可燃物，不可燃物作为水泥生产的替代原料，可燃物作为水泥生产的替代燃料。

我国从 20 世纪 90 年代开始广泛开展利用水泥窑处置危险废弃物和城市生活垃圾的研究工作，如中美合作项目《水泥窑炉持久性有机污染物排放的检测及控制》、中挪合作项目《水泥窑炉协同处置废弃物技术指南》、中瑞合作项目《水泥窑炉处置过期农药》、北京市项目《北京市水泥厂水泥窑炉焚烧危险废弃物》，广东省项目《广州珠江水泥厂废弃皮革替代燃料》，其他地方政府项目《生活垃圾由水泥回转窑协同处理系统的研究》、《利用水泥回转窑处置城市污水处理厂污泥试验性研究及应用》、《城市垃圾焚烧飞灰无害化技术的研究》等。相关的国际合作项目注重学习国外的前沿科学技术，包括二噁英的控制和检测技术、废物协同处置的技术程序及管理体系。地方项目则是对具体种类的废弃物进行尝试性资源化综合利用，这些废弃物包括生活垃圾、污泥、焚烧飞灰等。

水泥窑之所以能够成为垃圾等废物的处理方式，主要是因为废物能够为水泥生产所用，可以以二次原料和二次燃料的形式参与水泥熟料的煅烧过程，二次燃料通过燃烧放热把热量供给水泥煅烧过程，而燃烧残渣则作为原料通过煅烧时的固、液相反应进入熟料主要矿物。

2015 年以来，我国进行大规模的产业调整，水泥工业产能过剩严重，为了充分发挥现有大型水泥厂的产能，节省投资，工业和信息化部开始大力推进水泥窑协同处置生活垃圾和危险废物的工作。

虽然水泥窑协同处置生活垃圾和危险废物在一定程度上取得了进展，但由于危险废物成分复杂，有些危险废物是不适宜大量掺入水泥窑内进行协同处置的，因为危险废物中的部分有害物质将残留在水泥成品中，不仅对水泥产品的品质有影响(如北京某协同处置项目，虽然对焚烧飞灰采用水洗脱氯预处理工艺，但残留在水泥中的氯离子浓度仍然较高，对钢筋的腐蚀作用不容忽视；同时水洗脱氯工艺将飞灰中的有害物质，如重金属和二噁英等又转移至水体中)，而且水泥窑后续烟气净化设施中没有专门针对酸性气体等有害物质的净化措施，仅仅是靠窑内物料间的反应和大量烟气的稀释作用。因此，在业内对水泥窑协同处置生活垃圾和危险废物的质疑和反对声不断。

3.8.2　水泥窑协同处置工艺

1. 焚烧炉与干法熟料并行

按水泥生产系统的接纳要求，将垃圾预处理分选，然后再进行精细化处理。城市生活垃圾成分复杂，按照水泥窑协同处置垃圾综合利用要求，可将垃圾分为轻质可燃物、有机厨余物、无机混合物、渗沥液四大部分。轻质可燃物主要包括塑料、纸张、树枝、织物、橡胶等，经加工后用作原料；有机厨余物主要指厨房中产生的各种蔬菜、剩饭残余、动物内脏等，经过发酵抑制后低温烘干，用作原、燃料使用；无机混合物包括渣土、石块、砖瓦、玻璃、陶瓷、废碱等，直接用作水泥原料，处置过程如有少量的金属也将被单独分选回收。

采用回转式焚烧炉与干法熟料生产线并行设置垃圾高效焚烧炉；利用熟料冷却机高温余风维持焚烧炉中垃圾自燃，以冷却水泥熟料热风(可达 800℃)为垃圾燃烧空气，用回转式垃圾焚烧炉，炉内烟气达 1100℃以上。能解决我国垃圾成分复杂、水分高、热值低的缺陷且不需外加燃料，并使得垃圾的热量和物质全部被利用，同时解决了垃圾储存时散发臭气等有机气态物的污染，做到垃圾的资源化、无害化、无残留物处理。再使烟气进入窑尾后，在碱性条件下，其与水泥生料热交换，烟气中有害气体量减少。灰渣进入回转窑，灰渣中的重金属等被熟料包裹，使之固化。

2. 热盘炉技术方案

该方案是在水泥生产线的分解炉设置垃圾焚烧炉，它是一种构造简单的燃烧装置，是分解炉的延伸和补充，与水泥窑外分解系统为一个整体。其主要工作过程为：窑三次风、部分高温生料和可燃垃圾一同进入热盘炉内，在慢速旋转的圆盘上开始充分地氧化燃烧，圆盘的转速为 1～4 r/min，从物料进口到炉渣和生料混合物卸出，在圆盘上大约要运行 270°。卸出的残渣向下落入窑尾，细小的飞灰和生料则随高温气体进入分解炉。按可燃垃圾的性质，调节圆盘的转速，使其在炉内有足够的时间，达到充分燃烧的目的。当烧成系统出现意外故障时，设在热盘炉上方的冷生料小仓可以直接放入生料进炉，阻断垃圾燃烧，使热盘炉上的火很快熄灭，避免水泥窑系统不正常时环保超标排放。其主要燃烧可燃垃圾(如汽车轮胎、电话机插板等)，也可用于燃烧城市垃圾。迄今国内还没有热盘炉技术的应用实例。

目前，水泥窑处置垃圾废弃物与成熟先进的炉排炉焚烧技术比较，主要存在以下问题：一是排放标准较低。如果水泥窑处置垃圾废弃物排放按水泥行业排放标准执行，则对周边环境有较大影响。二是综合成本不低。水泥窑处置生活垃圾虽然节省了焚烧炉的投资，但如果排放标准按炉排炉项目的高标准执行，则需大量技改投入。三是社会风险不低。在未进行垃圾分类的情况下，垃圾成分的不稳定性将影响水泥品质的稳定性。垃圾中的硫、氯、碱含量对水泥厂生产有较大的影响，水泥行业的控制标准为，折合至入窑生料其硫碱元素的当量比 S/R 应控制在 0.6～1.0，Cl 元素则控制在 0.03%～0.04%。四是协同处理的量受到限制，一般生活垃圾与水泥窑协同处理，垃圾处理量一般控制在 10%以下。

3.8.3 水泥窑协同处理垃圾技术的相关政策

早在 2006 年，国家发展和改革委员会即发布《水泥工业产业发展政策》，鼓励和支持利用在大城市或中心城市附近大型水泥厂的新型干法水泥窑处置工业废弃物、污泥和生活垃圾，水泥工厂同时作为处理固体废物综合利用的企业。

2014 年 5 月 6 日，由国家发展和改革委员会牵头，联合科技部、工业和信息化部、财政部、环境保护部、住房和城乡建设部、国家能源局发布了《关于促进生产过程协同资源化处理城市及产业废弃物工作的意见》(发改环资〔2014〕884 号)，强调利用工业窑炉等生产设施，在满足企业生产要求且不降低产品质量的情况下，将废弃物作为生产过程的部分原料或燃料，实现废弃物的无害化并部分资源化处理，促进企业减少能源资源消耗和污染排放，推动水泥等行业化解产能过剩矛盾，实现水泥、电力、钢铁等传统行业的绿色化转型，在水泥、电力、钢铁等行业培育一批协同处理废弃物的示范企业。在有废弃物处理需求的城市建成

60 个左右协同资源化处理废弃物示范项目，建立健全针对不同固体废弃物协同处理的技术规范和标准体系，完善废弃物的交易市场、监管体系和激励政策，逐步形成适合国情的运行机制和管理模式。

2014 年 10 月 30 日，全国政协在京召开双周协商座谈会，探讨利用水泥窑协同处置城市废弃物问题，引起环保行业关注。委员们认为，利用现有水泥窑协同处置生活垃圾和固体废弃物，是一件值得重视的好事。

针对水泥窑协同处置固体废物，环境保护部已发布了《水泥工业大气污染物排放标准》(GB 4915—2013)、《水泥窑协同处置固体废物污染控制标准》(GB 30485—2013)、《水泥窑协同处置固体废物环境保护技术规范》(HJ 662—2013)以及《再生铜、铝、铅、锌工业污染物排放标准》(GB 31574—2015)四项标准，初步形成了标准规范体系。

3.9 污泥焚烧

3.9.1 市政污泥特性

市政污泥的成分十分复杂，其中含有大量的微生物、有机质及丰富的氮、磷、钾等营养物质。同时，污泥具有含水量高、易腐烂、有恶臭等特点，部分污水处理厂的污泥还有超标重金属、病原微生物等。

在城市发展的不同历史时期，市政污泥的成分也会表现出不同的特征。根据长期跟踪，市政污泥变化呈现出有机物含量、可挥发性悬浮物(VSS) 含量、热值不断提高及重金属含量不断降低的特点。污水处理厂产生的污泥由于排水体制限制，污水管网不完善，使得污水含有大量的砂土等无机质。近些年来随着污水管网的完善，污水浓度逐渐提高，污水中有机物的含量提高，产生的污泥中有机质含量也提高。

为了便于对污泥的特征进行全面的了解，一般可以从污泥的有机成分、无机成分、流动相及污泥热值等几方面分析污泥的组成特性。

1. 污泥有机质

污泥有机质是污泥造成二次污染的主要因素之一。对于完善的污水处理厂来水，初沉污泥一般主要是无机颗粒物和悬浮物，二沉池产生的活性污泥主要成分是有机生物质和有机微生物。一般污泥的有机元素组成见表 3-26。

表 3-26 一般污泥的组成

绝干污泥化学元素组成		污泥灰分成分分析	
组成	质量分数/%	组成	质量分数/%
C	25～31	SiO_2	37～44
H	3～4	Al_2O_3	12～19
S	0.8～1.3	TiO_2	0.5～2
Cl	0.05～0.15	Fe_2O_3	4～11
N	2.7～4.5	SO_3	1.7～2.2
P	1.1～2.2	MgO	1.5～3
K	0.2～0.5	CaO	8～21
O	11～16	Na_2O	0.5～1
有机质	44～59	K_2O	1.5～1
挥发分	42～54	P_2O_5	9～12
灰分	41～56	低位热值	9000～12560kJ/kg

2. 污泥无机物

污泥的无机物组成也是按其与污染控制和利用有关的毒害性元素组成、植物养分组成以及无机矿物组成等来表示的。

污泥的无机毒害性元素组成，是按其毒害性元素的含量对污泥进行组成描述的，无机毒害性元素主要包含：砷(As)、镉(Cd)、铬(Cr)、汞(Hg)、铅(Pb)、铜(Cu)、锌(Zn)、镍(Ni)等 8 种元素。除了按其固相含量进行组成成分分析外，还可对各毒害性元素的生物水溶态、酸性水溶态和络合可交换态的比例进行相关元素含量的描述。目前，国内部分城市污水处理厂的重金属含量情况详见表 3-27。

表 3-27 国内部分城市污水处理厂重金属及矿物油含量(mg/kg)

元素	As	Cd	Cr	Cu	Ni	Pb	Zn	Hg	B	矿物油
太原某厂	9.7	0.95	145	174	26.2	69.5	831	7.4	10.0	146
天津某厂	17.9	5	565	486	200	669	1355	8.5		
天津某开发区	6.05	12.07	751.5	1763	89.34	195.7	2260	0.044	—	16440
广州大坦沙			1550	2200	462	245	1790			
上海曲阳某厂	11.7	2.54	23.2	282	42.6	72.5	2110	3.08		1300
深圳某厂	53	8.20	322	886	185	110	1047	5.0		3003

注：单位以干污泥计。

污泥植物养分组成，是按氮(N)、磷(P)、钾(K)三种植物生长需求的宏量元素含量对污泥组成进行的描述，既是污泥肥料利用价值的分析，也是对污泥进入水体的富营养化影响的分析。对污泥植物养分组成的分析，除了总量外也必须考虑其化合状态，因此对于氮可以分为氨氮、亚硝酸盐氮、硝酸盐氮和有机氮四类；对磷一般分为颗粒磷和溶解性磷两类；钾则按速效和非速效两类分类。

污泥的无机矿物组成，主要是以下元素的氧化物和氢氧化物：铁(Fe)、铝(Al)、钙(Ca)、硅(Si)。这些污泥中的无机矿物通常对环境而言是惰性的，但对污泥中重金属的存在形态(影响可溶性比例)，以及污泥制建材的适用性有较大的影响。

3. 污泥流动相

污泥流动相主要由水及溶于水中的各种有机和无机物质组成。污泥中的水有自由水、间隙水、外部水和内部水四种存在状态。自由水是污泥中流动不受限制的水分，一般在污泥脱水阶段即可去除；间隙水是污泥团块间吸留的水分；外部水是吸附在污泥细胞表面或虹吸在污泥细胞间的水分；内部水是污泥细胞内部的水分。污泥中水的存在状态是污泥可脱水性的依据，利用机械应力脱除污泥水分的极限部分是全部自由水和一部分间隙水，其他存在状态的水分只能以热力干燥等方式才能脱除。

3.9.2　污泥焚烧技术

生活污水污泥(以下简称污泥)是城市污水处理后的产物，是一种由有机残片、细菌菌体、无机颗粒、胶体等组成的极其复杂的非均质体。污泥的主要特性是含水率高(可高达 99%以上)，有机物含量高，容易腐化发臭，并且颗粒较细，密度较小，呈胶状液态。

目前，世界各国对于污泥处置主要有四种方法：填埋、海洋排放、土地利用(堆肥或联合厌氧发酵)以及焚烧。

污泥焚烧是最“彻底”的污泥处理方式，通过高温焚烧处理可以破坏其中全部有机质，杀死一切病原体，并最大限度减少污泥体积。污泥焚烧在欧洲、美国、日本等发达国家和地区应用较多，它以处理速度快、减量化程度高、能源再利用等突出特点而著称。并且由于近年来，世界各国的环境条件均对废弃物处理所花费的时间和所占的空间提出了更为严格的要求，因而污泥焚烧已成为污泥处理的主要发展方向，越来越受到世界各国的青睐。

第一台焚烧污泥的锅炉诞生于美国，至今仍在运行，是由 Noack 和 Schlesinger 等在匹兹堡能源中心(Pittsburgh Energy Center)建造，目的是研究污泥燃烧热能的回收，他们突出的工作引起了当时正为污泥处理难题头疼的发达国家的关注。德国、日本、丹麦、瑞士、瑞典等国研究人员也进行了污泥焚烧系统的研究。从 20

世纪 90 年代起，污泥焚烧工艺发展较为成熟，其作为处理城市污泥的重要方式在发达国家中得到广泛应用。国外污泥焚烧技术应用较广的有德国、日本、丹麦、瑞士等国家，德国有近 40 个污水处理厂拥有多年的污泥焚烧工艺实际运行经验。其中 10 家混烧生活垃圾和市政污泥，20 多家焚烧城市污泥，9 家进行工业废水污泥的焚烧处理。在德国，污泥焚烧炉首先始于多段竖炉，而后流化床炉逐渐取代了多段竖炉。目前，流化床焚烧炉的市场占有率超过了 90%。焚烧法处理污泥在日本应用得最广，凭借雄厚的经济基础和先进的焚烧系统，1984 年日本污泥焚烧处理量占年产生污泥量的 72%，至 1992 年，日本拥有 1892 座焚烧炉，年处理污泥量占市政污泥总量的 75%。目前，日本所有较大规模的污水处理厂均采用焚烧法处理污泥。丹麦共有 32 家焚烧厂，每年约有 25%的污泥采用焚烧处理。瑞士从 2003 年 1 月 1 日起禁止污水厂的污泥用于农业，所有污水厂的污泥都要进行焚烧处理，开始了年耗资 5800 万欧元的污泥焚烧计划。

污泥焚烧耗资大、设备复杂、对操作人员的素质和技术水平要求高，对社会经济水平要求较高。截至 2017 年底，我国污泥焚烧量仅占污泥处理总量的 4%，对占总量 65%的污泥进行填埋处理，15%进行堆肥，其余的自然干燥堆放。

随着我国在污泥焚烧理论和设备方面的研究逐步加深以及国外污泥焚烧技术的引进，近年来我国污泥焚烧实际工程也有相关报道，主要集中在热电厂锅炉改造，实行污泥、煤混烧发电、垃圾协同处理方面。常州市某公司对常州某热电厂 4 台循环流化床锅炉进行改造，将某污水厂脱水污泥(含水率为 82%)与煤混合进行焚烧，根据锅炉现状及现场条件，建设了污泥储存、输送系统，从 2004 年 9 月开始污泥焚烧试运行，处理能力达 200t/h，后转入正常运行，情况良好。2005 年 12 月某公司在浙江绍兴投资 5 亿元兴建的资源综合利用示范电厂，对污泥和垃圾混烧发电，该项目建成后日焚烧处理生活垃圾 1600t 和含水率 85%的市政污泥 2000t，目前已投入运行，效果良好，这是国内首座污泥焚烧发电大型示范项目。目前笔者正在研究的国家重点研发计划重点专项“有机固废高效清洁稳定焚烧关键技术与装备”，涉及生活垃圾、污泥、渗沥液、沼渣和一般工业固废协同焚烧，主要研究内容包括：①热化学交互作用机制、污染物生成规律和基于多炉型的协同焚烧技术；②复杂烟气条件下氯、硫和碱金属对典型受热面材料的耦合腐蚀模型，腐蚀控制和高参数余热利用技术；③烟气污染物的生成迁变规律及协同净化技术；④焚烧过程智能自动优化控制；⑤基于炉排炉和流化床的有机固废高效清洁稳定焚烧成套技术和商业化推广创新模式。目前研究取得了实质性的突破，有望在国内建立基于炉排炉和流化床焚烧炉协同处置生活垃圾、污泥、沼渣、渗沥液和一般工业固废的示范性工程各 1 套。

污泥焚烧现有主要技术有：污泥与煤混合进行燃烧(旋风炉、流化床炉)、污泥与垃圾混合进行焚烧(流化床炉、炉排炉)、污泥和黏土混合燃烧制砖、将污泥混合到水泥窑中进行燃烧、污泥制水煤浆等。

污泥焚烧设备主要有旋风式焚烧炉、多段式焚烧炉、回转窑式焚烧炉、流化床焚烧炉、旋转床式焚烧炉等，其中流化床焚烧炉现阶段应用最多。

污泥焚烧前，一般应进行脱水处理和热干化处理，以减少负荷和能耗。污泥焚烧工艺中，干化流程是非常重要的组成部分，污泥的含水率和干化程度直接决定了工艺流程和运行成本。

干化设备从原理上分为间接干燥器和直接干燥器，其分别建立在对流和传导理论基础上；从形式上分为转鼓式、流化床式、带式。带式干化系统在低蒸发热量以及废气较多的情况下具有一定优势，适用于小型污泥处理厂。流化床干化系统适用于高蒸发量和工业污泥干化过程。对于中等蒸发量，污泥性质不稳定，颗粒度要求高以及没有蒸汽锅炉的条件适用转鼓式干化系统。

3.9.3 污泥焚烧技术发展趋势

根据污泥处理行业的现状，焚烧方法优势明显，政策导向清晰，将会是未来一段时间内发展最快的技术手段。但现有焚烧技术路线均是根据各地实际情况在原有行业(如热电、垃圾焚烧、水泥)等的设备及工艺路线基础上衍生而来，由于各地行业发展情况差别很大，污泥的处理工艺无法统一，商业模式也各不相同。但总体来看污泥焚烧处理行业现处于上升期，市场潜力巨大。

第4章 焚烧烟气净化技术

4.1 污染物及排放限值

固体废物焚烧过程中产生的烟气，含有大量的污染物(如颗粒物、酸性气体、重金属和有机剧毒物)等，这些物质对环境有不同程度的危害。因此，烟气在排入大气之前，必须进行净化处理，使之达到排放标准。随着经济的发展和环境条件的变化，各国越来越重视焚烧烟气的污染控制，排放标准越来越严格，用于烟气净化的一次性工程投资和运行费用也越来越高。高效的焚烧烟气净化系统的设计和运行管理是防止固体废物焚烧厂二次污染的关键。

焚烧烟气中污染物的种类和浓度受垃圾成分和燃烧条件等多种因素的影响，每种污染物的产生机理也各不相同。充分掌握焚烧烟气中污染物的种类、产生机理和原始浓度波动范围是烟气净化工艺的基础。

4.1.1 烟气中污染物的种类及特点

由于生活垃圾成分的复杂性、性质的多样性和不均匀性，焚烧过程产生的烟气除包括过量的空气和二氧化碳外，还含有对人体和环境有直接或间接危害的成分，即焚烧烟气污染物。这些物质的化学、物理性质及对人体和环境的危害程度各不相同。根据污染物性质的不同，可将其分为颗粒物(粉尘)、酸性气体(HCl、HF、SO_x、NO_x等)、重金属(Hg、Pb、Cr等)及其化合物和有机剧毒等四大类污染物，见表4-1。

表4-1 生活垃圾焚烧烟气中污染物的种类

序号	类别	污染物名称	表示符号
1	颗粒物	颗粒物	
2	酸性气体	氯化氢	HCl
		硫氧化物	SO_x
		氮氧化物	NO_x
		氟化氢	HF
		一氧化碳	CO

续表

序号	类别	污染物名称	表示符号
3	重金属类	汞及其化合物	Hg 和 Hg^{2+}
		铅及其化合物	Pb 和 Pb^{2+}
		镉及其化合物	Cd 和 Cd^{2+}
		其他重金属及其化合物	包括 Cu、Mn、Cr、Co、Ni、Sn 和 As
4	有机类	二噁英	PCDDs
		呋喃	PCDFs
		其他有机物(包括多环芳香烃、氯苯和氯酚等)	PAHs、CB、CP

垃圾在焚烧炉中燃烧产生的烟气特点如下：

(1) 焚烧烟气污染成分复杂，种类多、危害大。除生成常规的污染物如粉尘、HCl、SO_2、NO_x、CO_2等大气污染物外，当垃圾原始组分中含有含氯的塑料或其他有机物时，高温焚烧会产生二噁英类剧毒物质；当垃圾中含有重金属类(如电池、各种添加剂等)物质时，会大大增加焚烧生成物种的重金属含量；

(2) 焚烧烟气的排烟温度高，焚烧后的排烟温度一般为 190～600℃，进行余热回收利用后的排烟温度为 160～230℃；

(3) 焚烧烟气中污染物浓度水平相对较低，详见表 4-2。

表 4-2　垃圾焚烧烟气成分参考值

项目	单位	垃圾典型参考值	参考范围
颗粒物(Dust)	mg/Nm^3	3000	1000～6000
氯化氢(HCl)	mg/Nm^3	1150	200～1600
氟化氢(HF)	mg/Nm^3	3	0.5～5
硫氧化物(SO_x)	mg/Nm^3	600	20～800
氮氧化物(NO_x)	mg/Nm^3	400	90～500
一氧化碳(CO)	mg/Nm^3	100	10～200
铅(Pb)	mg/Nm^3	10	1～50
汞(Hg)	mg/Nm^3	5	0.1～10
镉(Cd)	mg/Nm^3	1	0.05～2.5
Cr+Cu+Mn+Ni	mg/Nm^3	15	10～100
二噁英类	ng TEQ/m^3	3	2～5

4.1.2 焚烧烟气污染物排放控制标准

生活垃圾焚烧烟气净化后各项污染物排放指标应满足《生活垃圾焚烧污染控制标准》(GB 18485—2014)和当地环保要求，同时应满足生活垃圾焚烧发电厂环境影响评价报告批复的要求及污染物排放总量要求。

危险废物焚烧烟气净化后各项污染物排放指标应满足《危险废物焚烧污染控制标准》(GB 18484—2020)和当地环保要求，同时应满足危险废物焚烧厂环境影响评价报告批复的要求。

目前各地根据当地环境容量、城市定位、污染物敏感因子和控制因子相继出台了一批地方标准，这些地方标准在某些指标上均严于国家标准，因此，有地方相应标准的，必须执行当地标准。

表 4-3、表 4-4 分别为《生活垃圾焚烧污染控制标准》(GB 18485—2014)和《危险废物焚烧污染控制标准》(GB 18484—2020)中对烟气污染物浓度排放限值的规定。

表 4-3　《生活垃圾焚烧污染控制标准》对烟气污染物浓度排放限值的规定

序号	污染物项目	单位	限值	取值时间
1	颗粒物	mg/m^3	30	1h 均值
			20	24h 均值
2	氮氧化物(NO_x)	mg/m^3	300	1h 均值
			250	24h 均值
3	氯化氢(HCl)	mg/m^3	60	1h 均值
			50	24h 均值
4	二氧化硫(SO_2)	mg/m^3	100	1h 均值
			80	24h 均值
5	汞及其化合物(以 Hg 计)	mg/m^3	0.05	测定均值
6	镉、铊及其化合物(以 Cd+Tl 计)	mg/m^3	0.1	测定均值
7	锑、砷、铅、铬、钴、铜、锰、镍及其化合物(以 Sb+As+Pb+Cr+Co+Cu+Mn+Ni 计)	mg/m^3	1.0	测定均值
8	二噁英类	$ng\ TEQ/m^3$	0.1	测定均值
9	一氧化碳(CO)	mg/m^3	100	1h 均值
			80	24h 均值

表 4-4 《危险废物焚烧污染控制标准》对烟气污染物浓度排放限值的规定

序号	污染物项目	单位	限值	取值时间
1	烟尘	mg/m^3	30	1h 均值
			20	24h 均值或日均值
2	一氧化碳	mg/m^3	100	1h 均值
			80	24h 均值或日均值
3	氮氧化物(以 NO_2 计)	mg/m^3	300	1h 均值
			250	24h 均值或日均值
4	二氧化硫	mg/m^3	100	1h 均值
			80	24h 均值或日均值
5	氟化氢	mg/m^3	4.0	1h 均值
			2.0	24h 均值或日均值
6	氯化氢	mg/m^3	60	1h 均值
			50	24h 均值或日均值
7	汞及其化合物(以 Hg 计)	mg/m^3	0.05	测定均值
8	铊及其化合物(以 Tl 计)	mg/m^3	0.05	测定均值
9	镉及其化合物(以 Cd 计)	mg/m^3	0.05	测定均值
10	铅及其化合物(以 Pb 计)	mg/m^3	0.5	测定均值
11	砷及其化合物(以 As 计)	mg/m^3	0.5	测定均值
12	铬及其化合物(以 Cr 计)	mg/m^3	0.5	测定均值
13	锡、锑、铜、锰、镍、钴及其化合物(以 Sn+Sb+Cu+Mn+Ni+Co 计)	mg/m^3	2.0	测定均值
14	二噁英类	ng TEQ/Nm^3	0.5	测定均值

注：表中污染物限值为基准氧含量排放浓度。

4.2 焚烧烟气净化处理技术

为了防止固体废物焚烧烟气污染物对环境产生二次污染，采取严格的净化措施，使烟气净化达到排放标准是非常必要的。焚烧烟气的净化处理主要包含两个方面的内容：一是酸性污染物的处理，二是颗粒物的捕集。实践表明，“低温控制”和“高效颗粒物捕集”是烟气净化系统成功运行的关键。由于焚烧烟气中污染物成分复杂、各种污染物含量不同，必须根据污染物排放指标、垃圾特性、焚烧工艺、烟气特性、各种净化单元的净化效率选择合理的烟气处理工艺，应选择多种不同净化功能的处理单元进行组合，同时如果某种净化功能的某一单元不能满足排放限值要求时，可同时选择同一净化功能的多种净化单元进行组合。生活垃圾焚烧烟气净化系统应至少包含脱酸系统、重金属和二噁英吸附系统、除尘系统、脱硝系统等，危险废物焚烧烟气净化系统还应增加烟气骤冷单元，环境敏感地区宜增设减轻白烟视觉污染的措施。

每台焚烧炉应单独设置一套独立的烟气净化系统，并配置污染物排放在线检测装置，且与当地生态环境主管部门联网。

4.3 烟气脱酸

焚烧烟气中酸性污染物的脱除反应，主要是去除烟气中的 HF、HCl、SO_2 的酸碱中和反应，即利用碱性吸收剂[NaOH、$Ca(OH)_2$、CaO、$NaHCO_3$ 等]以液态、液-固态、固态的形式与上述污染物发生化学反应，主要反应如下：

$$HF + NaOH \longrightarrow NaF + H_2O$$

$$2HF + Ca(OH)_2 \longrightarrow CaF_2 + 2H_2O$$

$$HCl + NaOH \longrightarrow NaCl + H_2O$$

$$2HCl + Ca(OH)_2 \longrightarrow CaCl_2 + 2H_2O$$

$$SO_2 + 2NaOH \longrightarrow Na_2SO_3 + H_2O$$

$$SO_2 + Ca(OH)_2 \longrightarrow CaSO_3 + H_2O$$

脱酸工艺，按其系统中是否有废水排出，可分为湿法脱酸、半干法脱酸和干法脱酸三种方法。每种工艺有其组合形式，也各有优缺点。

4.3.1 半干法脱酸

半干法脱酸多采用氧化钙或氢氧化钙作为吸收剂，将吸收剂喷入反应塔中，酸性气体与吸收剂反应的同时，利用烟气余热使吸收剂中的水分蒸发，碱性吸收剂与酸性气体进行充分的传质传热，不但提高了效率，同时也可以使反应生成物得到干燥，产物以干态固体的形式排出。半干法工艺较成熟、设备简单、一次性投资较低。其优点为：净化效率高、流程简单、设备少；生成物易处理，无二次污染；控制系统温湿度，可避免设备腐蚀；不结垢，不堵塞；对负荷波动适应性好，吸收剂用量可按烟气中污染物浓度进行调节；操作方便，维修量小；水耗量少，占地面积小。半干法脱酸已有良好的应用实践，国内外焚烧厂业绩表明其可靠性高、性能良好。

1. 喷雾干燥吸收

喷雾干燥吸收剂采用石灰乳液，烟气一般为下流式，即余热锅炉出口的热烟气(190～230℃)从喷雾干燥吸收塔上部的烟气导流装置进入，在吸收塔筒体内与石灰乳液充分接触反应后从下部流出。石灰乳液主要通过泵及计量装置进入雾化器，机械旋转雾化器是其关键设备，雾化器由高速旋转的电机(约 13000r/min)带动耐磨合金旋转喷嘴高速均匀地旋转使石灰乳雾化成极细的雾滴。

经雾化的石灰乳平均粒径在 30～150μm，在反应塔内与热烟气混合进行传热传质交换并发生反应，在吸收塔内，烟气中的 HCl、SO_2 等酸性污染物首先向石灰乳液滴表面扩散，被液滴表面吸收后发生气相与液相的化学吸收反应，生成氯化钙、亚硫酸钙等物质，至此酸性气体被吸收脱除。与此同时烟气带来的热量与雾化液滴之间通过强制性的对流传热，使液滴在到达吸收塔底部之前被完全干燥蒸发，水蒸气进入烟气，反应后的氯化钙、亚硫酸钙等最终形成固态反应物，固态反应物一部分会由吸收塔底部排灰口排出，一部分则随着烟气进入候选的除尘器系统。烟气中剩余的酸性污染物在通过滤袋时与黏附在除尘器上的未完全反应的 $Ca(OH)_2$ 进一步反应而被去除，烟气中的部分有毒有机物和重金属也可以被凝聚或被干燥的粉尘吸附而除去。喷雾干燥吸收法工艺系统图详见图 4-1。

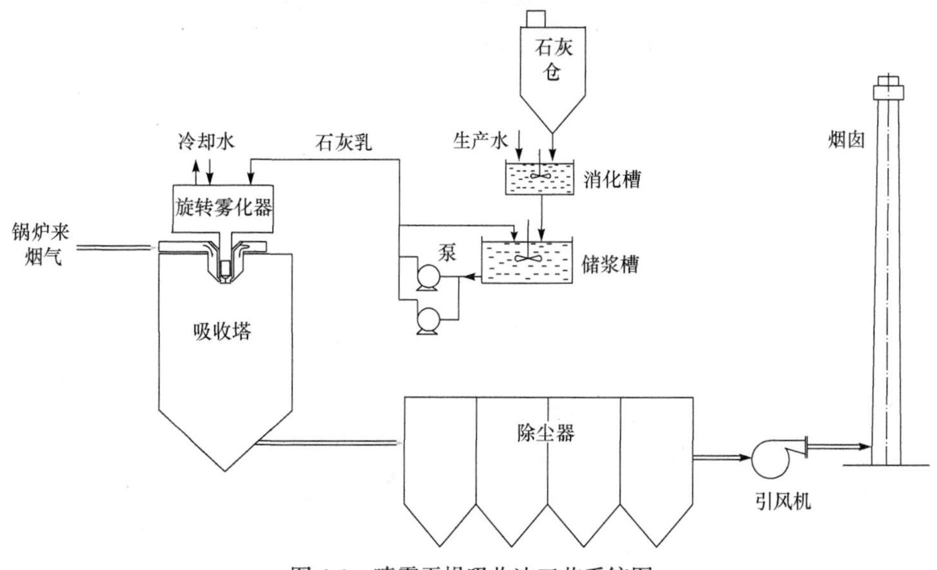

图 4-1　喷雾干燥吸收法工艺系统图

进入旋转雾化器的石灰乳量是根据脱酸后烟气中 HCl、SO_2 的浓度实时调节的，即根据烟气在线监测中 HCl、SO_2 的浓度信号反馈，调节石灰乳回流调节阀的开度，以控制进入反应塔所需的石灰乳量。为提高脱酸效率及保证后续除尘器的正常运行，吸收塔设置有减温水系统，以保证烟气通过吸收塔后进入袋式除尘器的温度要求。减温水量自动控制，保证排烟温度高于露点温度 20～30℃，能够达到较高的脱酸效率，同时有效避免烟气结露而影响袋式除尘器的正常工作，减少因烟气结露引起设备腐蚀。

旋转雾化器装在吸收塔中心通道的上部，设备运行中可在线更换备用雾化器。旋转喷雾器工作时高速旋转，剧烈的摩擦使轴承发热，温度较高。因此需设置循环冷却水降温。图 4-2 为某品牌机械旋转雾化器。

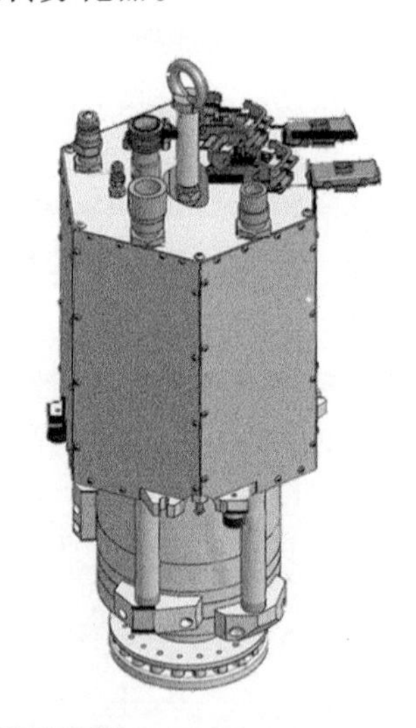

图 4-2　机械旋转雾化器

机械旋转雾化器雾化效果好，缺点是设备投资高，运行费用大，操作中维护管理复杂。

2. 循环流化床脱硫

循环流化床烟气脱硫工艺是由德国鲁奇公司于 20 世纪 80 年代后期开发的一种新型半干法技术。该工艺以循环流化床原理为基础，采用悬浮式，使吸收剂在吸收塔内悬浮，吸收剂以极高的循环倍率(40～60 倍)在塔内循环，与烟气中的酸性污染物充分接触反应，从而实现脱酸，是一种基于流态化的脱硫工艺。

循环流化吸收塔是采用烟气进口段喷水增湿、强化吸收剂活性的烟气脱硫工艺。来自焚烧炉的烟气由底部进入烟气吸收塔，水由烟气吸收塔下部的双流体雾化喷嘴喷入烟气吸收塔，消石灰和循环灰由流化风机流化后送入吸收塔，它们以很高的传质速率在烟气吸收塔中与烟气和水充分混合，并与烟气中的有害气体发生反应，生成的反应产物从烟气吸收塔的出口进入袋式除尘器进行分离，袋式除尘器捕集到的物料大部分再循环进入烟气吸收塔，剩余的飞灰排出系统。其特点是在吸收塔内应用流化床技术使反应物料不断循环，明显增强了反应过程的传质和传热，反应物料的高循环倍率使循环灰颗粒之间发生激烈的碰撞，从而使颗粒表面生成物的固形体外壳被破坏，里面未反应的新鲜颗粒暴露出来继续参加反应，进而加快反应速率、干燥速度，提高吸收剂的利用率。它较原始干法的净化效率高，又无湿法水的二次污染，同时免去了喷雾干燥净化法的吸收剂溶液的制备和喷雾过程，但其吸收剂用量大，净化效率较机械旋转喷雾吸附法低。图 4-3 为循环流化床工艺流程图。

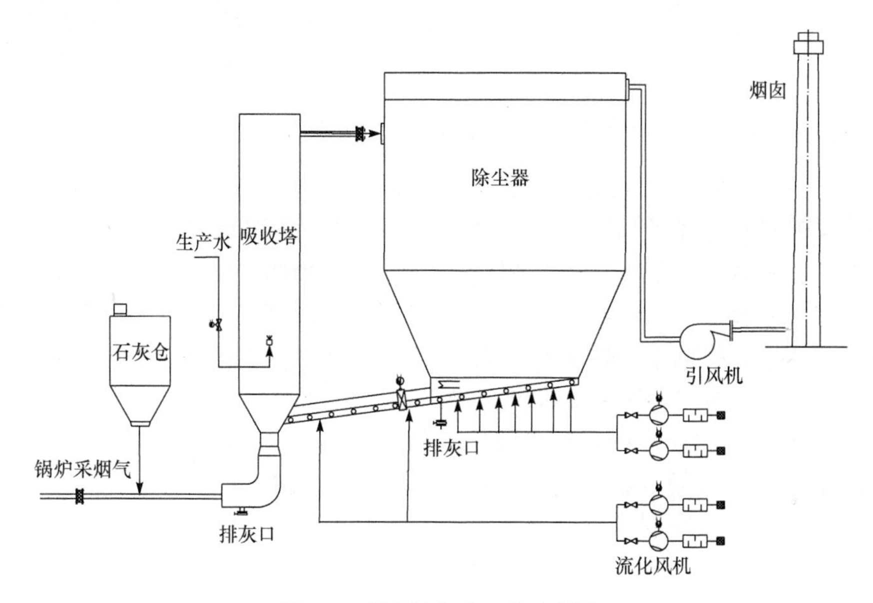

图 4-3　循环流化床工艺流程图

循环流化床脱硫的主要优点：

(1) 系统简单，运行可靠；

(2) 工程投资少，占地面积小；

(3) 处理后的烟气可直接排出，无需加热；

(4) 系统基本不存在腐蚀问题，可用碳钢制作；

(5) 可处理高、中、低硫煤，适用范围广；

(6) 无废水排出，对环境污染小。

循环流化床脱硫的主要缺点：

(1) 流化床的出塔烟气温度应严格控制，一般操作温度高于露点温度 15～20℃。另外要维持较高的脱硫率，必须在露点温度附近操作，操作不慎会造成系统的粘壁阻塞和结露。

(2) 脱硫后的产物为 $CaSO_3$、$CaSO_4$、未反应的 CaO 与飞灰的混合物，综合利用受到一定的限制。

(3) 循环流化床烟气脱硫系统的阻力大，烟气一次性经过循环流化床的停留时间短。

(4)循环流化床很难流化 Geldart 颗粒分类法的 C 类粒子，并且运行的稳定性不好。

循环流化床烟气脱硫已经工业化，国内近年来的发展主要是致力于和其他技术的结合应用，如结合烟气悬浮技术而开发的循环悬浮式半干法烟气脱硫技术等。这些脱硫技术无一例外都增大了脱硫反应表面积，提高了脱硫率和脱硫剂利用率。

3. 粉末-颗粒喷动床半干法烟气脱酸

粉末-颗粒喷动床(PPSB)半干法烟气脱硫是近年来日本研究人员开发的一种新型半干法脱硫技术。

PPSB 脱硫技术原理：含二氧化硫的烟气经过预热器进入粉粒喷动床，脱硫剂制成粉末状预先与水混合，以浆料形式从喷动床的顶部连续喷入床内，与喷动粒子充分混合，借助于和热烟气的接触，脱硫与干燥同时进行。脱硫反应后的产物以干态粉末形式从分离器中吹出。

这种脱硫技术应用石灰石或消石灰作脱硫剂，具有很高的脱硫率及脱硫剂利用率，而且对环境的影响很小。但进气温度、床内相对湿度、反应温度之间有严格的要求，在浆料的含湿量和反应温度控制不当时，会有脱硫剂粘壁现象发生。

近年来国内学者利用消石灰和氢氧化钠作为脱硫剂，研究了脱硫剂种类、脱硫剂粒子直径、反应温度和床内气体湿度对脱硫率的影响，并得出结论：氢氧化钠脱硫效果优于消石灰，而消石灰脱硫效果又比石灰石强。所以提示以后的研究者在能满足必要的脱硫效率时，可以使用廉价的脱硫剂，以降低操作费用。目前，PPSB 脱硫技术仍处于实验室研究阶段，有待于进一步研究，争取早日应用于工业。

4. 烟道喷射半干法烟气脱酸

烟道喷射半干法烟气脱硫是针对工业锅炉技术成本高、不易管理、运动中问题较多而提出的一种简单有效的方法。该方法利用锅炉与除尘器之间的烟道作为反应器进行脱硫，不需要另外加吸收容器，使工艺投资大大降低，操作简单，所需场地较小，适合于在我国开发应用。半干法烟道喷射烟气脱硫即往烟道中喷入吸收剂浆液，浆滴边蒸发边反应，反应产物以干态粉末出烟道。该技术已被美国能源部列为洁净煤技术示范项目，目前国内开发研究较少。

4.3.2　湿法脱酸

湿法烟气净化技术早期在一些发达国家的应用比例较高，利用碱性物质作为吸收剂可使酸性气态污染物得以高效净化。湿法净化可以分一段或二段完成，净化设备有吸收塔(填料塔、筛板塔)和文丘里洗涤器等。目前的湿式石灰法脱硫技术是世界上所有烟气净化方法中最普及、最成熟的湿式烟气脱硫技术。

焚烧烟气湿法脱酸工艺流程图详见图 4-4。来自锅炉的热烟气(190～230℃)首先经过降温法使温度降至 150～160℃，然后进入袋式除尘器去除烟气中的颗粒物，除尘后的 140～150℃左右的烟气与湿法吸收塔处理后的烟气进行热交换，未处理的温度降至约 120℃后由下部进入湿法洗涤塔，在湿法洗涤塔中由下向上依次通过冷却部、吸收部、减湿除雾部，由于净烟气温度较低，为避免发生白烟，处理后 60～70℃的净烟气需经过烟气换热器换热升温至 100℃左右(高于露点温度 20℃)。

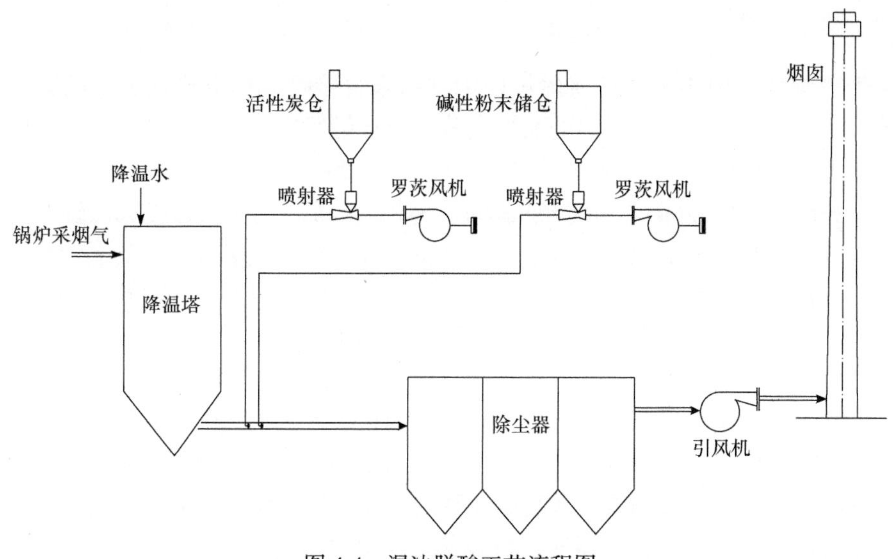

图 4-4　湿法脱酸工艺流程图

湿法洗涤塔的碱液采用循环使用的方式，当循环液的 pH 或盐浓度超过规定限值时，需要排出部分洗涤液并补充新鲜的碱液，以保证一定的脱酸效率。排出部分的洗涤液即为洗烟废水，洗烟废水含盐量较高，同时含有一定量的溶解性重金属，因此湿法洗涤脱酸工艺需要对洗烟废水进行处理。

湿法洗涤净化技术集除尘和去除其他污染物于一体，在允许的条件下可以不用其他高效除尘设备(如电除尘器和袋式除尘器)。湿法烟气净化所用吸收剂可以是 $Ca(OH)_2$ 或 NaOH，$Ca(OH)_2$ 液体价格低但是石灰在水中的溶解度不高，含有许多悬浮氢氧化钙粒子，会导致填料及管线堵塞及结垢。NaOH 价格比石灰高，但其和酸性气体的反应速率高，吸收效果好且用量少，且不会产生管道及设备的堵塞等问题，因此一般均采用 15%～20%的 NaOH 作为碱性吸收液。湿式洗涤塔对 HCl 的去除率能达到 98%以上，SO_2 的去除效率能达到 90%以上，同时能去除部分高挥发性重金属物质。

湿式烟气脱酸技术，具有装置性能高、设备结构简单、维修方便、节约能源、酸性气体去除效率高和吸收剂耗量少等优点。但这种工艺的缺点是净化工艺产生大量洗涤污水，需要对液态反应生成物做进一步处理，工艺流程较复杂，成套设备占地面积大，投资和运行费用较高等，从而制约了湿法烟气净化工艺在垃圾焚烧发电厂中的应用。但此法能满足严格的酸排放要求，目前在国内经济发达地区和对污染物排放非常严苛的地区，在生活垃圾焚烧烟气净化中已有采用，该工艺成熟可靠。近年来，随着人们对环境的日益关注，排放要求不断严格，在国内很多区域湿式洗涤法的应用也在不断开展。

4.3.3 干法脱酸

干法脱酸是用压缩空气将碱性的固体粉末直接喷入烟道或烟道上的某段反应器中，使碱性粉末与烟气中的酸性成分充分接触反应，从而达到中和烟气中的酸性污染物的目的。

干法净化烟气技术对污染物的去除效率相对较低，为了有效控制酸性气态污染物的排放，必须增加固态吸收剂在烟气中的停留时间，保持良好的湍流度，使吸收剂的比表面积足够大。干法烟气净化所用的吸收剂以 $Ca(OH)_2$ 粉末居多。干法烟气净化的工艺组合形式一般为吸收剂通过管道喷射，并辅以后续的高效除尘器。在烟气进入袋式除尘器的烟道上，设有消石灰和活性炭喷入口，喷入 $Ca(OH)_2$ 粉末和活性炭粉末。喷入 $Ca(OH)_2$ 粉末的目的在于去除烟气中的酸性气体，使得 HCl 和 SO_x 排放浓度达到标准。喷入活性炭粉末用以去除烟气中的重金属和二噁英、呋喃。有害气体二噁英、呋喃是在焚烧垃圾过程和化学反应中产生的。残留的二噁英、呋喃在进入除尘器前，被多孔且吸附力较强的活性炭所吸附。图 4-5 为干法脱酸工艺流程图。

干法烟气脱硫的特点是：反应在无液相介入的完全干燥状态下进行，反应产物为干粉状，不存在腐蚀、结垢问题，可直接进行最终的处理。另外，整个流程设备简单，投资小，占地少，施工期短，操作水平要求较低。干法净化烟气系统的缺点是对污染物的去除效率比湿法烟气处理系统要低，仅 30%～60%，吸收剂的消耗量较大，产生的反应物及未反应物量大，需要最终处置的飞灰量也较大。

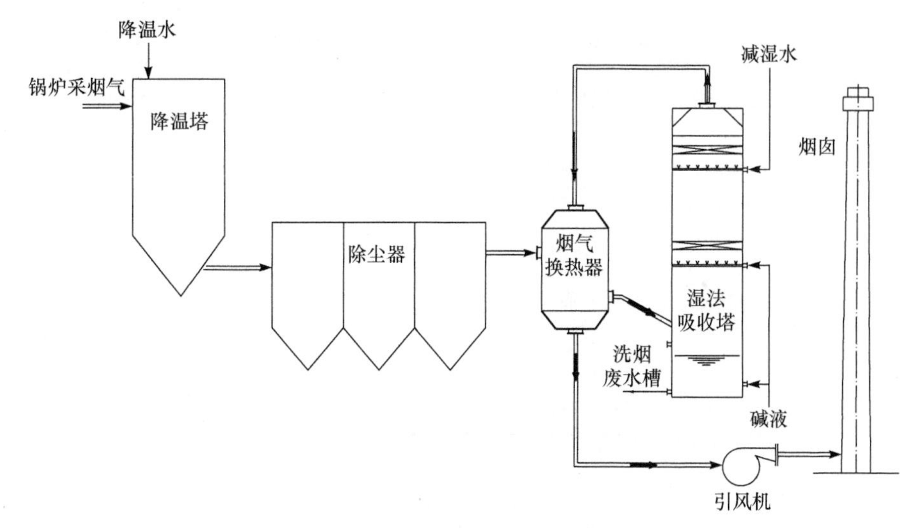

图 4-5　干法脱酸工艺流程图

近几年来，国外发达国家在干法烟气净化设备开发方面不断改进，提高了污染物的净化效率，因而该工艺仍有一定的实用性。

4.3.4　脱酸工艺比较

垃圾焚烧中产生的酸性气体有 HCl、SO_2 和 HF，脱除酸性气体的方法概括起来可分为湿法、半干法、干法三种。它们对 HCl 的去除效率分别为 98%、90%、80%，对 SO_2 的去除效率分别为 95%、80%～90%、75%，对吸收剂消耗过量系数为 1、2、3。

显然，湿式洗涤法对酸性气体的去除效果较好。但由于湿式洗涤法存在污水处理问题，其系统的投资费用约为半干法系统的 1.75 倍，同时其操作和维修费用也相应增加。

干式脱酸法设备投资与半干法接近，但对酸性气体的去除效果较差。

半干法最大的特点是充分利用烟气中的余热，使吸收剂中的水分蒸发，净化反应产物以干态固体的形式排出，避免了湿法净化技术的缺点。

半干法工艺较成熟，设备简单，一次性投资较低。其优点为：净化效率高，流程简单，设备少；生成物易处理，无二次污染；控制系统温湿度，可避免设备腐蚀；不结垢、不堵塞；对负荷波动适应性好，吸收剂用量可按烟气中污染物浓度进行调节；操作方便，维修量小；水耗量少，占地面积小，性能良好。表 4-5 为几种脱酸工艺技术经济比较。

表 4-5　几种脱酸工艺技术经济比较

项目	湿法脱酸	半干法脱酸	干法脱酸
脱酸效率/%	90～99	80～90	60～85
投资占电厂总投资比重/%	15～20	10～15	4～7
钙利用率/%	>90	45～65	35～40
运行费用	高	较高	较低
设备占地	大	较大	小
灰渣状态	湿	干	干

4.4　烟气脱硝

4.4.1　氮氧化物的形成

氮氧化物(NO_x)对环境的损害作用极大，它既是形成酸雨的主要物质之一，也是形成大气中光化学烟雾的重要物质和消耗 O_3 的一个重要因子。

NO_x 的形成主要与炉内温度的控制及废物化学成分有关。燃烧过程中生成的 NO_x 有 3 种型式：

(1) 热力型 NO_x，是空气中的氮气在高温下氧化而生成的 NO_x，通常火焰温度在 1000℃以上时会大量生成，燃烧温度低时，NO_x 生产量很少。

(2) 燃料型 NO_x，是燃料中含有的氮化合物在燃烧过程中热分解、氧化而生成的 NO_x，其 NO_x 的生成主要取决于过剩空气系数，较少依赖燃烧温度。

(3) 快速型 NO_x，是燃烧时空气中氮和燃料中的碳氢化合物反应生成的 NO_x，与热力型 NO_x 和燃料型 NO_x 相比，它的生成量要少得多，可以忽略不计。

垃圾焚烧炉中 NO_x 一般以燃料型为主，体积分数约占总 NO_x 的 90%。

一般而言，降低废气中 NO_x 的方法可分成燃烧控制法、湿法及干法，其中，干法有选择性非催化还原(SNCR)法和选择性催化还原(SCR)法，以下分别介绍。

4.4.2　氮氧化物的脱除

1. 燃烧控制法

燃烧控制法是通过调整焚烧炉内垃圾的燃烧条件，降低 NO_x 生成量。采用燃烧控制来降低 NO_x 生成量，主要是考虑发生自身的脱硝作用，即经燃烧垃圾生成的 NO_x，在炉内可被还原为氮气(N_2)。在此反应中作为还原性物质，一般认为是由炉内干燥区产生的氨气(NH_3)、一氧化碳(CO)及氰化氢(HCN)等热分解物质。要使这种反应有效进行，除必须促进热分解气体的发生外，还必须维持热分解气体与 NO_x 的接触，并使炉内处于低氧状况，以避免热分解气体发生急剧燃烧。在现代垃圾焚烧厂中，采用控制燃烧温度、空气分级燃烧、优化二次风管喷嘴布置设计、合理设计焚烧炉型就是基于此原理。

通过燃烧控制抑制 NO_x 的生成或者将已生成的 NO_x 还原为 N_2，是减少 NO_x 排放的最为有效的手段，从运行经验看，通过有效的控制手段，垃圾焚烧产生的 NO_x 的原始浓度可控制在 300～400mg/Nm^3，此类控制手段主要如下：

(1) 控制焚烧区域温度，空气中的 N_2 通常在 1400℃与 O_2 反应生成 NO_x(即热力型 NO_x)，因此通过控制焚烧区域温度，减少局部过度燃烧，使焚烧区域温度低于 1400℃即可控制热力型 NO_x。

(2) 降低焚烧炉中 O_2 浓度，可通过调节助燃空气等方式降低高温区的 O_2 浓度，从而有效减少 N_2 与 O_2 的高温反应。此控制手段主要通过几种形式来实现：①低空气比，即降低燃烧过程的空气过量系数，保证垃圾能够完全燃烧但不足以生成大量的 NO_x；②调整燃烧空气的配给，即空气分级供给(一次风、二次风分级供给)，优化空气喷嘴布置及设计；③烟气再循环，即将烟气净化处理后的除尘器出口烟气作为助燃空气循环回到高温焚烧区域(主要是二次风)，稀释空气中的 O_2。

2. 湿法

湿法脱氮是用水或者酸、碱、盐的水溶液来吸收焚烧烟气中的氮氧化物，使烟气得以净化的方法，湿法去除 NO_x 与 HCl、SO_x 的湿法去除类似，但因 NO_x 中大部分成分一氧化氮(NO)不易被碱性溶液吸收，故需以臭氧(O_3)、次氯酸钠(NaClO)、高锰酸钾($KMnO_4$)等氧化剂将 NO 氧化成二氧化氮(NO_2)后，再以碱性液体中和、吸收；此外，欧洲各国也有利用 EDTA-Fe(Ⅱ)水溶液形成络合盐的方式吸收 NO_x。

1) 臭氧氧化吸收

采用 O_3 将 NO 氧化成 NO_2，然后用水溶液吸收：

$$NO + O_3 \longrightarrow NO_2 + O_2$$

$$2NO + O_3 \longrightarrow N_2O_5$$

$$N_2O_5 + H_2O \longrightarrow 2HNO_3$$

此法虽用水作吸收剂，但生成物 HNO_3 液体需经浓缩剂处理，而且臭氧的制取消耗电量大、运行电压高，投资及运行费用高；同时如操作不当，容易造成二次污染。

2) ClO_2氧化吸收

采用ClO_2将NO氧化成NO_2，然后用Na_2SO_3水溶液吸收，将NO_2还原成N_2：

$$2NO + ClO_2 + H_2O \longrightarrow NO_2 + HNO_3 + HCl$$

$$NO_2 + 2Na_2SO_3 \longrightarrow 1/2N_2 + 2Na_2SO_4$$

此法可以和采用 NaOH 作为脱硫剂的湿法脱硫相结合，而脱硫的反应产物Na_2SO_3又可作为还原NO_2的吸收剂：

$$2NaOH + SO_2 \longrightarrow Na_2SO_3 + H_2O$$

此法脱硝率可达95%，ClO_2可再生，且可同时脱硫，但ClO_2和NaOH的价格较高，使运行成本提高。

由于臭氧对大气存在危害，在国内有些地方(如山东)已明令禁止使用臭氧法。

同时，因为 NO 在水中的溶解度不高，需将其氧化为NO_2后进行吸收，而NO氧化为NO_2的成本很高，且反应生成的硝酸盐和亚硝酸盐溶液的回收和废水处理都很困难，以上因素都限制了湿法脱氮的工程应用，因此湿法脱氮在实际工程设计中应用并不多见。

3. 选择性非催化还原法

选择性非催化还原(SNCR)法又称热力脱硝，属于干法烟气脱硝技术。其原理是在O_2共存的条件下，在烟气的高温区加入NH_3或尿素等氨基还原剂，不需要催化剂就可以迅速与NO_x反应生成N_2和水，而且基本上不与烟气中氧反应。原理如下：

以NH_3为还原剂，其反应式如下：

$$4NO + 4NH_3 + O_2 \longrightarrow 4N_2 + 6H_2O$$

$$2NO + 4NH_3 + 2O_2 \longrightarrow 3N_2 + 6H_2O$$

$$6NO_2 + 8NH_3 \longrightarrow 7N_2 + 12H_2O$$

以尿素[$(NH_2)_2CO$]为还原剂，其反应式如下：

$$(NH_2)_2CO + H_2O \longrightarrow 2NH_3 + CO_2$$

$$4NH_3 + 6NO \longrightarrow 5N_2 + 6H_2O$$

$$2CO + 2NO \longrightarrow N_2 + 2CO_2$$

还原剂和氮氧化物的接触条件(如温度和反应时间)直接影响 NO_x 的去除效

率，反应的温度区域在 850～1100℃，且应有充分的反应时间，因此喷嘴的布置位置必须根据炉体形式、构造及烟道形状而定，该方法对氮氧化物的去除效率在 50%以下，若为了提高氮氧化物的去除率而增加药剂喷入量，未反应的氨会残留在烟气中，形成新的污染源并使烟囱排气形成白烟。而当温度较高时，NH_3 的氧化反应开始起主导作用：

$$4NH_3 + 5O_2 \longrightarrow 4NO + 6H_2O$$

SNCR 系统脱硝还原剂可选择液氨(NH_3)、氨水($NH_3 \cdot H_2O$)或者尿素[$(NH_2)_2CO$]，但在垃圾焚烧发电行业某些标准中，如《垃圾发电厂烟气净化系统技术规范》(DL/T 1967—2019)，明确禁止使用液氨作为选择性非催化还原法和选择性催化还原法的还原剂。还原剂的选择应在其安全性、可靠性、外部环境敏感度及技术经济比较后确定，常用还原剂特点详见表 4-6。

表 4-6　常用脱硝还原剂的特点

项目	液氨	氨水	尿素
品质要求	GB/T 536，纯度 99.5%以上合格品	GB 12268，浓度一般为 18%～30%	GB/T 2440，含氮量 46.3%以上合格品
还原剂费用	低	较高	高
运输费用	低	高	较高
安全性	有毒	有害	无害
储存条件	高压	常压	常压，固体
储存方式	液态	液态	固态
投资费用	低	较高	高
运行费用	低	较高	高
设备安全要求	应符合《危险化学品安全管理条例》等相关规定	应符合《危险化学品安全管理条例》等相关规定	无

在液氨供应方便、政策允许及安全措施完善的条件下，可选择液氨作为还原剂；在人口稠密的地区或液氨运输受限的地区，宜采用尿素作为还原剂，在氨水供应方便的地区，也可根据项目具体情况比较分析后选用氨水作为还原剂。垃圾焚烧和危险废物焚烧项目出于安全性考虑，SNCR 和 SCR 系统的还原剂一般采用氨水或尿素溶液。尿素原料便于运输和储存，安全可靠；但尿素冰点高，容易结块，尿素制备、储存及尿素溶液输送管道需设置伴热及保温，工艺相对复杂，且

对反应温度窗要求高；同时采用尿素作为还原剂易产生 N_2O、CO 和较高的氨逃逸率。采用氨水作为还原剂，其温度窗范围相对较宽，氨水储罐和输送管道不需设置伴热和保温，初期投资及运行费用相比采用尿素的工艺低，且工艺相对简单，但氨是一种易燃易爆、腐蚀性强的危险化学品，其储存要求相对高，需采用双层不锈钢材料。

SNCR 系统由还原剂制备及储存系统、溶液输送系统、混合系统及喷射系统组成。一定浓度的还原剂溶液(氨水或尿素)与软化水经管道混合器混合稀释后喷入炉内，稀释后的溶液(5%～10%)经喷嘴雾化为细小颗粒喷入焚烧炉炉膛，喷射孔一般可分多层设置，SNCR 控制系统可根据焚烧炉内燃烧状态及温度分布选择适合脱硝温度的喷嘴层，溶液雾化采用压缩空气雾化。同时喷嘴的雾化性能与流速根据锅炉的实际运行负荷和 NO_x 的浓度进行进一步的调整以满足系统要求。喷嘴配备有类似于快速接头的装备，在锅炉运行时可将喷头取出进行清洗。SNCR 工艺系统流程图详见图 4-6。

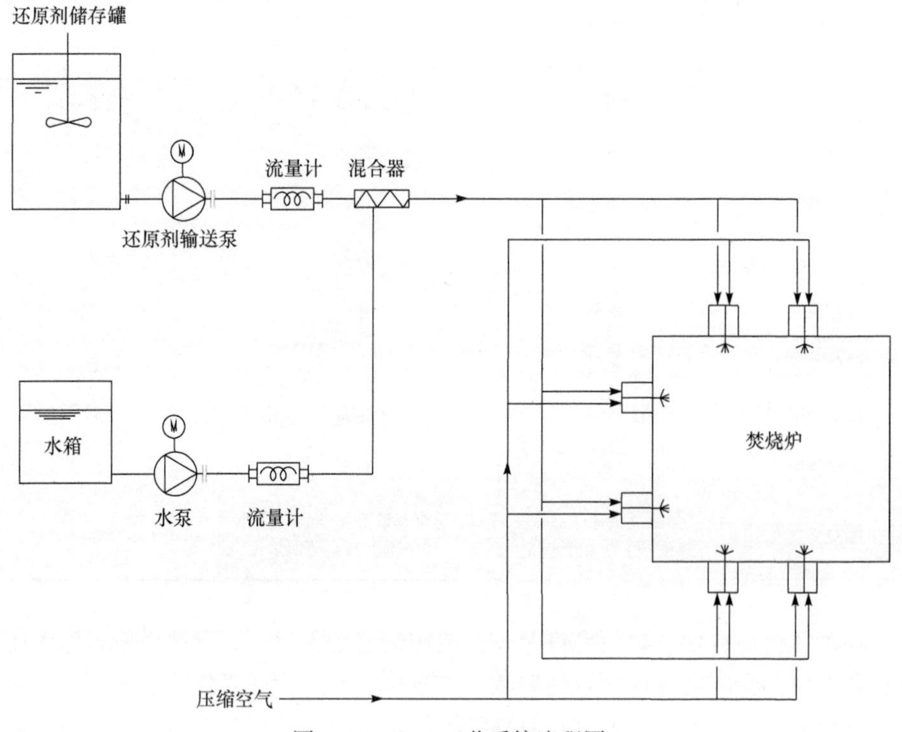

图 4-6　SNCR 工艺系统流程图

SNCR 作为另一类具有代表性的烟气脱硝技术。由于工艺简单，无催化剂系统，国内外都有一定的工程应用。其适用于 NO_x 原始浓度低，排放要求不高的地方。国内垃圾焚烧大多应用此技术。

4. 选择性催化还原法

选择性催化还原(selective catalytic reduction, SCR)法是目前国际上应用最广泛的烟气脱硝技术，是干法烟气脱硝技术的一种，其具有无副产物，不形成二次污染，装置结构简单，并且脱硝效率高(可达 90%以上)，运行可靠，便于维护，一次投资相对较低等诸多优点，得到了广泛的商业应用，在日本、欧洲、美国等国家或地区的大多数电厂基本都应用此技术，国内电厂脱氮主要采用此法。

1)SCR 反应机理

SCR 的化学反应机理比较复杂，主要是 NH_3 在一定的温度和催化剂的作用下，有选择地把烟气中的 NO_x 还原为 N_2，同时生成水。催化的作用是降低分解反应的活化能，使其反应温度降低至 200～450℃之间，其反应如下：

$$4NO + 4NH_3 + O_2 \longrightarrow 4N_2 + 6H_2O$$

$$NO + NO_2 + 2NH_3 \longrightarrow 2N_2 + 3H_2O$$

$$6NO_2 + 8NH_3 \longrightarrow 7N_2 + 12H_2O$$

其中反应第一式是主反应。因为烟气中的大部分 NO_x 是以 NO 的形式存在的，在没有催化剂的情况下，这些反应只能在很窄的温度范围内(850～1100℃)进行，通过选择合适的催化剂，可以降低反应温度，并可以扩展到适合垃圾焚烧厂实际工况的 180～230℃范围。在反应条件改变时，还可能发生以下反应：

$$4NH_3 + 3O_2 \longrightarrow 2N_2 + 6H_2O$$

$$2NH_3 \longrightarrow N_2 + 3H_2$$

$$4NH_3 + 5O_2 \longrightarrow 4NO + 6H_2O$$

NH_3 的分解和 NH_3 氧化为 NO 的反应都在 350℃以上才能进行，450℃以上才能剧烈反应。在一般的选择性催化还原工艺中，反应温度常控制在 300℃以下，这时仅有 NH_3 氧化为 N_2 的副反应发生。

但是在某些条件下，SCR 系统中还会发生不利反应。

2) 催化剂

SCR 技术的关键是选择优良的催化剂。催化剂也称触媒，分为贵金属催化剂、金属氧化物催化剂和分子筛催化剂，其中金属氧化物催化剂应用最为广泛。从结构上分，催化剂有蜂窝式和板式两种，蜂窝式催化剂具有模块化、比面积大、全部由活性材料构成的优点，而板式催化剂不易积灰、对高尘环境适应力强、压降低、比表面积小。为了防止催化剂堵灰，一般在反应器内设置蒸气吹灰装置。

催化剂的外表面积和微孔特性很大程度上决定了催化剂的反应活性。V_2O_5的活性好、表面呈酸性，容易将碱性的NH_3捕捉到催化剂表面，其特定的氧化优势有利于将氨和NO_x转化为氮气和水，并且工作温度较低(350～450℃)，能在富氧环境下工作，抗中毒能力较强，可负载在SiO_2等氧化物中。电厂所用的V_2O_5催化剂大都是负载在锐钛矿晶型的钒氧化物，辅以钨与钼为助催化剂，一般做成蜂窝形状或敷于陶瓷介质上。

SCR 催化剂形式及特性如下：

(1) 蜂窝式催化剂是以二氧化钛为载体，以钒为主要活性组分，将载体与活性成分等物料充分混合，经模具挤压成型后煅烧而成的，比表面积大；

(2) 板式催化剂是以金属板网为骨架，以玻璃纤维和二氧化钛为载体，以钒为主要活性组分采用双面碾压的方式将载体、活性组分与金属板网结合，后经成型、切割、组装和煅烧而成的；

(3) 波纹板式催化剂是以玻璃纤维为载体，表面涂覆活性成分，或通过玻璃纤维加固的二氧化钛基板浸渍钒等活性组分后，烧结成型的，密度小。

催化剂的选择应遵循以下原则：

(1) 应遵循脱硝效率高、选择性好、抗毒抗磨性强、阻力合适、运行可靠的原则，应优先选择压降小、可再生利用的催化剂，最大程度地适应燃烧工况和运行条件；

(2) 应定期去除催化剂测试块进行性能测试，其化学寿命和机械寿命应满足催化剂运行管理的要求；

(3) 催化剂的节距等设计参数应根据烟气中的灰分等条件进行调整，综合考虑性价比。

3) SCR 脱硝工艺

由于焚烧烟气中的硫氧化物和氯化氢可能造成催化剂活性降低及粒状物堆积于催化剂床层，从而造成催化剂中毒及堵塞，因此垃圾焚烧烟气处理设计时往往将 SCR 系统设置在脱酸和除尘设备之后。SCR 催化剂反应温度为 200～400℃，而焚烧烟气处理中袋式除尘器出口温度在 150℃左右，因此 SCR 系统需设置烟气-烟气换热器(GGH)和蒸汽-烟气换热器(SGH)两级换热，将烟气温度提升至 200～400℃。袋式除尘器出口烟气进入 GGH 与 SCR 反应器出口的热烟气换热，温度达到 200℃左右，再进入 SGH 通过蒸汽换热，烟气温度达到催化剂要求温度后进入 SCR 反应器进行脱硝反应。SCR 反应器可设置多层催化剂，同时设置喷氨系统和吹灰系统。加热后烟气进入 SCR 反应器内，与喷入的还原剂(氨水或尿素)混合，在催化剂的作用下将NO_x还原为N_2和H_2O。SCR 工艺系统流程图详见图 4-7。

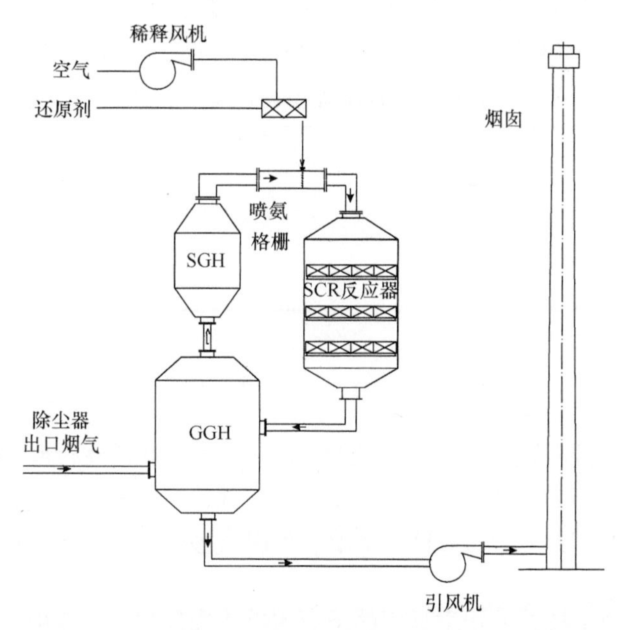

图 4-7　SCR 工艺系统流程图

实践证明 SCR 是一种很有效的脱氮方法，但目前应用中主要存在以下问题：

(1) 催化剂长期运行工况不明，且价格昂贵；

(2) SCR 催化剂反应温度为 200～400℃，200℃催化剂应用较少且工况不稳定，导致烟气需要额外升温，耗能巨大，运营成本居高不下；

(3) 催化剂失活后需作为危险废物处理。

4.4.3　脱硝工艺比较

经过几年的发展与研究，目前运用比较广泛、体系比较成熟的烟气脱硝技术主要集中在 SCR 和 SNCR 两种工艺上。从原理上讲，SCR 和 SNCR 在化学反应上几乎没有区别，都是通过在烟气中喷入还原剂(液氨、氨水或尿素)，在合适的温度情况下，与烟气中的氮氧化物发生还原反应，最后将氮氧化物转化成氮气和水蒸气。不同之处在于温度，通常情况下，SNCR 是在 850～1100℃的高温情况下有选择地进行还原反应；而 SCR 是在 200～400℃的范围内进行还原反应，但需要催化剂作用。与不采用催化剂进行反应的 SNCR 工艺相比较，SCR 的优点是脱硝率高，反应温度较低；其缺点是投资成本和运行费用比 SNCR 高。经过探索和研究发现，如果想达到全面应用氮氧化物低燃烧，SCR 和 SNCR 这两种技术共同作用，完成脱硝，能够在初投资费用相当的情况下，显著减少运行费用，有效做到成本控制，原因是减少了催化剂和还原剂的用量。就目前年代相对久远的老机组而言，这种方式是在经济性和适用性两方面都比较合适的选择，因此这种脱硝方法也逐渐流行起来。表 4-7 为常用的几种脱硝工艺的比较。

表 4-7　几种脱硝工艺技术经济比较

技术	脱硝效率/%	工程造价	运行费用
低 NO_x 燃烧技术	25～40	中等	低
SNCR	25～50	低	中等
SCR	70～90	高	高

4.4.4　发展趋势

脱硝技术的催化剂对于进口的依赖性较大，致使脱硝运行成本较高，尽管国内已建设了催化剂的生产基地，但由于均为国外技术，甚至原料也要进口，因而制约着脱硝产业的发展；失效催化剂属于危险废物，对它的处理处置也是一个比较棘手的问题。

目前，笔者主持的课题组承担的国家重点研发计划重点专项“有机固废高效清洁稳定焚烧关键技术与装备”课题三“多种烟气污染物协同净化超低排放技术及装备研究”(2018YFC1901303)正在研制自主知识产权的兼顾低温脱硝活性和二噁英降解效率的复合催化剂，目前已进入中试阶段，取得可喜的成效，可望大幅度降低脱硝运行成本。

4.5　除 尘 技 术

我国火电厂燃煤过滤烟气除尘，主要采用电除尘器、文丘里洗涤器、斜板栅湿式洗涤器、多管旋风除尘器和水膜除尘器等。而垃圾焚烧电厂主要采用袋式除尘器，电除尘器在国外作为多级高效除尘中的一环也有应用实例。因此本节主要就袋式除尘和电除尘进行分析。

4.5.1　袋式除尘

1. 袋式除尘器特性

随着现代社会经济的高度发展，烟气粉尘排放污染问题日益受到重视，排放控制要求越来越高。近年来，袋式除尘器技术发展迅速，滤料及配件性能不断地提高，滤袋的使用寿命得到延长，袋式除尘器适用性越来越广，在电力、水泥、钢铁、冶金和化工等行业得到普遍应用。在工业烟尘治理过程中，与静电除尘相比，在一些比电阻高、颗粒微细、成分特殊的粉尘场合，选用袋式除尘器可以保证烟气高效、稳定、微量排放。所以袋式除尘器是一种较理想的高效除尘设备，其排放浓度可以实现≤ $5mg/Nm^3$。

含尘烟气经过袋式除尘器滤袋时，主要以筛分作用为主，同时存在惯性碰撞、截留、扩散等短程物理作用，以及某些特定条件下的静电和重力作用，将粉尘阻留在滤袋表面实现粉尘与气体的固气分离，达到净化烟气的目的。烟气穿过滤袋的运动过程中，粒径大于 30μm 的颗粒物，直接通过筛分作用被捕集；粒径大于 1μm 的颗粒物通过直接撞击或是偏离气体绕流流线而撞击到滤袋纤维上，从而发生碰撞或拦截效应被捕集；粒径 0.01～0.2μm 的颗粒物主要通过气体分子的热运动即颗粒物的布朗运动进而均匀分布于气体中间而发生扩散效用被捕集。当粉层达到一定厚度后，滤袋的阻力会上升、透气性下降，此时通过清灰装置使粉层剥落沉降，恢复滤袋的阻力，所以袋式除尘器所做的是一种周期性收集粉尘和清灰的工作。一般而言，其去除粒子大小在 0.05～20μm 范围，压力降在 1～2kPa，除尘效率可达 99%以上。布袋众多时，可分成不同的独立区域，便于布袋清洁及替换。部分高分子纤维制成的布袋，可在 250℃左右使用，并且可以抗拒酸、碱及有机物的侵蚀。有些设计在启动时间使用吸附剂，目的是让吸附剂附着于滤袋表面，通过滤饼表面过滤和反应去除尾气中的污染气体，同时防止焦油等黏性物质黏附在滤袋表面堵塞滤孔。

袋式除尘器由排列整齐的过滤布袋组成，布袋的数目由几十个至数百个不等。焚烧烟气进入袋式除尘器时，气态物质通过滤料层进入净气室内，而夹杂在气体中的颗粒物将截留在滤料外表层上并形成滤饼，同时以气态形式存在的部分污染物(如 SO_2、HCl 等)通过滤料时亦与附着在滤料表面的 $Ca(OH)_2$ 反应，从而达到除尘和部分脱酸的目的，再定时以振动、气流逆洗或脉动冲洗等方式清除。影响袋式除尘器除尘效率的主要因素如下：

(1) 粉尘本身的特性，如颗粒物的浓度、粒径分布、密度以及黏性等；

(2) 袋式除尘器本身的结构特性，包括清灰方式、花板、分室结构、脉冲阀、卸灰阀、气包等；

(3) 滤袋特性，主要包括滤袋材质、厚度、长度、直径、编织方法、表面处理方式等；

(4) 运行参数，主要包括过滤风速、气流阻力、烟气温度、烟气流量、清灰周期等。

2. 滤料

滤料是袋式除尘器的主要组成部分之一，袋式除尘器的性能在很大程度上取决于滤料的性能。滤料的性能，主要指过滤效率、透气性和强度等，这些都与滤料材质和结构有关。

滤料应当根据含尘烟气的物理化学性质、气体温度、湿度及颗粒物的粒径、黏结性、腐蚀性等特点来选择，除尘器滤料应当具备过滤效果好、容尘量大、透气性好、耐腐蚀、耐高温、机械强度好、抗皱性能好、吸湿性好、容易清灰、造价低、使用寿命长等特性。表 4-8 为常用的滤料材质及代号。

表 4-8　常用滤料材质及代号

材质	通用名称	代号
棉	棉	Co
毛	毛	Wo
麻	麻	J
聚丙烯	丙纶	PP
聚酯	涤纶	PE
聚丙烯腈	腈纶	A
聚乙烯醇	维纶	PVA
聚氯乙烯	氯纶	PVC
聚酰胺	锦纶、尼龙	PA
芳香族聚酰胺	芳纶	H
碳纤维	碳纤维	CA
聚四氟乙烯	特氟纶	F(PTFE)
玻璃纤维	玻纤	G
金属纤维	金属纤维	M

垃圾焚烧项目除尘器一般年运行时间达 8000h，进入除尘器的烟气温度正常在 150～160℃，最高达 240℃左右，烟气中含水量高达 20%以上，水分高且不稳定，同时含有少量的酸性污染物及其他微量污染物。因此焚烧烟气除尘时应选择耐高温、高湿，抗化学侵蚀和抗物理损伤性强的滤料，目前应用广泛的有玻纤覆膜、PPS、P84、PTFE 等。

3. 袋式除尘器清灰方式

袋式除尘器依据所清除附着在滤袋上粉尘的方式，分为以下三种：

(1) 机械振打清灰，其特点是利用机械传动机构，轮流振打各组滤袋，以清除滤袋上附着的粉尘。此种清灰方式由于滤袋经常受到机械力的振打作用，容易破损，故滤袋的寿命短、维修工作量大。

(2) 气环反吹清灰，主要是以高速气体通过气环反吹滤袋的方法达到清灰的目的。它适用于高浓度和较潮湿的粉尘，也能适应空气中含有水汽的场所，但是滤袋极易磨损。

(3) 脉冲喷吹清灰，脉冲喷吹清灰是通过周期性地向滤袋内喷吹压缩空气来达到清除滤袋上附着的粉尘的目的，它具有效率高、处理风量大等优点，而且由于没有运动部件振打清灰，故滤袋损伤较小。

前两种方法，废气均自滤袋内向外流动。粒状污染物累积于滤袋的内层，滤袋两端固定，除尘器内区分为若干个区室，每个区室的滤袋需要清除粒状污染物时，可采用离线方式，停止该区室的进气，以便清除布上附着的粒状污染物。

使用脉冲喷吹清灰系统的袋式除尘器，均采用外滤式，即废气自滤袋外表面向滤袋内部流动，粒状污染物累积于滤袋的外表层形成滤饼，滤饼暂时固定在滤袋上，待滤饼累积到一定厚度后，除尘器过滤阻力增加，需要清除附着在滤袋表面上的滤饼，此时由脉冲控制仪发出信号循序打开电磁脉冲阀，使气包内的压缩空气(称为一次风)由喷吹管喷射到对应的文氏管，并在高速通过文氏管时，诱导数倍于一次风量的周围空气(称为二次风)进入滤袋，造成滤袋瞬间急剧膨胀，由于脉冲喷射的时间很短，脉冲气流的冲击作用很快消失，滤袋又急剧收缩，这样反复地膨胀、收缩使积附在滤袋外壁上的粉尘滤饼被清理下来，掉落至灰斗中，使滤袋得到清洗。由于清灰是依次分别进行(一般为 10～13 条滤袋组成一个清灰单元)，并不需要切断待处理的含尘烟气，所以在清灰过程中，除尘器的处理能力保持不变(称为在线清灰)。除尘器脉冲清灰的间隔、脉冲的时间、清灰周期可根据粉尘性质、含尘量、过滤风速、除尘器进出口压力降等因素调整。

滤袋长度设计受制于喷入气体压力的极限，为了维护清洗效果，一般均小于 8m。使用逆洗及脉冲式清除法的滤袋，其内部必须加装环型或直线型钢线，以防在清洗或正常操作时，施于滤布外的压力使滤袋坍陷。当滤袋使用过久时会发生破损，必须置换。

4. 袋式除尘器存在的问题

(1) 除尘器选型不当：一个袋式除尘系统是由多个高技术的独立系统配置而成的。袋式除尘器看似简单，但要做得好、用得好，其技术性仍然很强。如果选型不当也会在除尘设备的应用过程中产生各种问题，主要表现在：①滤料的工作寿命低于质量保证；②除尘器的阻力超过原来的设计值；③设备故障多，管理麻烦，作业率低；④电气控制紊乱甚至无法工作。

(2) 阻力偏大、能耗偏高：在正常运行情况下，中小型除尘器过滤面积$<1000m^2$时，运行阻力为 1000～1500Pa，大型除尘器的阻力为 1200～2000Pa，但是目前运行中的袋式除尘器有相当数量超过这些数值，这是不正常的。除尘器耗能量

是压力与流量的乘积，压力高 1 倍，流量不变则耗能多 1 倍。1 台处理能力为 106m^3/h 的除尘器如果阻力偏高 500Pa，则每年多消耗电能费用约 200 万元。运行阻力偏高的原因有：①没有根据具体情况对除尘工艺进行设计，导致应用中阻力高，运行困难；②清灰不良；③除尘器气流不均匀，流场不合理，结构阻力偏高。

(3) 滤袋寿命短：滤袋的寿命关系到维护管理费用和除尘效果高低。在除尘设备正常运行的条件下，国产普通滤袋的使用时间应达到 2～3 年，玻纤滤袋应达到 1～2 年，覆膜滤袋寿命更长，但是实际情况并非如此。滤袋寿命偏短的一个原因是滤袋质量欠佳，如石灰窑袋式除尘器用国产滤袋寿命不到 1 年，更换进口滤袋后滤袋寿命延长 2～3 倍；另一个原因是运行参数不合理，如滤速偏高、滤袋布置不合理、清灰不良等。

(4) 配套件质量差：与袋式除尘器配套的机电产品及材料形式少、功能不齐，如国产电磁阀性能不好、寿命短；气缸寿命短、动作缓慢；电动蝶阀电动头、电动推杆的故障率偏高；卸灰阀、输灰设备寿命短；刮板输送机链条每 1～2 年就要更换一次；密封垫料、胶合料品种单一，抗老化性能差，缺乏特色产品；国产电器元件、仪器仪表质量差，与进口产品相比差距较大。

4.5.2 电除尘

1. 适用范围

电除尘器是利用电力作用清除气体中的固体或液体粒子的除尘装置，电除尘器的工作原理主要是使粉尘荷电后，带电粉尘在电场力的作用下富集在集尘极上，从而达到粉尘从烟气中分离的目的。电除尘器内设有电晕电极和集尘极。电晕电极提供高压直流电，集尘极接地。当高压直流电超过临界电压时，电晕电极周围产生电晕电场，同时使电晕电极周围的烟气电离，产生阳离子和阴离子。含尘烟气通过两电极区时，粉尘表面荷电即向不同极性的电极移动。由于和电晕电极相同极性的离子移动距离大及和粉尘接触机会多，所以绝大部分粉尘向集尘极移动，当粉尘和集尘极接触后，粉尘上的离子通过地线导走而呈中性黏附在集尘极上，然后依靠自重或振打装置将粉尘振落于灰斗中。

电除尘器能有效去除工业尾气中所含的粉尘及烟雾，可分为干式电除尘器、湿式电除尘器及湿式电离洗涤器三种。

湿式电除尘器为干式电除尘器的改良形式，使用率次之；湿式电离洗涤器发展虽然较晚，但是它除了不受电阻系数变化影响外，还具有酸气吸收及洗涤功能，是美国危险废物焚烧系统中使用最多的粉尘收集设备之一。

2. 干式电除尘器

干式电除尘器由排列整齐的集尘板及悬挂在板与板之间的电极组成，利用高压电极所产生的静电电场去除气体所夹带的粉尘，电极带有高压(40kV 以上)负电荷，而集尘板则接地线。当气体通过电极时，粉尘受电极充电带负电荷，被电极排斥而附着在集尘板上。

电除尘器要求粉尘比电阻在 10^5～$10^{10}\Omega \cdot cm$。当粉尘比电阻小于 $10^5\Omega \cdot cm$ 时，粉尘荷电后向集尘极移动，当其和集尘极接触时立即失去电荷，同时获得与集尘极同极性的电荷，受同极性电荷的排斥而脱离集尘极重返气流中，从而降低除尘效率。

粉尘比电阻大于 $10^{10}\Omega \cdot cm$ 时，粉尘荷电后向集尘极移动，当其和集尘极接触后很难释放出电荷，在集尘极上形成一个与电场极性相反的电位差，从而产生反电晕现象。电晕电极上的粉尘，如振打不良而黏结在电晕电极表面达一定厚度，产生电晕闭锁现象，均导致除尘效率降低。由于粉尘粒子的电阻系数受温度变化影响很大，因此操作温度必须设定在设计温度范围之内，否则会造成除尘效率降低。

电除尘器入口粉尘超过一定数量后，电除尘器内空间电荷数量过多，严重抑制电晕电流的产生，粉尘不能继续获得足够的电荷，从而降低除尘效率。一般电除尘器入口含尘量不能大于 $50g/Nm^3$。

干式电除尘器发展较早，普遍应用于传统工业尾气处理中。电除尘器的功能仅限于固态粉尘粒子的去除，它无法去除废气中的二氧化硫及氯化氢等酸性气体，也不适于处理含爆炸性物质的气体，电除尘过程中经常会产生火花。

3. 湿式电除尘器

湿式电除尘是干式电除尘的改良形式。相比干式电除尘器，湿式电除尘器增加了一个进气喷淋系统及湿式集尘面板，因此不仅可以降低进气温度，吸收部分酸性气体，还可以防止集尘板面尘垢的堆积。其优点是除尘效率不受烟气中粉尘比电阻的影响，同时具有去除酸性气体的作用，耗能少，可以有效去除微细的颗粒物粒子，但其受气体流量变化的影响较大，同时产生大量废水需进一步处理。目前仅有少数危险废物焚烧的烟气处理系统采用湿式电除尘。

4. 湿式电离洗涤器

湿式电离洗涤器是由电除尘技术与湿法洗涤技术结合发展而来的，它主要是由一个高压电离器及交流式填料洗涤塔组成的。当气体通过电离器时，粉尘因被充电而负电，负电粒子通过洗涤器时，在引力的作用下与填料或洗涤水滴接触而附着，由此实现气固分离，附着于填料表面的粉尘粒子则随洗涤水排出。其集尘效率高、能耗低，除尘效率受捕收气体流量影响，适用于烟气流量变化大的危险废物的焚烧烟气处理，但是其废水产生量较大，必须进一步处理。

5. 存在问题

(1) 振打清灰：一是振打系统故障频繁，二是振打清灰效果差。这 2 个问题归根到底都会引起阴极、阳极积灰严重，直观表现为运行电压低、电流小、闪络频繁，这是该系统除尘器故障频率较高，影响除尘器良好运行的主要问题。

(2) 气流分布不均：进口气流分布板大面积脱落，造成气流分布不均匀，降低了除尘效率，而且脱落的气流分布板常常会引起电场其他故障，影响电场安全运行，如脱落的分布板引起电场阴阳极短路搭桥，高速气流的冲刷引起极丝断线等故障。

(3) 高压绝缘件的问题：高压绝缘件的绝缘性能下降，电场电压升不高，除尘效率下降，在阴雨天尤其明显。

(4) 阴极线放电性能差：电晕线尖端普遍结绿豆大的小球，放电性能差，电场时有断线情况发生，断裂后的极线搭接在极板上形成电场短路。

(5) 壳体密封与保温性能差：漏风不仅会增加电除尘器的烟气处理量，而且会由于温度下降出现冷凝水，引起电晕线肥大、绝缘套管爬电和腐蚀等后果。

(6) 操作、维护和管理水平要求高。

4.5.3 除尘工艺比较

电除尘器和袋式除尘器均可达到废气粒状污染物排放标准目标，但电除尘器效率再提高的可能性不大，而袋式除尘器如采用聚四氟乙烯 (PTFE) 薄膜滤料，则粒状污染物可降至 5mg/m^3 以下。袋式除尘器对微小粒状物的捕集效果良好，对重金属、二噁英、呋喃等毒性物质具有较高的脱除效率。国外已发现电除尘器内有二噁英与呋喃的再合成现象。因此，采用袋式除尘器，排烟中 Hg 和 Cd 的浓度可达到 0.2mg/m^3，而电除尘器一般只能达到 1mg/m^3。

另外，当排放标准要求较高时，可在系统中添加活性炭，增加对重金属的吸附，然后其被袋式除尘器捕集，而不需要对系统作重大改动。除尘器的布袋由于采用 PTFE 材料，既能明显减小压力损失，又能提高对酸性物质控制要求的适应性。所以采用袋式除尘器显然比电除尘器有利。其不足之处是滤袋寿命较短、维护工作量较大，致使其日常运行费用略高于电除尘器。另外，袋式除尘器对进入烟气的温度要求比较严格，烟温过高，滤袋损坏。烟温过低，烟气中的酸气冷凝成酸滴，滤料受腐蚀而损坏。

两种除尘器的性能比较见表 4-9。

表 4-9　袋式除尘器、电除尘器性能比较

项目	袋式除尘器	电除尘器
效率/%	＞99.99	＞99.95
风速/(m/s)	＜0.02	＜1
压力损失/Pa	1000～2000	200～300
耐热性	耐热性较差，＜260℃	耐热性强，约 350℃，最高 500℃
对烟气成分的适应性	好	差
脱除二噁英	较好	差，存在二噁英的再次合成
耐酸碱性	需选择适当的滤料	好
动力费用	略高	略低
运行费用	较高	较低
使用年限/a	30(滤袋 3～5)	30

4.6　重金属和二噁英控制技术

4.6.1　重金属控制技术

城市生活垃圾中多含有重金属物质，如防腐剂、杀虫剂及印刷油墨等的废容器及温度计、灯管、颜料、金属板、铅蓄电池、镍氢电池等，此种垃圾在焚烧过程中，随着温度的升高，垃圾中的部分重金属以气态形式随烟气排出。表 4-10为垃圾焚烧中重金属的来源、分布及危害。一般而言，垃圾焚烧厂烟气中所含重金属量的多少，与废物性质、重金属存在形态、焚烧炉的操作及空气污染控制方式有密切关系。

表 4-10　垃圾焚烧中重金属的来源、分布及危害

元素	可能来源	危害性	分布形态
Zn	干电池、颜料涂料、防腐剂、金属表面剂等	引起发育不良，新陈代谢失调	ZnO、$ZnCl_2$
Pb	废电池、塑料制品、涂料、农药等	慢性中毒，危害神经、造血及循环系统	PbO、$PbCl_2$
Cd	电镀制品、涂料、PVC 制品等	生物体内累积性强，引发贫血、痛痛病	Cd、CdO、$CdCl_2$
Cu	电线、电镀制品、玻璃、陶瓷制品等	长期摄入会造成肝中毒、刺激消化系统	CuO、$CuCl_2$
Cr	涂料、皮革、金属表面剂、化学药品等	对皮肤、呼吸道、细胞和遗传造成危害	Cr_2O_3、$CrCl_2$
Hg	日光灯管、含汞电池、电器用品等	容易累积在肾、肝脏及大脑，造成中枢神经疾病	HgO、$HgCl_2$

1. 重金属物质焚烧后的特性

含重金属物质经高温焚烧后，一部分会因燃烧而挥发，其余部分则仍残留于灰渣中，而挥发与残留的比例则与各种重金属物质的饱和温度有关，饱和温度越高越易凝结，残留在灰渣内的比例也随之增高。由于废弃物经焚烧后形成多种氧化物及氯化物，因挥发、热解、还原、氧化等作用，而可能进一步发生化学反应，其产物包括元素态重金属，重金属氧化物及重金属氯化物等。元素态重金属、重金属氧化物及重金属氯化物在烟气中将以特定的平衡状态存在，且因其浓度各不相同，各自的饱和温度也不相同，从而构成了复杂的连锁关系。

由于含有大量的厨余、PVC 塑料等高含氯物质，我国垃圾中的氯含量较高，因此，燃烧产生的氯化作用的影响比较强烈。焚烧系统中存在的氯，特别是 HCl，可以与金属结合生成氯化物，改变其挥发性。部分金属氯化物的沸点比对应的单质和氧化物低，见表 4-11。Cl 对不同元素的影响程度不同，研究表明，Cl 对 Fe、Ni 等不易挥发金属的影响作用要强一些，例如，Ni 在焚烧炉中几乎不挥发，但与 Cl 结合生成氯化物时却会部分挥发。

表 4-11　重金属及其化合物沸点(℃)

重金属	单质	氯化物	氧化物
Zn	2732	1001	—
Pb	1740	950	886
Cd	769	960	1500
Cu	2595	620	1326
Cr	2672	1300	2266
Ni	907	732	1984

此外，当焚烧炉的燃烧室为还原性气氛时，难挥发的金属氧化物可能被还原成某种新的易挥发的物质，扩散进入烟气，经挥发而成为存在于烟气中的重金属物质(如镉及汞等)，当烟气通过热能回收设备及其他冷却设备后，部分重金属因凝结或吸附作用而易附着于细尘表面，可被后续的除尘设备去除，此种情况当烟气通过除尘设备时的温度越低时，其去除效率越佳。此种去除作用主要依据以下 3 种反应机理：

(1) 因温度降低而达到饱和，经凝结成粒状物后被除尘设备收集去除。

(2) 饱和温度较低的重金属元素虽无法充分凝结，但会因飞灰表面的催化作用而形成饱和温度较高且较易凝结的氧化物或氯化物，易于被除尘设备收集去除。

(3) 仍以气态存在的重金属物质，因吸附于飞灰上或喷入的活性炭粉末上而被除尘设备一并收集去除。

此外，因部分重金属的氯化物为水溶性，即使无法由于上述的凝结及吸附作用而去除，也可利用其溶于水的特性，经由湿式洗涤塔的洗涤液从烟气中吸收下来。早期的垃圾焚烧厂采用湿式洗涤塔的主要原因即是去除此类重金属。

2. 烟气中重金属物质的控制技术

固体废物焚烧厂空气污染控制设备可分为干法净化、半干法净化和湿法净化 3 大类。典型的干法净化流程由干式脱酸塔或半干式脱酸塔与袋式除尘器或静电除尘器相互组合而成；而典型的湿法净化流程则包括除尘器与湿式洗涤塔的组合。垃圾中含有的重金属物质经高温焚烧后，部分因挥发作用而以元素态及其氧化状态存在于烟气中，构成烟气中重金属污染物的主要来源；由于每种重金属及其化合物均有其特定的饱和温度(与其含量有关)，当烟气通过余热回收设备及空气污染控制设备而被降温时，大部分呈挥发状态的重金属，可自行凝结成颗粒或凝结于飞灰表面而被除尘设备收集去除，但挥发性较高的铅、镉及汞等少数重金属则不易凝结。

3. 提高烟气中重金属物质去除效率的措施

为满足日趋严格的重金属排放标准，传统的尾气污染控制设备已无法符合需要。此外，由于重金属物质固有的不可破坏性，燃烧作用只不过改变其相的状态或形成其他化合物。目前，笔者正主持研究国家重点研发计划课题“多种烟气污染物协同净化超低排放技术及装备研究”(2018YFC1901303)，设置的子课题有：①有机固废焚烧过程及烟气净化沿程污染物生成及迁变规律；②汞、铅、镉等重金属吸附与形态定向控制技术等内容。其中子课题 1 主要研究生活垃圾、污泥、渗沥液及一般工业固废等有机固废焚烧过程中 CO、NO_x、二噁英和重金属等烟气污染物的原始生成及排放特性；研究二噁英和重金属等关键污染物在余热利用和烟气净化过程中变化及迁变规律，掌握烟气相关因素对二噁英、重金属排放的影响机制；揭示烟气二噁英的空间分布规律和重金属迁移转化特性。子课题 2 主要研究有机固废组分及工况多变等条件的高效重金属吸附剂，研究其吸附特征及定向调控关键参数；根据各元素间亲和性、转化反应和温度窗口实现吸附反应的定向调控，促使易迁移的气态汞、铅、镉等重金属向更稳定的固相转变以被除尘设备捕集。目前研究已取得重大进展，有望对重金属从尾气净化控制转移至对前端价态和化合物进行控制。

在干法净化流程中，于袋式除尘器前喷入活性炭或于尾气处理流程尾端使用活性炭吸附，除可加强对汞金属的吸附作用外，也对烟气中微量有机物如 PCDDs/PCDFs 具有吸附去除的效果；在干法净化流程中也可喷入化学药剂与汞金属反应，如喷入雾化的抗高温液体螯合剂可达到50%～70%的去除效果，或在袋式除尘器前喷入 Na_2S 药剂，使其与汞作用生成 HgS 颗粒而被除尘系统去除。在湿式处理流程中，于洗涤塔的洗涤液内添加催化剂(如 $CuCl_2$)，促使更多水溶性的 $HgCl_2$ 生成，再以螯合剂固定已吸收汞的循环液，可确保吸收效果。

4.6.2　二噁英和呋喃控制技术

1. 二噁英及呋喃的理化特性及污染特征

二噁英，实际上是一些氯化多核芳香化合物的总称，分为多氯二苯并-对-二噁英(polychlorinated dibenzo-*p*-dioxins, PCDDs)和多氯二苯并呋喃(polychlorinated dibenzofurans, PCDFs)，总的英文简写为 PCDDs/PCDFs。PCDDs/PCDFs 是一类毒性很强的三环芳香族有机化合物，由 2 个或 1 个氧原子连接 2 个被氯取代的苯环组成。每个苯环上可以取代 0～4 个氯原子，所以共有 75 个 PCDD 异构体和 135 个 PCDF 异构体。

PCDDs 是由 2 个氧键连接 2 个苯环的有机氯化合物，具有三环结构，其结构式如图 4-8(a)所示。PCDFs 是一族多氯二苯呋喃化合物，其结构与 PCDDs 不同的是 PCDFs 只有一个氧原子连接苯环，其结构式见图 4-8(b)。

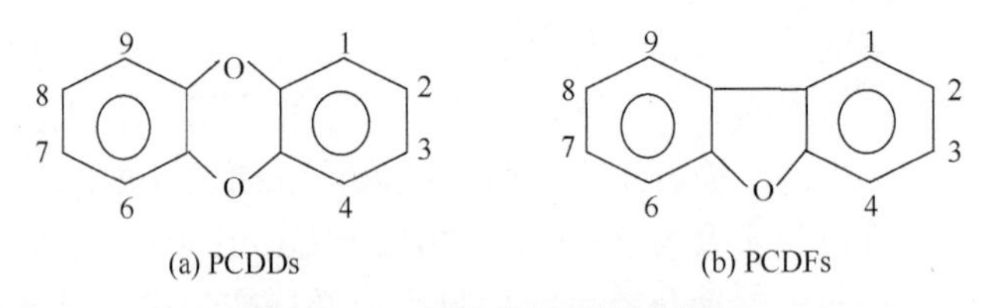

(a) PCDDs　　(b) PCDFs

图 4-8　二噁英分子结构示意图

PCDDs 及 PCDFs 按氯原子数目的不同(1～8 个)，分别有 75 种及 135 种衍生物，其中具有 1～3 个氯者不具毒性，故一般述及 PCDDs/PCDFs 时均指 4～8 个氯的 136 种衍生物，如果 2、3、7、8 位置与 Cl 结合，则称为 2,3,7,8-T_4CDD。它被认为是现有合成化合物中最毒的物质，其毒性比氰化物还要大 1000 倍。至于 PCDDs/PCDFs 浓度的表示方式主要有“总量”及“毒性当量”(toxic equivalent quantity，TEQ)两种。在分析含 PCDDs/PCDFs 的物质时，若将前述 136 种衍生物的浓度分别求出再相加即为“总量浓度”(以 ng/m^3、ng/kg 或 ng/L 表示)，若先将具毒性的各种衍生物按其个别的毒性当量系数(toxic equivalent factor，TEF)转换后再加总则为“毒性当量浓度”。其中毒性当量系数的确定主要以毒性最强的 2,3,7,8-T_4CDD 为基准(系数为 1.0)，其他衍生物则按其相对毒性强度以小数表示。不同有机氯化物的国际毒性当量因子列入表 4-12 中。

表 4-12　不同有机氯化物的国际毒性当量因子

同类化合物(同族物)	TCDD	TCDD 异构物	TCDF	TCDF 异构物
2,3,7,8-四氯化物	1.0	1	0.10	1
2,3,7,8-五氯化物-(1,2,3,7,8)	0.50	1	0.05	1
2,3,7,8-五氯化物-(2,3,4,7,8)	—	—	0.50	1
2,3,7,8-六氯化物	0.10	3	0.10	4
2,3,7,8-七氯化物	0.01	1	0.01	2
八氯化物	0.001	1	0.001	1

二噁英物化特性决定了其污染具有持久性、脂溶性和蓄积性的特点。科研工作者针对二噁英的毒性进行了广泛的毒理学研究，已经证实二噁英对人体健康有负面影响，最值得一提的是，暴露于高浓度的二噁英时皮肤会出现氯痤疮，其他影响包括皮疹、皮肤变色、体毛增多等，甚至可能导致肝脏病变。此外，对成年人而言，二噁英造成的可能威胁是癌症，有研究表明，长期在二噁英含量过高的环境下工作的工人得癌症的概率要高于其他人。

二噁英在环境中的来源主要包括两大类：第一类来自于自然界中，如森林和灌木起火是环境中 PCDDs/PCDFs 的一个重要来源。2000 年，美国环境内约 80%的二噁英来源于森林、灌木火灾和填埋场垃圾的露天焚烧。第二类主要来源于人们的生产活动，可分为工业来源和非工业来源。

各种排放源排出的二噁英，可以借助空气进行长距离的传输，因此世界各地都会有二噁英存在，以至于南极和北极的冰雪中都检测到了二噁英。

至今我国政府部门还没有建立环境中二噁英的排放数据库，二噁英研究在我国尚处于起步阶段。研究领域虽然已涉及二噁英的毒理、生成机理、污染来源、生物检测等领域，但所研究的范围还十分狭窄，研究机构也很有限，国内仅有为数不多的科研机构和环境检测中心在做这方面的研究及检测。

《关于持久性有机污染物的斯德哥尔摩公约》是联合国发起的限制和控制世界各国持久性难降解有毒有机污染物排放的协定，我国是最早签约国之一，2004 年 11 月 11 日对我国正式生效，我国削减和淘汰持久性有机污染物的工作进入了实质性履行阶段。然而目前我国垃圾焚烧过程的二噁英排放形势十分严峻，公众对此也非常关注。

2. 焚烧过程中二噁英及呋喃的生成机制

自 1977 年从荷兰阿姆斯特丹垃圾焚烧厂排放的烟气以及飞灰中检测到二噁英以来，各国研究者对其在垃圾焚烧中的机理进行了深入而广泛的研究。

通过各国研究者近 30 年来对二噁英生成机理的研究，现在普遍认为在垃圾焚烧中，二噁英相关的反应主要有 5 种情况，对应炉内 5 个反应区域。

区域 1 是预热区，主要是垃圾中原本含有的二噁英在 20～500℃的温度区域内会释放出来；含有的前驱物会通过低温反应生成二噁英，这里释放和生成的二噁英会在炉膛内高温区得到分解，对尾部排放影响不大(图 4-9)。区域 2 是炉膛反应区，在这个区域里，二噁英以及垃圾中的各种前驱物以高温分解为主，燃烧状况的好坏直接影响尾部二噁英的再生成。区域 3 主要为高温换热区，已有研究表明，在这个区域中二噁英反应以高温气相生成为主，生成的时间很短，并且生成量与区域 4、5 相比几乎可以忽略不计。区域 4 为低温换热区，反应以低温表面催化反应和重新合成反应为主。区域 5 是灰渣区，主要以重新合成反应为主。区域 4、5 是二噁英生成的主要区域，尤其是温度区间为 250～450℃的生成量占二噁英总生成量的 70%以上。

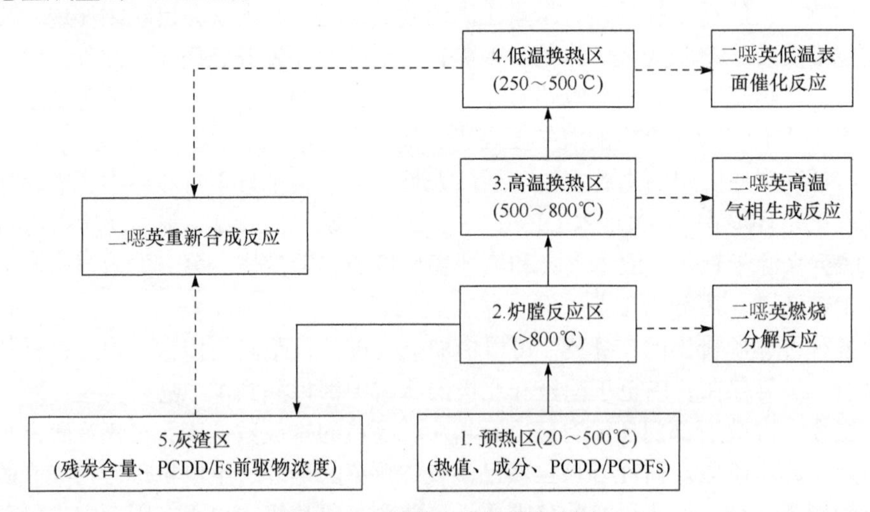

图 4-9　二噁英生成区域分布图

按照上述理论研究，废物焚烧过程中，PCDDs/PCDFs 的产生主要来自废物成分、炉内形成及炉外低温再合成三方面，分别说明如下：

1) 原生垃圾中固有的二噁英

最初认为垃圾在焚烧时产生的二噁英是由于垃圾本身含存的二噁英未完全破坏而被排放到了烟气或残渣中。

对实际垃圾焚烧厂二噁英的质量平衡试验证实，焚烧炉内燃后区域烟气中的二噁英含量远高于垃圾本身含有的二噁英含量，即二噁英是在垃圾焚烧以后重新生成，且同系物分布也明显不同。一般垃圾中含有的二噁英同系物以高氯代的为主，而烟气中则包括四至八氯代同系物，根据燃烧效率以及炉型的不同，垃圾在燃烧时，其本身含有的二噁英有 90.0000%～99.9999%得到降解。现代的垃圾焚烧炉设计时为控制二噁英的排放，都采用“3T”原则，即燃烧温度(temperature)保持在 850℃以上；在高温区送入二次空气，充分搅拌混合增强湍流度(turbulence)；延长气体在高温区的停留时间(time) > 2s。故在实际垃圾焚烧炉运行时，由第一种生成机理产生 PCDDs/PCDFs 的可能性最小。

2) 焚烧炉膛中生成的二噁英

垃圾在送入炉膛后，在高温条件下垃圾很快干燥，大块的垃圾在燃烧时可能会造成局部缺氧的状况，此时会生成不完全燃烧产物 (products of incomplete combustion，PIC)，燃烧时垃圾中几乎所有的有机氯和部分无机氯会以 HCl 的形式释放出来。由于氧的存在，HCl 部分会转化为 Cl 和 Cl_2，而这些氯源又可以氯化 PIC。在燃烧时，PIC 的氧化以及氯化反应是竞争反应，当氯化反应较氧化反应容易发生时，PIC 生成氯代的 PIC，然后通过聚合反应生成 PCDDs/PCDFs。

3) 燃烧后二噁英的合成

离开炉膛后的烟气中除了含有可能已经生成的二噁英以外，还携带有氯苯、氯酚或多氯联苯等(化学结构与二噁英类似)芳香族化合物和烯烃、炔烃等脂肪族类有机物，同时还有未燃烬碳存在，以及一些过渡金属(如 Cu，Fe 等)。这些物质从炉膛高温(850℃以上)冷却后发生聚合，通过分子重组催化反应生成二噁英，温度范围一般在 250～650℃，最大生成温度在 300℃左右，即低温异相催化合成(low temperature heterogeneous catalytic synthesis) 反应，包括前驱物(precursor)反应和从头合成(de novo)反应。

无论是前驱物还是从头合成反应都可以归结为飞灰表面的低温异相催化合成反应。飞灰表面是生成二噁英的主要反应表面，飞灰上的金属、金属氧化物或金属氯化物在促进二噁英生成途径中起着至关重要的作用。

3. 二噁英及呋喃的控制

为控制由焚烧厂所产生的 PCDDs/PCDFs，可从控制来源、减少炉内形成、避免炉外低温再合成和尾气脱除四方面着手。

1) 控制来源

生活垃圾中的氯源与二噁英形成之间的关联一直以来是有争议的，但是可以肯定的是垃圾中没有氯，就不会产生二噁英。因此，保证垃圾中不含氯，也是控制二噁英生成的措施之一。实际上垃圾中或多或少都会有氯存在，厨余中有无机氯，塑料中有 PVC 制品。但是采用垃圾衍生燃料(refuse derived fuel，RDF)进行燃烧已经被许多研究者证实可以减少二噁英的排放。通过分离设备如破碎机、空气分级器、磁力分离器或人工将生活垃圾中含铁和铝的金属、玻璃等分离出来，原生垃圾经过分拣，剔除了不可燃成分和水分，余下的可燃物质再经过打碎、压缩，制成 RDF。故 RDF 具有组成及热值相似即品质一致、比表面积大、金属含量低、燃烧快速及充分等特点，且 RDF 中的不燃成分、水分都已基本去除，可以保证垃圾能够稳定燃烧。因此，垃圾分类是减少来源的有效手段。

目前，笔者主持研究国家重点研发计划课题“多种烟气污染物协同净化超低排放技术及装备研究”(2018YFC1901303)，子课题 3 研发内容为：研究焚烧过程中 CO、NO_x 和二噁英减量技术，开发 NO_x 与二噁英协同脱除的复合催化剂。即通过研究有机固废焚烧过程中实现 CO、NO_x 减量的燃烧组织优化方法，开发价格低廉高效的新型硫氨基复合阻滞剂，实现二噁英的过程减量。研制 V-Ce-Ti 等复合基 SCR 催化剂材料，解析复杂烟气条件下 NO_x 与二噁英的同步脱除机制；通过调控配比、复合助剂掺杂改性及载体优选等研究，开发兼顾低温脱硝活性和二噁英降解效率的复合催化剂。有望从源头减少二噁英及前驱物的生成。

2) 减少炉内形成

为达到完全燃烧的目标，不仅要分解破坏垃圾内含有的 PCDDs/PCDFs，也要避免氯苯及氯酚等前驱物产生。为此，应在以下几个方面进行控制：

在燃烧室设计时采取适当的炉体热负荷，以保持足够的燃烧温度及气体停留时间、燃烧段与后燃烧段的不同燃烧空气量及预热温度等的要求；炉床上的二次空气量要充足(约为全部空气量的 40%)，且应配合炉体形状于混合度最高处喷入，即湍流度最大，喷入的压力也需能足够穿透及涵盖炉体的横断面，以增加混合效果；燃烧的气流模式宜采用顺流式，以避免在干燥阶段已挥发的物质未经完全燃烧即短流排出；高温阶段炉室体积应足以确保废气有足够的停留时间等；在操作上，应确保废气中具有适当的过氧浓度(最好在 6%～12%)，因为过氧浓度太高会造成炉温不足，太低则燃烧需氧量不足，同时也须避免大幅变动负荷(最好在 80%～110%)；在启炉、停炉与炉温不足时，应确保启动助燃器以达到既定的炉温等；对于 CO 浓度(代表燃烧情况)、O_2 浓度、废气温度及蒸汽量(代表负荷状况)等均应连续监测，并借助自动燃烧控制(automatic combustion control，ACC)系统回馈控制垃圾的进料量、炉床移动速度、空气量及一次空气温度等操作参数以达到燃烧的完全。

除了采取上述措施之外，目前笔者承担的国家重点研发计划重点专项“有机固废高效清洁稳定焚烧关键技术与装备”课题三“多种烟气污染物协同净化超低排放技术及装备研究”(2018YFC1901303)正在研究开发一种低廉高效新型硫氨基复合二噁英阻滞技术，研究工作取得了一定的成效，未来几年有望实现工业化生产。

3) 避免炉外低温再合成

由于目前多数大型焚烧厂均设有锅炉回收热能系统，焚烧烟气在锅炉出口的温度为 220～250℃，因此前述的 PCDDs/PCDFs 炉外再合成现象，多发生在锅炉内或在粒状污染物控制设备前。有些研究指出，主要的生成机制为铜或铁的化合物在悬浮微粒的表面催生了二噁英的前驱物质。

4) 二噁英的脱除技术

a) 急冷

急冷是以水为介质，使烟气快速通过二噁英的合成温度区间。急冷是从避开二噁英的合成温度出发来减少二噁英的生成。烟气降温速率的控制是关键，降温速率越高，二噁英的生成量越少。

b) 添加抑制剂

添加抑制剂是从降低氯含量和毒化催化剂的角度出发来切断二噁英的合成途径，该类抑制剂主要包括无机添加剂和有机添加剂。二噁英合成有三个必要条件，即氯、催化剂、合成温度，抑制氯或催化剂可有效减少二噁英的形成。

c) 物理吸附

目前物理吸附常用的是活性炭吸附，由于活性炭具有较大的比表面积，活性大，用量少，且蒸汽活化安全性高，故其吸附能力很强，不但可吸附 PCDDs/PCDFs，还可吸附 NO_x、SO_2 和重金属及其化合物。活性炭吸附工艺包括固定床、移动床和活性炭管道喷射三种，但固定床和移动床一般位于袋式除尘器之后，运行过程中容易出现活性炭颗粒磨损从而导致尾气粉尘超标，同时存在设备投资高，运行操作复杂的问题。活性炭喷射工艺是在袋式除尘器进口烟道内喷射活性炭粉末，吸附二噁英之后的活性炭通过袋式除尘器时被捕集在滤袋表面，该工艺克服了固定床和移动床的缺点，但活性炭消耗量相对较高，但是综合来看活性炭喷射物理吸附是最佳的工艺选择，采用活性炭吸附和袋式除尘器组合的方式已经被证实为最有效的控制烟气中二噁英排放的技术，当运行参数优化时二噁英的脱除效果为 97%～98%，可使烟气排放降至 0.1ng I-TEQ/Nm^3。目前国际上(包括中国)常用的去除烟气中二噁英的技术是活性炭喷射加袋式除尘器，这种技术可以比较方便地运用于实际工程，也可较容易地实现烟气中二噁英的浓度低于 0.1ng I-TEQ/Nm^3 的排放标准。

d) 催化分解

催化氧化分解法是利用催化剂在低温条件下氧化二噁英，具有分解效率高的优点，选择性催化还原(SCR)装置一般用于燃煤发电厂控制 NO_x 排放。二十世纪八十年代末，发现 SCR 装置也可用来脱除 PCDDs/PCDFs。目前，部分垃圾焚烧设施安装了 SCR，研究表明 SCR 在脱硝作用的同时具有分解二噁英的作用，分解产物为 CO_2、H_2O 和 HCl。在垃圾焚烧系统中，SCR 只能设在除尘装置之后，否则飞灰中重金属会使 SCR 催化剂中毒，丧失活性。同时，SCR 在低温范围的催化分解作用存在不稳定现象。

采用 Ti、V 和 W 的氧化物来催化分解二噁英等痕量有机污染物目前主要有两种应用类型。第一种是将催化剂附着在袋式除尘器滤料(滤筒)层内，即将催化分解与布袋除尘相结合的技术；第二种是在 SCR 脱出氮氧化物催化塔中采用特殊的催化剂，在催化还原 NO_x 的同时，催化分解多环芳烃、二噁英等痕量有机污染物，即采用 SCR 催化剂同时控制 NO_x 和痕量有机污染物的催化技术，在日本研究和应用较多。SCR 催化剂多数由 Ti、V 和 W 的氧化物组成，该氧化物与 PCDDs/PCDFs 发生反应生成的氧化产物分别为 CO_2、H_2O 和 HCl。通常使用温度范围是 300～400℃。然而布袋后的烟气温度低于 150℃，在这样的低温状态下，难以实现利用常规的 SCR 装置降解 PCDDs/PCDFs。

近年来，不断有研究者开发出新的低温催化技术，如 Weber 等利用经过特殊处理过的 V_2O_5-WO_3/TiO_2 催化过滤剂(该催化剂专为低温降解 PCDDs/PCDFs 而研制)研究在管式炉温度 200℃时和装有催化过滤剂的实际 MSWI 工厂中催化过滤剂去除和降解 PCDDs/PCDFs 的效率，实验发现，管式炉 200℃时 PCDDs/PCDFs 的去除效率大于 99%，PCDD 的去除效率要略高于 PCDF 的去除效率，在实际焚烧工厂中也有同样的趋势。

需要指出的是，采用催化剂进行催化降解一定存在着催化剂失活的问题，垃圾焚烧厂都有其各自特点，烟气中的组成各不相同，特定的催化剂不可能适用于所有的垃圾焚烧厂，需要进一步研究和试验才能确保催化降解的效果。

e) 紫外光解与光催化氧化

有人分别研究了紫外光(UV)直接对管式炉中产生的模拟含二噁英烟气照射和紫外光与臭氧协同(UV/O_3)对模拟含二噁英烟气的影响，结果表明：直接光解方式的降解效率较低，光氧化对气态中二噁英降解最有效，总量和毒性当量的降解率在 69%左右。为了提高光解反应效率，日本研究人员将 TiO_2 覆膜于透明球形载体上，并将其布置在烟气管道中，烟气中二噁英在催化剂与紫外光的共同作用下，光解反应率大幅提高，去除率可以达到 98.6%。

f) 等离子体放电

在目前能够适宜于烟气净化的等离子体技术中，高能电子束是研究比较深入，比较具有市场推广价值的一项技术。Hirota 等利用电子束低温等离子体进行了实际垃圾焚烧厂烟气二噁英降解的半工业性实验，处理量为 1000m^3/h，获得了 90%以上的降解率。电子束不但能够降解烟气中的二噁英，还能够同时脱硫脱硝，降解烟气中的 VOCs 等有机气体。但是，该技术存在设备费用高，核心设备电子枪及靶床易损坏和运行费用高等不足。

综上所述，烟气中二噁英脱除技术中，急冷、物理吸附和催化分解是比较成熟的已经商业化应用的技术，而后两种还处于实验室试验或半工业实验阶段。物理吸附是将活性炭吸附加上布袋除尘技术，只是将二噁英捕集分离出来，对于二噁英总量并无消减的作用。后三种技术均为气相二噁英原位降解技术，但存在各自不足：SCR 技术中，催化剂中毒是影响其稳定性运行的关键；紫外光解技术由于能量效率原因，去除效率较低，要通过其他方法进一步提高反应效率才有可能向实际应用技术转化；而电子束技术，要进一步提高反应器的稳定性，降低其设备与运行成本才有可能投入商业化推广。

由此可见，采用活性炭吸附+高效除尘，不但可吸附 PCDDs/PCDFs，还可吸附 NO_x、SO_2 和重金属及其化合物，采用活性炭吸附和袋式除尘器组合的方式已经被证实为最有效的控制烟气中重金属和二噁英排放的技术，当运行参数优化时二噁英的脱除效果为 97%～98%，可使烟气排放降至 0.1ng I-TEQ/Nm^3。

4.6.3 飞灰中二噁英脱除及降解技术

1. 高温熔融法

熔融处理是近年来兴起的飞灰无害化处理技术，它是利用高温环境对飞灰中的二噁英进行彻底分解破坏，从而达到消减二噁英的目的。Tadashi 利用燃料为热源的飞灰熔融中试装置进行熔融研究，结果表明熔融过程中 98.4%的二噁英的分解率高达 99.9%。Kim 等利用电弧炉对多种飞灰进行熔融处理，获得了 99.99%以上的降解率。李润东等在小型熔融实验台上研究了温度、气氛等条件对飞灰熔融过程的分解特性的影响，结果表明：熔融温度越高分解率越高，氧化性气氛分解率高于惰性气氛。目前，中国恩菲在国家高技术研究发展计划(863 计划)课题研究的基础上，开发出电炉熔融飞灰技术，将飞灰中的二噁英高温分解，重金属则包裹在玻璃熔融体内，实现飞灰等危险废物的资源化、减量化和无害化，并在孝感危险废物处置项目中成功应用。

2. 低温热处理法

低温热处理是指在处理温度在 300～600℃的相对低温区，在惰性气氛或氧化性气氛中保持一定处理时间，飞灰中二噁英通过加氢/脱氯和分解两种路径降解的方法。最早发现在 300℃下贫氧气氛中处理 2h，不同种类飞灰所含二噁英均能够显著降解，飞灰的 Cu、Rh、Pt 等金属成分对二噁英的加氢/脱氯和分解反应具有极为重要的催化作用。

在管式炉上对垃圾焚烧厂飞灰进行的低温热处理研究表明：气氛、温度、时间、飞灰种类对降解效果的影响得到与其他研究人员一致的结论，流动氮气氛、流动空气、流动氧气/氮气混合气体(10/90)、静态空气四种气氛中，静态空气气氛下飞灰中二噁英降解率最高。

日本某垃圾焚烧厂利用惰性气氛下飞灰低温脱氯的原理设计并制造了一个

处理飞灰量 500kg/h 的反应器，运行结果表明，在飞灰温度为 350℃和停留时间为 1h 的条件下，飞灰中 PCDDs/PCDFs 的分解率达到 99%以上。

笔者承担的 863 计划子课题“垃圾焚烧废物(气)处置与稳定化控制技术”立项，其中一项重要课题为垃圾焚烧飞灰二噁英再分解技术研究，旨在探索在惰性气氛下的低温热处理对飞灰中二噁英进行分解的方法，并开发一套二噁英分解装置，以期实现工业化应用。目前已研发 10kg/h 的二噁英催化降解装置，并获得了“用于处理焚烧飞灰的设备”和“处理焚烧飞灰的方法”两项发明专利。此装置已试制成功并安装在中国恩菲已运行的垃圾焚烧发电厂，二噁英分解装置中试试验正在进行中，装置的各项性能指标优异，能够达到飞灰填埋要求。

3. 紫外光降解与光催化氧化

对垃圾焚烧厂飞灰的光解采用两种方式进行，一种是直接置于汞灯下进行光解，另一种是将飞灰中的PCDDs/PCDFs用甲苯索提后，将飞灰中的PCDDs/PCDFs转移至甲苯溶液中，浓缩甲苯溶液后再溶解在十四烷中进行光解。试验结果表明，在同样的光照时间内，PCDDs/PCDFs 在十四烷溶液中的降解明显高于其在飞灰同体中的光解。这主要是由于十四烷中氢的存在增加了 PCDDs/PCDFs 的光解速率，而固体飞灰中其他元素如金属离子等可能会吸收紫外光，从而阻止了 PCDDs/PCDFs 对紫外光的吸收分解。

飞灰中的 PCDDs/PCDFs 在氧化(O_2/O_3)以及还原(N_2/NH_3)两种不同气氛下的光解试验表明氧化条件可促进 PCDDs/PCDFs 的光解。光解效率取决于光照时间，而与汞灯功率的关联不明显，PCDDs/PCDFs 的最大光解率可达到 70%。

4. 超临界水与热液降解

热液降解技术是和超临界水氧化技术比较相似的技术，当以水为介质，满足温度> 374℃，压力> 22.1MPa 时即获得超临界水，在此状态由于不存在气液界面传质阻力从而提高反应效率实现完全氧化，而热液状态处于亚临界状态，水的温度和压力均低于上述临界值，在此状态下有机物在水中溶解度、[H^+]、[OH^-]显著增加，能够发生常温下不能进行的反应。

热液对飞灰二噁英的降解情况研究结果表明，在 300℃和 9.2MPa 条件下，飞灰在碱性溶液与甲醇的混合溶液中保持 20min，飞灰中二噁英总浓度和毒性当量浓度降低率均在 99%以上。而 Weber 等利用超临界水对 PCB 进行降解研究，发现反应温度必须高于 450℃时，才能使 PCB 得到有效降解。然而，临界状态时水对金属的反应速率也大幅提高，使得这两种技术都必须解决反应器腐蚀问题。

5. 碱化学分解法

化学分解法也称BCD法，是1989年美国环保局利用化学分解原理开发的难降解物脱氯技术，适用于受二噁英类化合物污染土壤的无害化填埋。方法基于土壤和碱、碳酸氢钠混合。在340℃有机物一部分分解，气化的含氯有机化合物呈凝聚液，加入氢氧化钠、氢氧化钾作为碱催化剂，重油作为高沸点氢的供应体，在氮气下300～350℃转化为无害的脱氯化合物、无机盐、水并得到净化的土壤。

6. 等离子体法

等离子体根据其性质分为热等离子体和非热等离子体，热等离子体即高温等离子体，通过高温等离子体产生1400℃的高温，将垃圾焚烧飞灰熔融。此法对二噁英具有极高降解率，通常在99.9%以上。潘新潮研究了用双阳极反应器这种新型高温等离子体反应器对飞灰中二噁英的降解效果，结果表明飞灰二噁英平均降解率在99.9%以上。Zhou等利用脉冲电晕放电低温等离子体降解飞灰二噁英，发现该方法对二噁英同系物具有不同的降解效率(20%～80%)，低氯代同系物降解效率高于高氯代同系物。

7. 生物降解法

二噁英是高度抗微生物降解的物质，自然界仅有 5%的微生物菌株能够分解二噁英。Nam等首先对真菌和细菌组成的混合菌种在加入了呋喃的环境中培养驯化，使得该菌种能够以呋喃作为食物源，然后经过增殖，将这种能够食用二噁英的菌种与飞灰混合，在30℃下保持21天，飞灰中二噁英的总量和毒性当量去除率分别达到63.4%和66.8%。

8. 机械化学法

机械化学法是指通过剪切、摩擦、冲击、挤压等手段，对固体、液体等凝聚态物质施加机械能，诱导其结构及物理化学性质发生变化的处理方法。近十年来，机械化学法在有毒废弃处置领域的研究取得了丰硕的成果。在二噁英处理方面，Nomura等对标准化合物OCDD/F，Shimle等对土壤中二噁英，Monagheddu等对废水处理厂的污泥中所含二噁英通过机械化学降解处理，均取得了较理想的降解效果。Nomura 等的研究结果显示，OCDD/F 降解过程实质发生脱氯反应，同时伴随着二噁英和呋喃环状结构的断裂，随即进一步生成小分子物质以及碳化为类似石墨无定形态碳的产物；而Monagheddu等采用机械化学诱导辅助有机物燃烧的方式对多孔介质表面所含二噁英降解，获得99.6%的降解率，尽管在脱氯还原剂方面存在较大差异，前者用CaO，而后者选CaH_2和$CaCl_2$，在降解产物方面却得到极其相似的产物，如气相产物得到甲烷，石墨、$CaCl_2$则主要为固相产物。

【例题 9】 某生活垃圾焚烧厂需脱酸烟气量为 60000m^3/h(标况)，烟气设定成分如下。

烟气成分	CO_2	SO_2	N_2	O_2	H_2O	合计
分数/%	8.79	0.01	60.80	9.09	21.31	100.00

烟气净化系统的 SO_2 脱除率 $\eta_{SO_2}=75\%$，净化系统的漏风系数 $\delta=20\%$，空气含湿量 $d_g=10g/kg$，请按照《生活垃圾焚烧污染控制标准》(GB 18485—2014)要求，计算净化后烟气中的酸性气体污染物的排放浓度。

【解】 (1) 进气各成分含量计算：见下表。

名称	单位	烟气成分					
		CO_2	SO_2	N_2	O_2	H_2O	合计
进气量	%	8.79	0.01	60.8	9.09	21.31	100.00
	m^3/h	5274.00	6.00	36480.00	5454.00	12786.0	60000.0
漏风量	m^3/h			9480.00	2520.00	149.33	12149.33
排气量	m^3/h	5274.00	1.50	45960.0	7974.00	12935.33	72144.83
	%	7.31	0.00	63.71	11.05	17.93	100.0

(2) 计算系统漏风量及含湿量：

系统漏入氮气量：60000×20/100×0.79=9480.00(m^3/h)

系统漏入氧气量：60000×20/100×0.21=2520.00(m^3/h)

空气含湿量：$60000\times20\%\times\frac{10}{1000}\times\frac{22.4}{18}=149.33(m^3/h)$

(3) 净化后排出废气量和成分计算：见上表第三项。

(4) 酸性气体排放限值计算：

酸性气体剩余量：$60000\times0.01\%\times\frac{64}{22.4}\times(100\%-75\%)=4.2857(kg/h)$

排放废气 SO_2 含量：$4.2857\times10^6\div72144.83=59.40(mg/m^3)$

SO_2 排放值：$\frac{10}{21-11.05}\times59.40=59.70(mg/m^3)$

4.7 烟气骤冷

为了减少二噁英的再生成，在危险废物焚烧烟气净化过程中，根据有关技术标准和规范要求，需要将烟气温度从500℃快速降低至200℃以下，以避免二噁英在此温度区域内逆向生成，降温的时间要求小于1s。

烟气冷却分为直接冷却与间接冷却两大类。

间接冷却是指烟气不与冷却介质直接接触，一般不改变烟气的性质。主要热交换方式是对流和辐射，如余热回收利用、换热器等。

直接冷却是指往热烟气中加入冷却介质，冷却介质与热烟气直接接触，进行热交换，烟气量及其烟气成分发生改变。热交换方式是蒸发和稀释。常用的烟气直接冷却方法有喷雾冷却和吸风冷却两种。为了适应该种降温要求，常用的是干式运行的喷雾冷却方式。

4.7.1 运行方式

喷雾冷却是将水以雾状喷入热烟气，利用烟气的热量蒸发水分而迅速降低烟气温度的方法。常用的装置有喷雾烟道、喷雾塔、喷雾冷却器等。

喷雾冷却的操作形式分为干式运行和湿式运行两种：前者要求喷入水完全蒸发，没有泥浆及其引起的腐蚀；但要求雾化效果好，冷却后的烟气温度可通过调节喷入的水量进行控制，但应高于露点20～30℃。后者喷入水蒸发不完全，产出部分泥浆。

干式运行的喷雾冷却器(塔)的工作原理是将液态的水和压缩空气两相流在特定的喷嘴内雾化成雾状液体微粒后，直接喷入冷却器内，与高温烟气接触，利用雾状液体微粒的巨大表面积，在极短时间内快速蒸发成水蒸气进入气相，利用水的汽化潜热吸收烟气的大量热焓，使烟气温度急速下降到设定温度。在危险废物焚烧厂中，基本上设计成立式塔(即骤冷塔)，使烟气温度从450～500℃在1s以内降低至200℃以下，避免二噁英逆向生成，下面的计算以立式塔为例。

4.7.2 设备选型及计算

喷雾冷却器控制喷雾量的参数是冷却器出口烟气温度，其计算如下：

(1) 喷水量：

喷水量等于蒸发量，按下式计算：

$$W=\frac{q}{2490+1.97t_2-4.19t_s} \tag{4-1}$$

式中，W 为喷水量，kg/h；q 为需冷却的热量，kJ/h；t_s 为喷入水的温度，℃，按当地夏季循环水温计；t_2 为烟气出口温度，℃。

其中，

$$q = Q \times \left[c_1 \times t_1 - (1 + k_1) \times c_2 \times t_2\right] + Q \times k_1 \times c_k \times t_k \tag{4-2}$$

式中，c_1，c_2 为冷却塔进出口烟气的平均比热容，kJ/(m^3 · ℃)；Q 为进入冷却塔的烟气量，标况，m^3/h；c_k 为空气平均比热容，kJ/(m^3 · ℃)；k_1 为冷却塔漏风系数，%；t_1 为冷却塔进口烟气温度，℃；t_2 为冷却塔出口烟气温度，℃；t_k 为漏入空气温度，℃。

(2) 喷雾冷却器(塔)平均烟气流量：

$$V_1 = \frac{\left[Q \times (1 + 0.5 \times k_1) + \dfrac{1}{2 \times 0.804} \times \varPhi \times W\right] \times \left[1 + \dfrac{t_1 + t_2}{2 \times 273}\right] \times P_0}{B} \tag{4-3}$$

式中，Q 为进口烟气量，标况，m^3/h；k_1 为漏风系数，%；P_0 为标准大气压力，0.101MPa；t_1、t_2 为烟气进、出口温度，℃；B 为气体的绝对压力，MPa，气体在常压下工作，可取当地大气压；$\varPhi$ 为汽化系数，干法运行为 100%。

其他符号含义同前。

(3) 喷雾塔外形尺寸的确定。

塔直径：

$$D_1 = \sqrt{\frac{V_1}{3600 \times 0.785 v}} \tag{4-4}$$

式中，v 为烟气在塔内流速，m/s，本节取值范围为 2～3.5m/s；V_1 为平均烟气流量，m^3/h。

计算出的塔直径 D_1 可圆整。同时应根据所选用的喷嘴确定喷嘴喷出的水雾的有效直径 D_2，保证水雾不会喷至塔壁或两股(或以上)水雾不会交叉。比较 D_1 和 D_2，取其数值大的作为 D：

$$D = \max\{D_1, D_2\} \tag{4-5}$$

喷雾冷却塔通常采用顺流塔，目的是在塔内有限的距离内将水完全汽化。因此，其有效高度为喷嘴处截面至出口处之间的高度。

喷雾塔有效高度 H 应根据喷嘴的特性来确定，不同的喷嘴需要的高度可能不同。主要根据喷嘴所喷出的最大水滴所需要的雾化距离来确定，以保证水雾在离开冷却器之前应完全汽化。实验室条件下，烟气温度 750℃，水滴粒径(邵氏平均粒径)小于 100μm 的水雾迅速汽化(距离喷嘴喷出口 1m 以内)，寿命 0.2s 以内；粒径 300μm 时，寿命 1.6s；粒径 500μm 的水雾寿命达 3.8s 左右。

(4) 喷雾塔阻力：

$$\Delta P = \Delta P_1 + \Delta P_2 + \Delta P_3 \tag{4-6}$$

式中，ΔP_1 为喷雾塔入口突然扩大段的阻力，Pa；ΔP_2 为喷雾塔直段阻力，Pa；ΔP_3 为喷雾塔出口阻力，Pa。

由于烟气流速较低，一般喷雾冷却塔的阻力小于 500Pa。在工程设计中，一般不进行详细计算，取经验数据即可。

4.8　生活垃圾焚烧发电工程案例

4.8.1　项目概况

某地计划建设一座生活垃圾、市政污泥、餐厨固渣、厨余沼渣、园林垃圾协同处置的焚烧发电厂，其处理规模为：城市生活垃圾(含厨余筛上物)900t/d，垃圾渗沥液处理厂污泥 100t/d(含水率 80%)；餐厨固渣 168t/d(含水率 74%)；厨余沼渣 185t/d(含水率 60%)；大件垃圾 101t/d；园林垃圾 20t/d。

建设 2 条焚烧量为 600t/d(生活垃圾焚烧协同处理污泥、沼渣、餐厨及厨余筛上物、大件垃圾和园林垃圾)的焚烧线及烟气净化系统，安装 1 台 1×25MW 凝汽式汽轮机(1×30MW 发电机)，配套建设 1 套 500t 污泥和沼渣半干化处理设施和 RDF 棒(颗粒)设施。

4.8.2　建厂条件

1. 厂址

本项目位于某市循环经济产业园区内，距市中心约 17km，海拔 340～605m。场地为一山丘地，场地平整后适合本项目工程建设用地条件。此地不涉及居民搬迁、文物保护及地质资源、矿产压覆等问题。

2. 气象条件

某市地处北回归线以南，属亚热带气候区，其主要气候特征为气温高，冷期短，雨量充沛，阳光充足，季风明显，夏秋季节常有热带风暴的影响。历年平均气温 19.8℃，极端最高气温 41.7℃，最低气温−1℃。历年最大相对湿度 100%，平均湿度 77%。年平均降雨量 1339.7mm，年最大降雨量 2074.6mm，主导风向以东南风为主，夏季平均风速 2.9m/s，冬季平均风速 2.6m/s，历年最大风速 31.0m/s。

3. 交通运输

本项目场外道路已与国道相通，交通便利。

4. 水源及给排水

生产用水水源为某水库水，该水库容量约 $10.0\times10^8m^3$，水源充足、可靠，生活用水为市政自来水。本项目预留采用渗沥液处理达标后中水的接口，预留加装中水深度处理装置的位置。

生活污水、生产废水、生产污水送园区污水处理厂统一处理，初期雨水和渗沥液送园区渗沥液处理厂统一处理，经处理达标后排放。

雨水排入自然水体。

5. 电力接入系统

根据电力接入系统方案设计，初步方案为 110kV 电压等级并网。

6. 工程地质

本项目面积为 $66641.76m^2$。场地地形地貌为低山丘陵；高程大都在 450～500m(罗零高程，下同)。场地北侧为一深沟。本场地的地震动峰值加速度为 0.10g，地震动反应谱特征周期为 0.45s，地震烈度为Ⅶ度。

7. 灰渣处理

根据边界条件，焚烧产生的飞灰送园区飞灰处理厂统一处理，炉渣送园区内炉渣综合利用厂统一处理。

8. 垃圾及辅助燃料供应

生活垃圾及其他垃圾由政府委托的机构负责从服务区域内各垃圾站用密闭运输车运送至项目厂区的垃圾池，生活垃圾年供应量 29.2×10^4t，渗沥液污泥年供应量 3.65×10^4t，餐厨固渣年供应量 3.08×10^4t，厨余沼渣年供应量 4.34×10^4t，厨余筛上物年供应量 4.23×10^4t，大件垃圾年供应量 3.69×10^4t，园林垃圾 0.73×10^4t。生活垃圾、厨余筛上物等进厂垃圾经地磅过秤后沿垃圾运输坡道进入卸车大厅，倒入垃圾池内。卸完垃圾后的空车过秤后，驶出厂区。大件垃圾和园林垃圾、渗沥液污泥、餐厨垃圾沼渣、厨余沼渣等进厂垃圾经地磅过秤后沿垃圾运输坡道进入卸车大厅，分别卸入指定的卸料仓。卸完垃圾后的空车过秤后，驶出厂区。

根据该市当地的燃料资源，项目拟采用 0#轻柴油作为点火与辅助燃料，由供应商用油罐车运入厂内，轻柴油全年耗量约为 150t。投产运行第 1 年，由于设备调试、试运等原因，轻柴油耗量较大，随着全厂调试完成，稳定运行 1 年后，根据服务区垃圾品质，点火及辅助燃烧年耗油量将会逐年降低。

4.8.3　总平面布置

1. 总平面布置原则

根据厂区地形图、用地形状、厂外交通接入口和风向，平面总体布局以满足工艺流程的顺畅、便捷为基本目的，进行合理的功能分区布置。根据工艺流程、功能、风向，将厂区内的建、构筑物分为三个功能分区：

(1) 行政办公区：包括办公楼、食堂、停车场，该区是厂区内生活办公分区，对环境的要求较高，布置时应远离各种污染源。

(2) 主要生产区：包括综合主厂房、烟囱和垃圾运输坡道，综合主厂房是厂区的主体建筑，在满足各种防护间距的前提下可以靠近各辅助生产区及行政办公楼。

(3) 辅助生产区：包括综合水泵房及冷却塔、油库油泵房、汽车衡、控制室、飞灰暂存库及洗车台，本区的建、构筑物都是为主厂房服务，布置时靠近主厂房，集中与分散相结合。为保证安全，将油泵房、地下油罐用围墙单独围起来，布置在厂区边缘，距离厂区围墙有大于 5m 的安全距离。

2. 总平面布置方案

综合主厂房作为项目主体建筑，将其布置在整个厂区的中心位置，以保证其与各区都能较便捷地联系。主厂房的景观立面朝东南侧布置，与厂前区的景观立面相对布置，烟囱位于主厂房东北侧。垃圾运输坡道与综合主厂房西北角处相衔接。厂区总平面布置见图 4-10，该厂鸟瞰图见图 4-11。

辅助生产区主要位于主生产区的西南侧和东南侧，飞灰暂存库、综合水泵房及冷却塔位于综合主厂房东侧，该位置距离发电厂房较近，管径最大的循环水管道敷设距离短。汽车衡和垃圾运输坡道位于综合主厂房西侧，汽车衡正对物流出入口布置，汽车衡控制室与物流门卫联合布置。垃圾运输坡道利用自然地形高差，垃圾坡道长度 25m，汽车衡与垃圾运输坡道之间道路旁布置汽车洗车台，需要清洗的车辆在不影响其他车辆正常行驶的前提下进行洗车作业。

厂前区起着服务于厂区办公、管理、参观等综合功能，为便于办事人员及员工出入，将厂前区布置在距离整个场地的交通接入口较近位置，即厂区东南侧。厂前区内布置了利于环境优化的景观设施，为职工营造出良好的工作环境。其优点是：第一，垃圾运输坡道利用自然地形布置，坡道长度较短，车辆在场内行驶距离小；第二，厂前区与主厂房位于同一平台，主厂房景观主立面与厂前区建筑

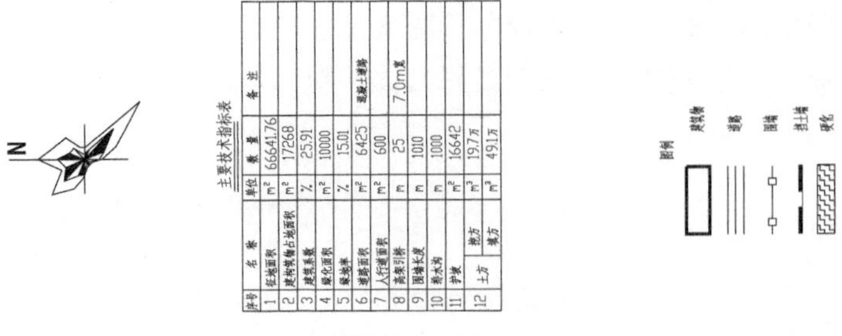

主要技术指标表

序号	名称		单位	数量	备注
1	征地面积		m^2	66641.76	
2	建构筑物占地面积		m^2	17268	
3	建筑系数		%	25.91	
4	绿化面积		m^2	10000	
5	绿地率		%	15.01	
6	道路面积		m^2	6425	混凝土道路
7	人行道面积		m^2	600	
8	高架引桥		m	25	7.0m宽
9	围墙长度		m	1010	
10	排水沟		m	1000	
11	护坡		m^2	16642	
12	土方	挖方	m^3	19.7万	
		填方	m^3	49.1万	

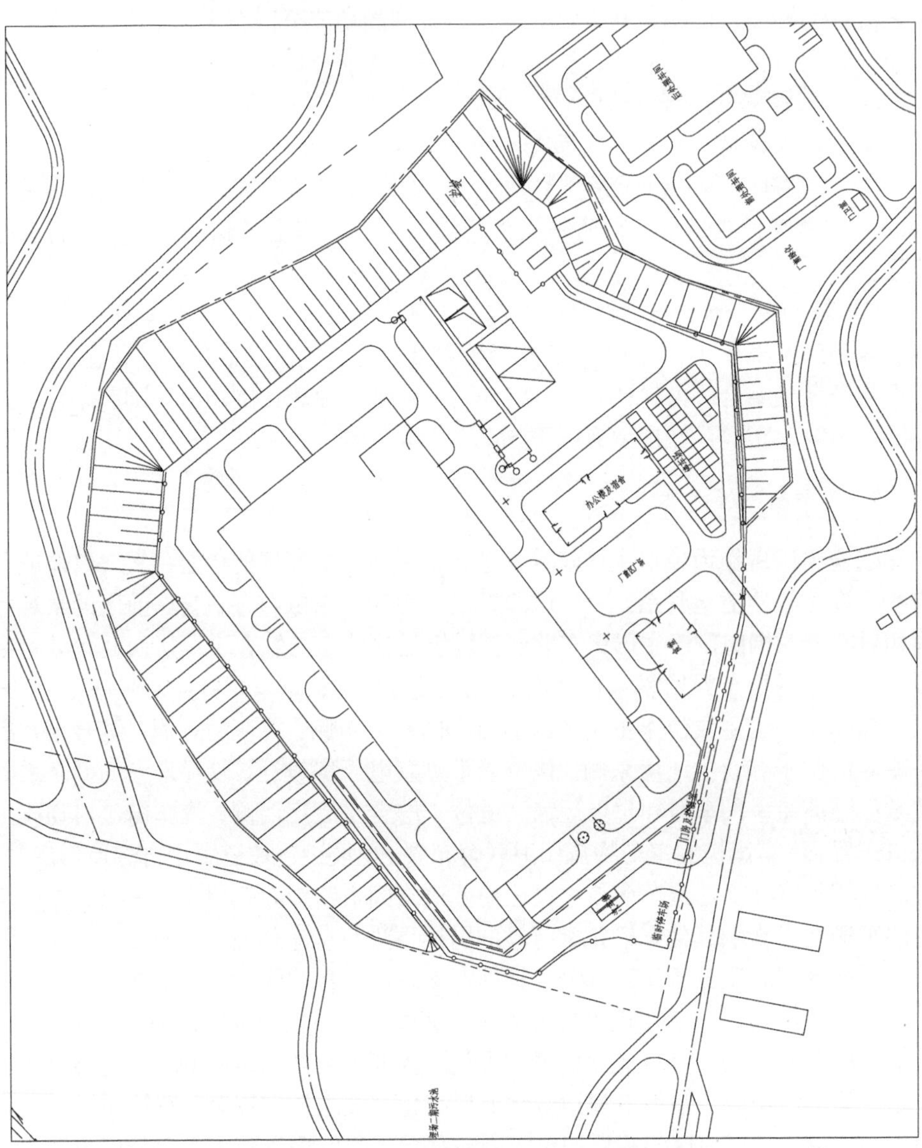

图 4-10　某垃圾焚烧发电厂厂区总平面布置图(m)

图 4-11　某垃圾焚烧发电厂鸟瞰图

围合布置，厂前区景观效果较好。其缺点是需要汽车衡计量的除生活垃圾及柴油外，车辆需要经汽车衡计量后再绕道进入综合主厂房，辅助运输不方便。

3. 竖向设计及排水

整个厂区西高东低，根据某市循环经济生态产业园专项规划，本场地内分台阶布置，物流出入口及汽车衡区域规划标高为 533.00m，生产区及厂前区位于 525.00m 标高的台阶。厂区内的雨水采用顺应自然地势的原则由西北向东南排至厂外。场地挖方边坡坡底设置排水沟，排水沟净宽 0.5m，平均深度 0.5m，壁厚 0.3m。场地西北及东北侧为填方地段，项目用地红线内最大填方高度约 40m，采用加筋土挡墙的支护方式护坡。

4. 道路与运输

厂区设两个出入口，分别为人流出入口和物流出入口，以实现人、物分流。人流出入口位于厂区东南侧，出入口设计标高为 525.00m；物流出入口位于厂区西南侧，出入口设计标高为 533.00m。

为满足生产、行政运输和消防的需要，厂区内设置环形道路通向各车间，以满足消防和各种生产及辅助生产物料运输的需求。

5. 运输组织及交通流向

垃圾运输车经厂区物流出入口经称量后通过垃圾运输通道及上料坡道进入主厂房卸料大厅，空车也经原路返回出厂；灰渣车经厂内道路通过物流出入口进出厂，主厂房内设有灰渣通道，出厂房后经地磅出厂。其他辅助生产资料运输均通过物流出入口进厂经厂内道路到各车间；行政管理车辆、生活资料运输及人员由人流出入口进出厂。消防车可经厂区人流、物流出入口进出厂，通过厂区内的环形通道通达各车间、设施、场地。

6. 室外综合管网

本项目管线种类较多，冬季管线不受冰冻影响，布置时为方便施工、检修和不影响交通，地下管线尽可能不布置在交通频繁的机动车道下面，在用地紧张地段，部分管线布置在道路路面以下，但其管线埋深满足道路荷载和冰冻线的要求，管线按从建筑基础开始向外由近及远、由浅至深的顺序布置，且与场地总平面的建筑物、道路、广场、停车场和绿化景观相协调，管线之间也相互协调、紧凑合理，不影响交通、采光、景观与建筑安全。

管线敷设产生矛盾时，按规范中管线避让的原则处理，如压力管道让重力自流管道、可弯曲管线让难弯曲或不易弯曲管线、分支管线让主干管线。

4.8.4　焚烧处理

1. 垃圾接收及储存

设置 2 套最大称重为 50t 的全自动电子汽车衡，精度 20kg。每套磅可以全自动方式操作，从读卡至完成作业时间约 10s，每一磅称前均设红、绿灯标志，以调整进、出厂的车流量。

垃圾卸料厅供垃圾车辆的驶入、倒车、卸料和驶出，以及车辆的临时抢修。卸料厅高于主厂房外地坪 8m；利用地势垃圾车通过地磅房后，再通过栈桥水平进入卸料平台。卸料平台和卸料大厅为全封闭结构，门窗为气密设计，防止臭气外泄，设有通道与厂内其他区域相通。卸料平台宽度设计为 28m，卸车大厅标高 8m，长 57m。

设有 4 樘垃圾卸料门，尺寸为 3700mm(宽)×5000mm(高)。

垃圾池为密闭、具有防渗防腐功能，并处于负压状态的钢筋混凝土结构储池，用于垃圾的接收和储存。垃圾池长 49m，宽 30m，深 15.0m(地上+8.0m、地下−7.0m)，有效容积 22050m^3，按日处理 1200t 规模计，可储存 5～7d 的垃圾量。垃圾池上方靠焚烧炉一侧设有一次风机吸风口，抽吸垃圾池内臭气作为焚烧炉燃烧空气，并使垃圾池、卸料大厅呈微负压状态，防止臭味和甲烷气体的积聚和溢出。此外，在垃圾池顶部加设通风除臭系统，保证焚烧炉停炉期间垃圾储存坑的臭气不向外扩散。

垃圾池顶设 2 台起重量 18t，抓斗容积为 10m^3 的橘瓣式垃圾抓斗起重机。垃圾抓斗起重机承担对焚烧炉的正常加料任务，另外为确保入炉垃圾组分的均匀及稳定燃烧，还需完成对垃圾进行混合、倒堆、搬运、搅拌等任务。

在垃圾池端头设垃圾抓斗起重机控制室，操作人员在控制室里对抓斗吊车的运行进行控制。

垃圾池底部在宽度方向有不低于 2%的坡度，坡向垃圾门侧。渗沥液采取分层措施从垃圾池排出。卸料平台地下设置 2 个渗沥液收集池，池总有效容积约 913.5m^3，可以储存约 2.5d 渗沥液，收集池顶部标高为−6.500m，放置渗沥液收集泵，在池顶设置自然通风管路，将可能产生的甲烷排出到垃圾池，池顶预留检修人孔。收集池设有液位检测与连锁、报警系统。

地下通廊设有排风及送新风系统，在人员进入地廊检修时使用，在入口预设一路压缩空气管路，便于检修人员接入防护服。

2. RDF 棒

为了更好地协同处置各种废物，本项目将含水率较高的污泥、餐厨固渣、厨余沼渣干燥后与经破碎的大件垃圾制成 RDF 棒。RDF 棒、园林垃圾及生活垃圾一并送炉排炉协同焚烧处置。

本系统渗沥液污泥干化处置的规模为：100t/d(折合 3.65×10^4t/a)，湿污泥平均含水 80%；餐厨固渣干化处置的规模为 168t/d(折合 6.13×10^4t/a)，沼渣平均含水 74%；厨余沼渣干化处置的规模为 185t/d(折合 6.75×10^4t/a)，沼渣平均含水 60%。

污泥干化的产品：干化污泥，产量为 33.33t/d(折合 1.22×10^4t/a)，干污泥平均含水 40%；餐厨固渣干化的产品：干化沼渣，产量为 72.8t/d(折合 2.6572×10^4t/a)，干沼渣平均含水 40%；厨余沼渣干化的产品：干化沼渣，产量为 123.3t/d(折合 4.5×10^4t/a)，干沼渣平均含水 40%。

1) 工艺流程及工艺过程

污泥干化主工艺流程为：外运湿污泥→卸料仓→湿污泥卸料→湿污泥缓存仓→湿污泥给料→蒸汽干燥机干燥→干污泥输送系统→RDF 制备。

湿污泥进厂过地磅后从卸料平台卸入湿污泥卸料仓，经螺旋给料机、柱塞泵通过管路倒运至湿污泥缓存仓，并通过湿污泥给料系统送入蒸汽干燥机内。在干燥机内，湿污泥与蒸汽进行间接换热，湿污泥温度升高脱水、水蒸气冷凝成液态水，冷凝热用于污泥加热。

污泥干化过程产生的尾气经旋风集尘、换热器降温后通过引风机排至垃圾池，在焚烧炉一次风机的抽引下进入焚烧炉。干燥尾气冷却过程产生大量的冷凝液，通过污水泵送往渗沥液处理站处理。

干化污泥经刮板输送机等设备密闭运送至 RDF 制备工序。图 4-12 为协同处置料干化系统工艺流图。

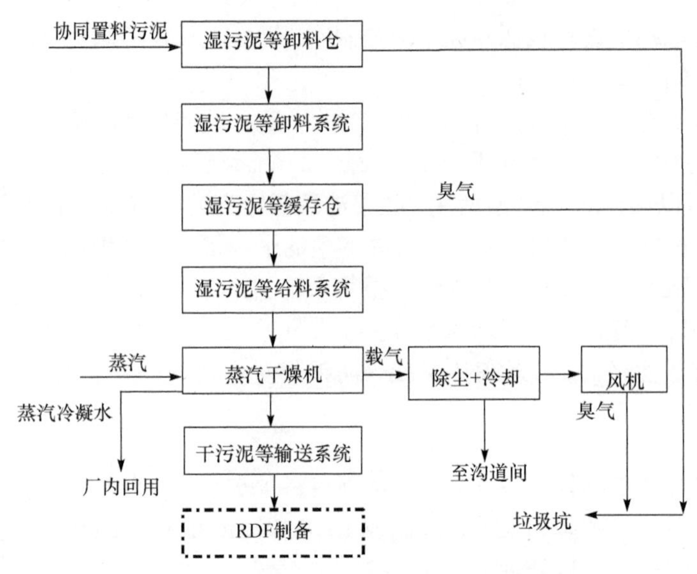

图 4-12　协同处置料干化系统工艺流程图

2) RDF 棒制备

固体废物固型燃料的制备工艺一般有散装 RDF 制备工艺、干燥挤压成型 RDF 制备工艺和化学处理 RDF 制备工艺等 3 种。在 RDF 的生产中，要根据垃圾的成分，决定采用什么制备工艺。

制备工艺由垃圾接收破碎单元、垃圾含水率降低及热值提高单元、造粒烘干单元、配套工程单元组成。

工艺系统流程：废物接收储存→分选破碎→渗透沥离→半湿粉碎→挤压筛选→烘干处理→成品颗粒燃料输出。

上述流程可分为 3 个单元：

(1) 废物接收预处理破碎单元。分别设计大件分选和一体化破袋、分选、破碎机械加工设施，采用机械加人工辅助分选相结合的方法。

(2) 废物含水率降低及热值提高单元。某市污泥含水率 80%，餐厨沼渣含水率 74%，厨余沼渣含水率 60%，园林垃圾含水率平均在 60%～65%，为确保焚烧的低燃点和发热值的有效利用，采用低压蒸汽烘干，将其含水率降低至约 40%，提高低位热值。

(3) 造粒、烘干单元。原料的粉碎粒度，直接影响颗粒燃料的造粒加工。因此，采用半湿粉碎的方法，将造粒进料块度控制在 5cm 以内，同时设计造粒机防堵孔机构，及时清理挤压孔板，确保造粒机正常高效运行。由于废物处理的特殊性，在工艺设计时，尽量实现设备的“口对口”连接模式。

3. 垃圾焚烧系统

1) 燃烧特性

本项目垃圾设计低位热值为 7100kJ/kg，每台焚烧炉额定处理垃圾量为 600t/d。燃烧工况图见图 4-13，图中以每台炉的垃圾处理量(t/h)为横轴、以垃圾的 H_L(低位热值，kJ/kg)为参数、以垃圾输入热量(MW)为纵轴。

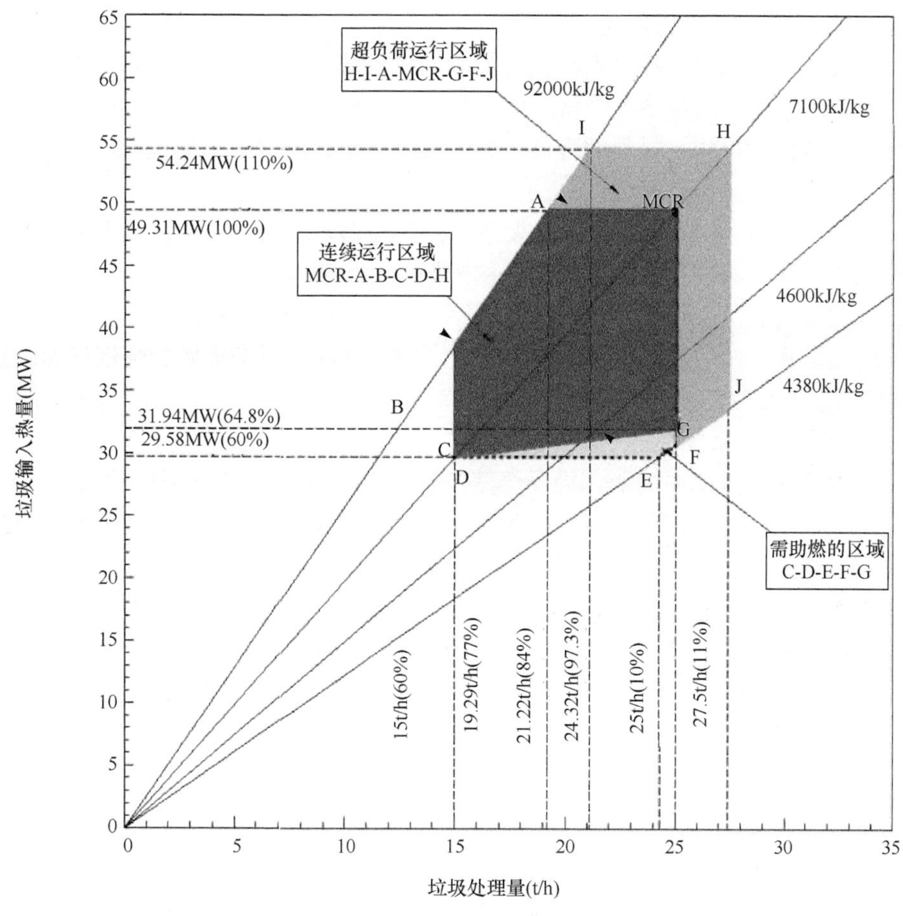

图 4-13　燃烧工况图

燃烧工况图各区域含义如下：

连续运行区域(MCR—A—B—C(D)—G)，在该区域内可连续运行。

短时间运行区域(H—I—A—MCR—G—F—J)，该区域是超负荷 10%的运行范围，1 天可以连续运行 2 次，每次不超过 1h。

需助燃的区域(C(D)—E—F—G)，该区域燃烧器自动启动。

2) 垃圾给料系统

生活垃圾经给料斗、料槽、给料器进入焚烧炉排。

3) 炉排

焚烧炉是垃圾焚烧处理中心极其重要的核心设备，它决定着整个垃圾焚烧处理中心的工艺路线与工程造价。炉排分为干燥段、燃烧段和燃烬段三部分，燃烧空气从炉排下方通过炉排之间的空隙进入炉膛内，起到助燃和清洁炉排的作用。

4) 点火及辅助燃烧系统

在焚烧炉启动时，通过点火燃烧器和辅助燃烧器使炉出口温度提高至 850℃以上，炉膛急剧升温会导致炉材温度分布发生剧烈变化，因热及机械性的变化而发生剥落从而缩短耐火材料的寿命，所以为了防止温度的急剧变化，点火燃烧器和辅助燃烧器应分段调整温度。

停炉时与启动时相同，通过点火燃烧器和辅助燃烧器使炉温慢慢下降以防止温度急剧变化，并使焚烧炉排上残留的未燃物完全燃烧。

当垃圾的热值较低，燃烧温度没有达到 850℃以上时，根据焚烧炉内测温装置的反馈信息，辅助燃烧器自动投入运行，喷入辅助燃料来确保焚烧烟气温度达到 850℃以上烟气至少停留 2s。

5) 燃烧空气系统

一次风从垃圾池内抽取，经一级蒸汽空气预热器加热(空气温度约 150℃)，再经二级蒸汽空气预热器进行二级加热(空气温度 200℃)，通过炉排风道接口进入炉膛燃烧，一次风还起到冷却炉排片作用。

二次风通常取自焚烧炉厂房内、渣坑或垃圾池。经蒸汽空气预热器加热(空气温度约 166℃)，从焚烧炉上方左右墙的二次喷嘴喷入炉内，以使空气、烟气充分反应，将烟气中的 CO 浓度降到最低。并使烟气在 850℃下停留 2s 以上，以确保二噁英全部分解。

4.8.5 余热锅炉

1. 锅炉本体

本锅炉为单体式的自然循环式水管锅炉，由蒸汽汽包、下降管、集箱、膜式水冷壁、蒸发管束组成。其中，由过热器、蒸发器以及省煤器等组成的对流区布置形式为卧式。

锅炉汽包水经布置在锅炉水冷壁外侧的下降管引入底部的集箱，在吸收烟气热量的同时流经锅炉水冷壁和蒸发管，回到汽包。

蒸汽在汽包内实现汽水分离。一部分的饱和蒸汽用于蒸汽式空预器的高压蒸汽源，剩余部分导入过热器产生过热蒸汽。

锅炉给水进入汽包之前，在省煤器中吸收烟气余热。省煤器设置在锅炉的水平部分，其受热管为悬吊式结构。通过过热器喷水减温装置调节各过热器出口温度。1 号减温装置设置在 1 号过热器的下游，2 号减温装置设置在 2 号过热器的下游。

2. 锅炉排污系统

每台余热锅炉的连续排污量为产汽量的 1%左右，两台炉合用一台连续排污扩容器，连续排污扩容器产生的二次汽接至除氧器汽平衡母管，排污水接至定期排污扩容器。两台余热锅炉合用一台定期排污扩容器，锅炉汽包定期排污水、紧急放水、锅炉集箱定期排污水送至定期排污扩容器，定期排污扩容器产生的二次汽排至大气，排污水经排污降温冷却池调节至温度低于 40℃后排至全厂排水系统。

3. 清灰装置

采用激波+机械振打方式除去附着在过热器和省煤器受热管上的飞灰。

4. 性能参数

设计工况下余热锅炉参数见表 4-13。

表 4-13　设计工况下余热锅炉参数

性能参数	数值
(1) 余热锅炉型式	自然循环卧式锅炉
每台锅炉额定蒸发量	54.6t/h
过热蒸汽压力	4.0MPa(g)
过热蒸汽温度	400℃
给水温度	130℃
焚烧炉出口烟气温度	＞850℃
烟气出口温度	190～210℃
(2) 磷酸盐加药装置	
数量	1 套
加药泵数量	3 台(2 用 1 备)
加药泵流量	0.06m³/h
加药泵扬程	11MPa
(3) 取样冷却装置	
型式	手动

续表

性能参数	数值
(4) 定期排污扩容器	
型号	DP-3.5
数量	1 台
容积	3.5m^3

4.8.6 灰渣处理系统

根据《生活垃圾焚烧污染控制标准》(GB 18485—2014)，焚烧炉渣与除尘设备收集的焚烧飞灰应分别收集、储存和运输。本厂对垃圾焚烧产生的炉渣和飞灰进行分别收集和处理。

本项目焚烧炉渣(湿渣)产量为 300t/d，全年约为 10.0×10^4t。

生活垃圾焚烧炉产生的炉渣主要由熔渣、玻璃、陶瓷、金属、可燃物等不均匀混合物组成，炉渣的主要元素为 Si、Al、Ca，其污染物低，因此，在我国，炉渣归属于一般固体废弃物，可直接填埋或作建材利用，本项目焚烧炉渣送至园区内炉渣综合利用厂进行综合利用。

飞灰属于危险废物，需按危险废物相关规定进行处置。本项目产生的飞灰送园区内飞灰处理厂统一处理。

4.8.7 烟气净化

1. 设计依据

锅炉出口烟气条件见表 4-14。

表 4-14 焚烧炉余热锅炉出口烟气条件(MCR)

项目	数值
烟气量/(Nm^3/h)	115540
烟气温度/℃	190～240
烟气含水量(%，体积分数)	20.24
烟气含 O_2 量(%，体积分数)	6.88
烟气含 CO_2 量(%，体积分数)	8.32
烟气含尘量(g/Nm^3 · 干 11%O_2)	3.0
烟气含 HCl 量(mg/Nm^3 · 干 11%O_2)	1200
烟气含 SO_2 量(mg/Nm^3 · 干 11%O_2)	500

续表

项目	数值
脱硝前烟气含 NO_x 量(mg/Nm^3 · 干 11%O_2)	350
脱硝后烟气含 NO_x 量(mg/Nm^3 · 干 11%O_2)	200
烟气含 HF 量(mg/Nm^3 · 干 11%O_2)	2～10
烟气含 CO 量(mg/Nm^3 · 干 11%O_2)	40
烟气含二噁英量(ng TEQ /Nm^3 · 干 11%O_2)	2～5

根据项目环境影响报告书及其批复文件要求，烟气污染物排放指标见表 4-15。

表 4-15　项目烟气污染物排放指标与国家标准对比

项目	单位	GB 18485—2014		设计值	
		日均值	小时均值	日均值	小时均值
烟尘	mg/Nm^3	20	30	≤10	≤20
HCl	mg/Nm^3	50	60	≤10	≤30
HF	mg/Nm^3	—	—	1	4
SO_2	mg/Nm^3	80	100	≤40	≤60
NO_x	mg/Nm^3	250	300	≤100	≤200
CO	mg/Nm^3	80	100	≤50	≤100
Hg 及其化合物	mg/Nm^3	测定均值 0.05		测定均值≤0.05	
Cd 及其化合物	mg/Nm^3	测定均值 0.1		测定均值≤0.05	
Pb 及其他重金属	mg/Nm^3	测定均值 1.0		测定均值≤0.5	
二噁英	*ng* TEQ/Nm^3	测定均值 0.1		测定均值≤0.08	

2. 工艺流程

根据烟气排放指标及余热锅炉出口烟气浓度，本项目确定烟气净化工艺为“SNCR+半干法+干法+SCR”工艺，即“SNCR 炉内脱氮+旋转雾化脱酸反应塔+消石灰干粉喷射+活性炭喷射+袋式除尘器+SCR”。

本项目 SNCR 系统采用尿素作为还原剂，由尿素制备单元、尿素存储单元、尿素输送模块、软化水储存及输送模块、计量混合模块及喷射模块组成。尿素颗粒以袋装形式运至现场，经上料装置送入尿素制备罐，与软化水搅拌配制为35%～40%的尿素溶液，制备罐配置电加热，确保制备罐内温度达到 60～70℃，保证尿素颗粒顺利溶解并防止结晶；配制后的尿素溶液经 2 台尿素输送泵(1 用 1

备)送至焚烧炉，为使尿素溶液均匀分布于焚烧炉膛的断面内，尿素溶液需经软化水稀释后喷入炉内。稀释后的尿素溶液浓度为 5%左右，经喷嘴喷入焚烧炉炉膛，单台焚烧炉设 12 个喷嘴，分 2 层布置，SNCR 控制系统可根据焚烧炉内燃烧状态及温度分布选择适合脱硝温度的喷嘴层，尿素雾化采用压缩空气雾化。

垃圾焚烧炉余热锅炉烟气(温度 190～240℃)被引入脱酸反应塔后，烟气中的酸性物质(HCl、SO_2等)与雾化的石灰乳液滴充分反应，调温水随石灰乳液雾化并蒸发，从而调节烟气温度。在反应塔出口烟道喷入 $Ca(OH)_2$ 和活性炭粉末，烟气中未去除完的酸性污染物与 $Ca(OH)_2$ 继续反应去除，二噁英和汞等重金属则被活性炭吸附，烟气进入袋式除尘器后被滤袋分离出来，经过除尘净化后的烟气(温度 145℃)加热后进入 SCR 反应器催化剂区域进行脱硝反应，脱硝后烟气由引风机通过烟囱排大气。

在袋式除尘器的干净烟气一侧配有压缩空气分配管。脉冲压缩空气通过分配管定期清扫(在线清扫)附着在滤袋上的飞灰。清理下的飞灰经刮板输送机输送至飞灰仓。

3. 主要技术指标

(1) 烟气净化脱硫效率≥90%。
(2) 烟气净化脱氯效率≥98%。
(3) 烟气净化脱氮效率≥90%。
(4) 袋式除尘器的除尘效率≥99.9%。
(5) 烟气净化系统总漏风率≤5%。

4.8.8 余热发电

1. 机组选型与发电量

为在获得良好的社会效益的同时取得一定的经济效益，本项目拟利用垃圾焚烧余热锅炉产生的过热蒸汽，供凝汽式汽轮发电机组发电。焚烧余热锅炉产生的过热蒸汽参数为 4.0MPa(a)，400℃。考虑到由余热锅炉过热器出口至汽轮机蒸汽入口间管路上的温度、压力损失，本项目汽机进汽参数确定为 3.85MPa(a)，390℃。在设计条件下单台炉产汽量为 54.6t/h，配置 1 台额定功率 25MW 凝汽式汽轮机组和 30MW 发电机组。

根据锅炉年运行 8000h 计算，垃圾达到设计热值时汽轮机年发电量为 1.5364×10^8kW · h。当机组检修或事故停机时，主蒸汽经两级减温减压后，送至冷凝器进行冷却，其凝结水送至除氧器。

2. 汽轮发电机组参数

汽轮发电机组参数见表 4-16。

表 4-16　汽轮发电机组参数

机组型式	中温、中压、单缸、凝汽式汽轮机
汽轮机数量	1 台
额定功率	25000kW
进汽压力	3.85MPa(a)
进汽温度	390℃
排汽压力	0.0056MPa
发电机数量	1 台
型号	QF-30-2
功率	30000kW
电压	10.5kV
转速	3600r/min
功率因数	0.8

3. 机组运行方式

根据垃圾焚烧发电厂以处理垃圾为主的特点，汽轮发电机组采用“机随炉”的运行方式。为保证在汽轮机故障或检修期间垃圾焚烧炉的稳定运行，设置了汽机旁路系统，用于汽机停机时将主蒸汽通过两级减温减压装置送入凝汽器，凝结水送至除氧器，在除氧器除氧加热后用给水泵送至余热锅炉，维持垃圾焚烧锅炉的正常运行。

汽轮机设有三级抽汽，一级非调整抽汽供给焚烧炉空气预热器加热一次风和二次风；二级非调整抽汽供给除氧器加热锅炉给水；三级非调整抽汽供给低压加热器用。

系统设置了空预器和除氧用减温减压器，在汽轮机停机检修或在汽轮机负荷较低，汽机一、二级抽汽压力不能满足空气预热器和除氧器加热蒸汽压力的要求时，将主蒸汽减温减压至所需的蒸汽参数，补充汽机抽汽的不足。

4.8.9 电气系统

1. 接入系统

本项目 1 台发电机出口设发电机电压母线，所发电能除去自用外，盈余部分经升压后接入就近变电站，1 台主变升压至 110kV 接入就近变电站上网。

2. 发电机电压选择

发电机额定电压为 10.5kV，电厂采用 10kV 不接地系统。高压厂用电压为 10kV，向厂用变压器和 200kW 及以上的电动机(引风机、给水泵、循环水泵)配电。200kW 以下电动机和其他用电设备供电电压均采用 380V。

3. 厂用电负荷

厂用电安装容量：6832kW。
厂用电计算负荷：3663kW。
年最大发电量：1.4853×10^{8}kW · h。
年自用电量：0.2599×10^{8}kW · h。
年最大上网电量：1.2254×10^{8}kW · h。
全厂自用电率：17.5%。

4.8.10 仪表及自动控制

全厂设中央控制室，采用集中分散式控制系统(DCS)，实现炉、机、电统一的监视与控制。以 DCS 为核心构成自动监控系统，完成对垃圾焚烧炉和余热锅炉、汽轮发电机组及附属设备的运行监控。在中央控制室内配置有 DCS 的人-机界面及系统设备、其他工艺设备配套的控制系统。

DCS 由控制站、操作站、工程师站、通信网络、远程 IO 站、现场仪表等构成。

DCS 除直接完成必要的监控外，经过通信方式与以下各类设备厂家配套的监控系统进行信息交换，对其实行统一集中监视或控制：

(1) 焚烧炉自动燃烧控制(ACC)系统。
(2) 垃圾吊控制系统。
(3) 渣吊控制系统。
(4) 旋转雾化控制系统。
(5) 布袋集尘控制系统。
(6) 汽机转速、电液调节控制系统。
(7) 烟气排放在线监测系统。

(8) 空压站控制系统。

(9) 渗沥液处理控制系统。

(10) 生产废水处理控制系统。

(11) SNCR 控制系统。

(12) 飞灰稳定化控制系统。

(13) 汽车衡控制系统。

设置烟气在线监测系统，对烟气流量、温度、压力、烟尘及 O_2、HCl、SO_2、NO_x、CO、CO_2、NH_3 等气体浓度参数实行实时监控。同时在人流出入口附近明显位置，设置烟气排放物在线监测实时显示公众牌，将本厂垃圾焚烧烟气排放污染指标公诸于众，由社会公众随时检查监督。

4.8.11　车间配置

焚烧车间采用综合厂房布置，将卸料大厅、垃圾池、焚烧间、烟气净化、发电厂房、中央控制室、展示大厅等均集合在一个建筑体内，主体运转层为 8.00m 和 14.00m。

污泥干化车间主体布置在卸料平台下方，长 30m，宽 21m。

汽轮发电机组采用岛式双层布置。汽机房 0m 层及以下布置有凝结水泵、凝汽器、射水泵、锅炉给水泵、疏水箱、疏水泵等，汽轮机侧面设有检修场地。

汽机房 4m 层为加热器平台，布置有低压加热器、油站等。

汽机房 8m 层为运转层，布置有主蒸汽母管、支管及相应阀门、汽轮机、发电机、减温减压器等。

14m 层布置 1 台旋膜式中压除氧器、1 台连续排污扩容器、1 台空预器用疏水扩容器及检修操作平台等。

4.8.12　项目部分技术及经济指标

项目部分技术及经济指标见表 4-17。

表 4-17　部分技术及经济指标表

序号	指标名称	单位	数量	备注
1	**设计规模**			
	垃圾处理量	t/d	1200	
		万 t/a	43.8	
	达产年发电量	10^4kW · h/a	14853	
	其中：上网售电量	10^4kW · h/a	12254	

续表

序号	指标名称	单位	数量	备注
2	发电机组工作时间	h/a	8000	
3	主要材料需要量			
	消石灰	t/a	5782	
	润滑油	t/a	2	
	活性炭	t/a	224	
	尿素	t/a	1971	
	点火油	t/a	220	
4	计算期	a	30	
	建设期	a	1.5	
5	劳动定员	人	97	
6	总用水量	m^3/d	166210	
	生产水	m^3/d	3466	含未预见水量
	生活水	m^3/d	22	
	循环水	m^3/d	161520	
	回水	m^3/d	1202	
	厂自用电率	%	17.5	
7	总图			
	总用地面积	m^2	66625	约 99.94 亩
	新建厂内道路面积	m^2	6425	
	绿化面积	m^2	10000	
	绿地率	%	15	
	厂区围墙长度	m	1010	
8	项目总投资	万元	77719	
	其中：建设投资	万元	75063	
	建设期利息	万元	1944	
	流动资金	万元	712	
9	资金来源	万元	77720	
	自有资金	万元	23430	
	长期借款	万元	53791	

续表

序号	指标名称	单位	数量	备注
	流动资金借款	万元	499	
10	**成本及费用指标**			
10.1	总成本费用	万元/a	8947.95	包含恢复性大修
10.2	经营成本	万元/a	5520.72	包含恢复性大修
10.3	单位成本			
	垃圾单位成本	元/t	201.55	不含恢复性大修
	其中：单位经营成本	元/t	123.31	不含恢复性大修

第 5 章　餐厨垃圾处理技术

5.1　概　　述

餐厨垃圾是指家庭、学校、机关、公共食堂以及餐饮行业的食物废料、餐饮剩余物、食品加工废料及不可再食用的动植物油脂和各类油水混合物，是城市生活垃圾的一部分。随着经济的发展，人民生活水平的不断提高，餐厨垃圾的产生量也随着餐饮业的发展而迅速增长，根据一些城市对餐厨垃圾产生量的调查，我国城镇餐厨垃圾的产生量为 0.1～0.12kg/(人 · d)，每年全国城镇餐厨垃圾产生量超过 3000 万 t。

餐厨垃圾的成分主要以可降解的有机物为主，主要包括淀粉、纤维素、脂肪、蛋白质以及无机盐(主要是 NaCl)等，同时还含有少量的钙、镁、铁、钾等微量元素。餐厨垃圾化学成分表详见表 5-1。

表 5-1　餐厨垃圾化学成分表

组成	化学成分					
	C	H	O	N	S	Cl
数值/%	43.52	6.22	34.5	2.79	<0.3	0.21

餐厨垃圾较之其他垃圾，具有水分高(70%～90%)，有机物、油脂及盐分含量高，易腐烂、营养元素丰富等特点，细菌、酵母菌等活菌含量非常高，极易变质腐败，孳生和招引蚊、蝇、鼠、蟑螂等害虫，污染环境。由于高含水率，餐厨垃圾热值不能满足垃圾焚烧要求(不低于 5000kJ/kg)，渗沥液产生量大，也不宜直接填埋。

5.2　餐厨垃圾处理技术分类

目前餐厨垃圾处理的主要技术包括填埋、焚烧、热解、厌氧消化、好氧堆肥、直接烘干作饲料和微生物处理技术。

5.2.1　填埋处理技术

餐厨垃圾填埋处理技术在国内尚无成功应用的先例，其优点是处理量大，运行费用低；工艺相对较简单。其缺点是占用大量土地，耗用大量征地等费用；填埋场占地面积大，处理能力有限，服务期满后仍需新建填埋场，进一步占用土地资源；餐厨垃圾的渗出液会污染地下水及土壤，垃圾堆放产生的臭气严重影响空气质量，形成不可逆的对周围大范围的大气及水土的二次污染，滋生有害物，产生渗沥液、恶臭气体、重金属等一系列严重问题；垃圾发酵产生的甲烷气体既是火灾及爆炸隐患，排放到大气中又会产生温室效应；没有对垃圾进行资源化处理。

欧盟国家已颁布垃圾填埋法令禁止将餐厨垃圾填埋，填埋设施逐渐成为其他处理工艺的辅助方法，只用来处理不能再利用的物质。

在当前土地资源紧缺、人们对环境影响的关注度越来越高的大前提下，填埋处理技术已明显不适合我国餐厨垃圾的实际情况，但作为餐厨垃圾分选处理后产生的不适宜生化处理的物料的一种最终处理手段，是餐厨垃圾处理的一个必要环节。

5.2.2　焚烧处理技术

焚烧处理对垃圾低位热值有一定要求，一般用于处理有相当热值的可燃性垃圾，如木材、纸张等，对含水率高达 70%的餐厨垃圾就不适宜直接焚烧，因为水分含量高会增加焚烧燃料的消耗，增加处理成本；高含水率会导致焚烧炉内的燃烧不完全，促进二噁英的生成；含盐量高，会提高飞灰中重金属的浸出率；若在焚烧厂垃圾池储存，会增加坑内的浸出水量。与填埋技术一样，餐厨垃圾焚烧处理技术在国内也没有成功应用的先例。

5.2.3　热解法

热解法是利用垃圾中有机物的热不稳定性，在无氧或缺氧条件下对之进行加热蒸馏，使有机物产生热裂解，经冷凝后形成各种新的气体(甲烷、一氧化碳、二氧化碳、氢气)、液体(有机酸、焦油、芳肼)和固体(炭黑、炉渣)，从中提取燃油、油脂和燃气，燃气进行发电。

餐厨垃圾含水量高达 60%以上，低位热值很低，在热解过程中，水分总是先汽化，需要吸收大量外部热量，要增加补充燃料，增大运行成本；同时，被汽化后的水以水蒸气的形式与可燃的热解燃气共存，严重降低了热解燃气的热值和使用价值；另外，餐厨垃圾中有机物垃圾成分复杂，导致热解工艺参数处在一个很复杂的不确定因素中，使热解生产工艺不稳定而难以控制。

5.2.4　厌氧消化处理技术

餐厨垃圾厌氧消化是指在无氧条件下，在兼性厌氧微生物和厌氧微生物的作用下，在密闭反应中，有效地将固态有机质中可生物降解的有机物转化为清洁能源——沼气，从而达到减量化、无害化、资源化的过程。餐厨垃圾含水量大，有机物含量高，采用厌氧消化处理是一种理想的处理方式。有机质是餐厨垃圾的主要成分，达 40%～60%或以上。餐厨垃圾经厌氧消化后，1kg 大约可产生 0.14m^3 沼气。沼气经过适当处理后，可作为一种清洁燃料加以利用。

与其他技术相比，厌氧消化处理技术的优点是：

(1) 产生的沼气是清洁能源，容易实现能量的回收利用，从而减少了温室气体的排放量。

(2) 固体物质消化后，产品中氮保存较多，可以得到高质量的有机肥料和土壤改良剂。

(3) 在有机物转变成甲烷的过程中实现了垃圾的减量化。

(4) 与好氧堆肥相比，厌氧消化过程中不需要氧气，动力消耗少，因而运行成本较低。

其缺点是工程投资较大；工艺较复杂；产生的沼液量较大，处理难度大。

厌氧发酵工艺在发达国家已经是一项成熟、可靠的有机餐厨垃圾处理技术，虽然中国的餐厨垃圾具有水分、油脂、盐分含量高等特性，但是根据欧洲各国设计、运行的丰富经验，这些因素造成的影响都可以通过工艺本身的工况调整加以避免。

5.2.5 高温好氧堆肥处理技术

高温堆肥是在有氧的条件下，有机废物中的可溶性有机物质可透过微生物的细胞壁被微生物直接吸收，而不溶的胶体有机物质，先被吸附在微生物体外，依靠微生物分泌的胞外酶分解为可溶性的物质，再深入细胞。微生物通过自身的生命代谢活动，进行分解代谢(氧化还原过程)和合成代谢(生物合成过程)，把一部分被吸收的有机物氧化成简单的无机物，并放出生物生长、活动所需要的能量，把另一部分有机物转换成新的细胞物质，使微生物生长繁殖，产生更多的生物体。

其优点是工艺简单；产品有农用价值。

其缺点是对有害有机物及重金属等的污染无法很好解决、无害化不彻底；处理过程不封闭，容易造成二次污染；堆肥处理周期较长，占地面积大，卫生条件相对较差；有机肥料质量受餐厨垃圾成分制约很大，堆肥时要保证有机肥产品达到国家标准，就必须将新鲜的垃圾先进行分选，然后将易腐有机组分进行发酵，但餐厨垃圾的含水率高达 90%，发酵过程中糊状垃圾将整个堆垛全部空间填死，空气无法进入内部，致使微生物处于厌氧状态，使降解速度减慢，并产生硫化氢等臭气，同时使堆肥温度下降，严重影响堆肥质量，销路往往不畅。

5.2.6　饲料化处理技术

饲料化处理技术主要采用物理手段将餐厨垃圾经过高温加热，烘干处理，杀毒灭菌，除去盐分等，最终生成蛋白饲料添加剂、再生水、沼气等可利用物质。

其优点是机械化程度高，资源化程度高；占地较小。其缺点是难于从根本上避免蛋白同源性问题，人们对其用作饲料存在一定的顾虑。

5.2.7　微生物生化处理技术

微生物生化处理技术是选取自然界生命活力和增殖能力强的高温复合微生物菌种，在生化处理设备中，对畜禽肉品、过期食品、餐厨垃圾等有机废弃物进行高温高速发酵，使各种有机物得到完全的降解和转化；不仅解决了各类有机物及时、彻底、无害化处理，减少人畜交叉感染和环境污染，同时通过资源循环系统工程，产出高活菌、高能量、高蛋白的固体再生资源——活性微生物菌群；这些菌群按照不同的配方和特殊的工艺，经过深加工制成高品质的微生物肥料菌剂和生物蛋白饲料，应用在有机、绿色生态农业和畜禽、水产养殖业，实现资源循环再利用。

其优点是占地面积小；处理时间短，无需繁杂分拣；资源利用率高；产品有市场，销路较好，产品质量较高，产品附加值较高。其缺点是一次性投资略高，单台设备处理能力低，更重要的是设备耗能大，而且该技术减量化效果差，在餐厨垃圾中大量掺其他有机物，如麸皮、糠等，后端农业生产资料应用产业链较长。

5.2.8　餐厨垃圾处理技术方案的比较

填埋、焚烧、热解因不适合大规模餐厨垃圾处理而不被广泛采用。厌氧消化、饲料化、堆肥和生化处理才是当前餐厨垃圾处理技术的主流。

高含水率的餐厨垃圾，往往成为填埋场垃圾渗沥液的主要来源；餐厨垃圾黏度大，分散性差，也不利于在填埋场摊铺和压实；此外餐厨垃圾有机物含量较高，填埋方式未对其进行有效的资源化利用，因此餐厨垃圾不适宜采取填埋工艺。近年来，世界各国也纷纷制定法规限制餐厨垃圾进入填埋场。

餐厨垃圾也不宜采用焚烧工艺，因为含水率高会增加焚烧燃料的消耗，增加处理成本；餐厨垃圾中含有的大量脂类物质在重金属催化条件下生成二噁英，若处理不当易对环境造成严重的二次污染。

热解法在热解过程中需要吸收大量热量，因此需要补充燃料，导致运行成本增加；水分汽化后，与可燃的热解气共存，严重降低热解燃气的热值和可使用价值；而且由于餐厨垃圾中有机物成分复杂，热解工艺不稳定，难以控制。

微生物处理技术具有较好的技术安全性、先进性、可靠性；其产品质量好，并且附加值高等。但是单台设备处理能力小，设备能耗很大，运营费用也高；同时在餐厨垃圾中掺加大量的麸皮和糠等物料，不符合垃圾减量化的原则。因此目前其只在少量饭店等自身采用，较少在处理规模大的项目中应用。

饲料化处理技术具有机械化程度高，资源化程度高，占地面积小，投资小等优点。该技术发源于日本、韩国等国家，一度占据很重要的位置，但是近年来，该技术逐渐在上述两国市场退缩，相反厌氧消化处理技术在上述两国逐渐占据主导地位。究其原因，主要是人们担心蛋白的同源性问题，但是其在工艺中难以避免。因此，应慎重选择该技术。

利用厌氧消化处理技术处理餐厨垃圾在国外有着比较广阔的应用，特别是在欧洲，用厌氧消化的方法处理有机垃圾得到较大的发展，在日本和韩国，厌氧消化处理餐厨垃圾也得到了较大的发展。该技术无害化程度较高，完全克服了同源性的影响，且具有高的有机负荷承担能力。虽然我国餐厨垃圾与国外的餐厨垃圾存在一定的差异。但是通过相应的技术改进和优化，也是能满足国内餐厨垃圾处理需要的。

5.3 工程案例

5.3.1 项目概况

北方某地区垃圾产生量如下：餐厨垃圾 200t/d，粪便 300t/d，污泥 100t/d。主要工程内容包括：

(1) 餐厨垃圾、粪便及污泥收运系统；

(2) 餐厨垃圾、粪便及污泥联合湿式厌氧消化工程；

(3) 污水处理系统；

(4) 污泥脱水系统；

(5) 生物气处理及利用工程；

(6) 全厂臭气处理工程。

5.3.2 工艺方案的确定

1. 餐厨垃圾工艺方案

通过认真分析和比较，在现有餐厨垃圾处理技术中，厌氧发酵技术比较先进；可靠性较高；符合国家产业政策和发展方向，不存在同类饲料化技术存在的安全隐患；产品为沼气或电力，能平稳销售，可保证餐厨垃圾的长期持续性处理；国内外成功应用案例较多；适合大规模连续化工厂生产；二次环境污染较小，易于控制，选址比较容易，投资适中。因此，依据现有技术条件和技术水平，本项目餐厨垃圾处理技术首选厌氧发酵技术。

2. 粪便处理工艺方案

借鉴目前多数粪便处理厂的经验，确定本工程的粪便处理工艺为物理化学方法，即固液分离和絮凝沉淀，使渣、水分离。经固液分离出来的垃圾可进行焚烧处理，絮凝脱水出来的粪渣直接焚烧，分离的粪便污水进入污水处理设施。餐厨垃圾含固率相对较高，且粪便固液分离后的清液有机质含量较高，可与餐厨垃圾进行联合厌氧发酵，在调节厌氧发酵含固率的同时实现资源的再生利用。

3. 污泥处理工艺方案

污泥处理应该以“减量化、无害化”为目的，“资源化”并不是最终的目的，但应尽可能利用污泥处理过程中的能量和物质，以实现经济效益和节约能源的效果，实现其资源价值。本工程主要考虑该地区环卫发展现状及环境卫生工作的发展规划，综合考虑餐厨垃圾、粪便和污泥的处理处置方法。

因此，本工程主要从餐厨垃圾、粪便、污泥的共同的特点即有机质含量较高出发，力争以最少的投入、最小的占地、可行的工艺，达到污泥处理最理想的效果。综上所述，本项目污泥的处理方式也考虑厌氧发酵处理，污水处理厂脱水污泥进行预处理调浆后，与餐厨垃圾、粪便进入联合厌氧发酵处理工艺。

4. 联合厌氧发酵技术

本工程拟选择餐厨垃圾、粪便、污泥联合厌氧发酵技术，此项技术能最大限度地将餐厨垃圾、粪便及污泥中可利用的资源全部回收与转化，产生一定经济效益的油脂、沼气和有机肥料。油脂可以加工成生物柴油，沼气可直接用来发电或生产压缩天然气(CNG)，是缓解目前能源需求与供给矛盾的有效途径。此外，处理后的残渣经过稳定化处理后，还可加工成有机肥料，广泛应用于园林绿化、土壤改良等领域。

同时厌氧消化技术在国内已成熟应用在餐厨垃圾处理、污泥处理等固废处理中，作为多物料联合厌氧也有较多的成功实例。

根据前述分析，该有机质资源生态处理主体技术路线为“预处理+油脂提取+联合厌氧消化”工艺，主要产品为粗油脂和沼气。

5.3.3　工艺设计

1. 全厂工艺流程和物料平衡

餐厨垃圾进厂后经预处理，进行中温湿式厌氧消化。

粪便经过固液分离预处理后，部分粪也进入厌氧消化系统，部分进入后段絮凝脱水，脱水后的污水进入污水处理厂处理。污泥经过稀释打浆后进入厌氧消化系统进行处理。

全厂工艺流程见图 5-1，全厂物料平衡见图 5-2。

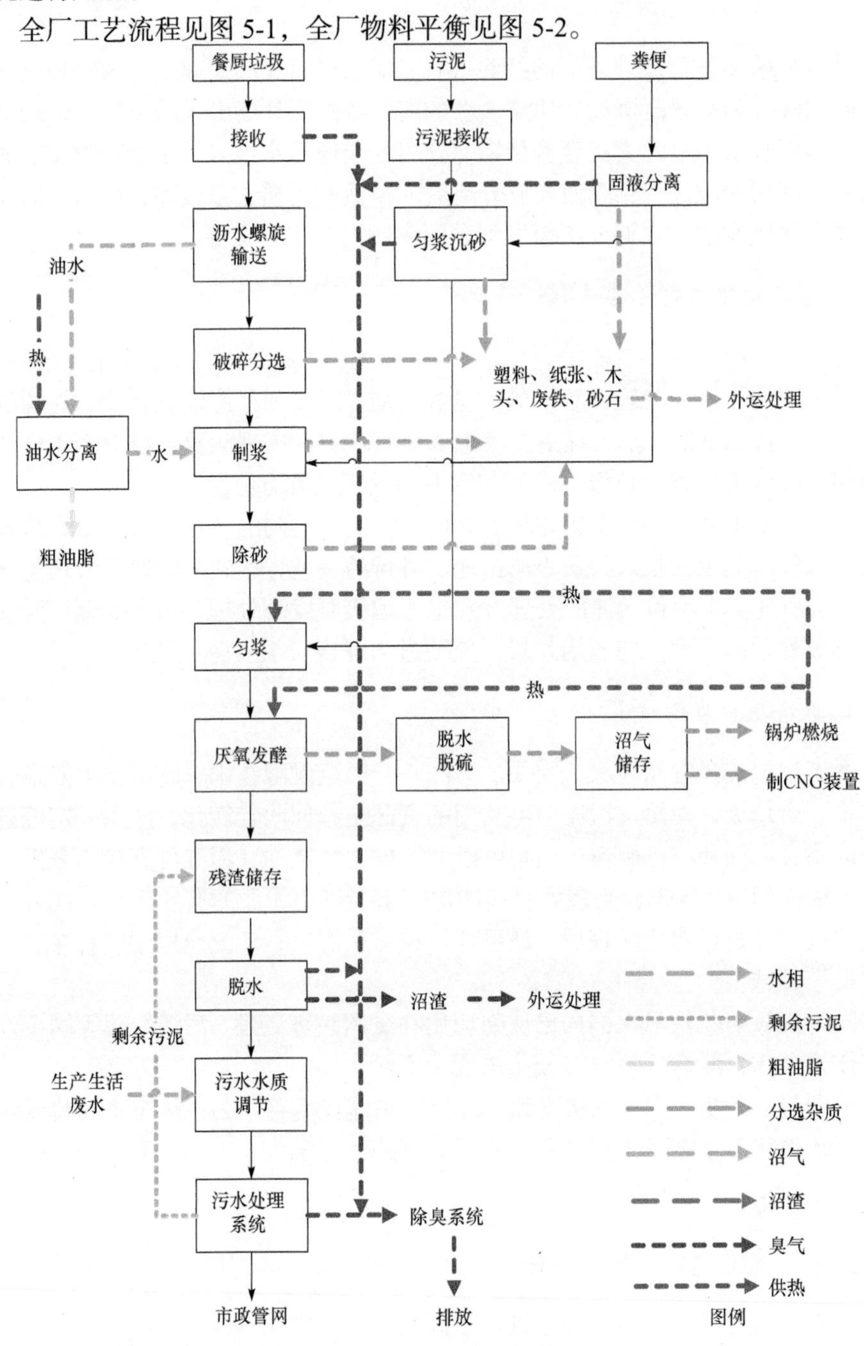

图 5-1　全厂工艺流程图

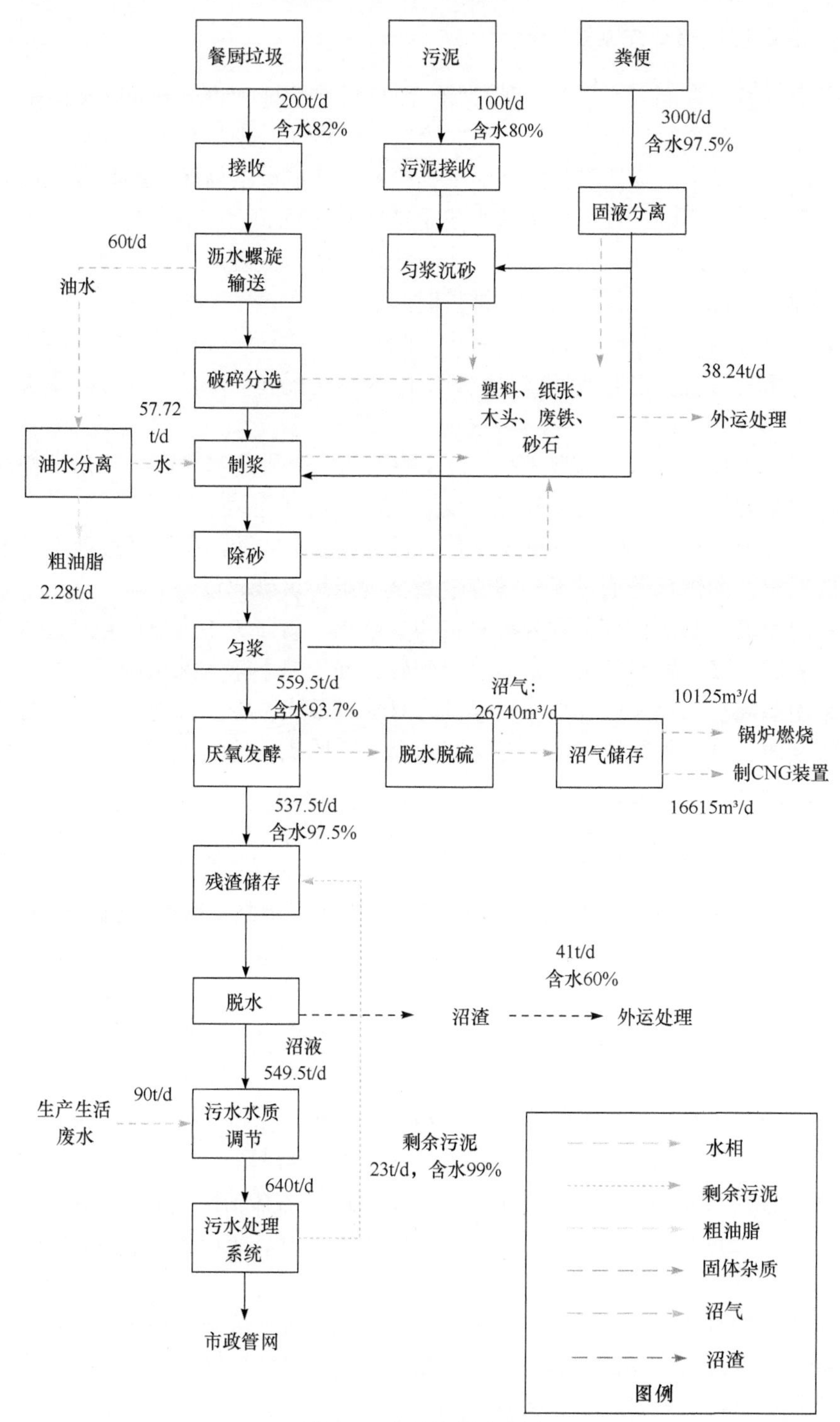
餐厨垃圾
污泥
粪便
200t/d
含水82%
100t/d
含水80%
300t/d
含水97.5%
接收
污泥接收
固液分离
60t/d
油水
沥水螺旋输送
匀浆沉砂
破碎分选
38.24t/d
塑料、纸张、木头、废铁、砂石
外运处理
57.72t/d
水
油水分离
制浆
粗油脂
2.28t/d
除砂
匀浆
559.5t/d
含水93.7%
沼气：
26740m³/d
10125m³/d
厌氧发酵
脱水脱硫
沼气储存
锅炉燃烧
制CNG装置
16615m³/d
537.5t/d
含水97.5%
残渣储存
41t/d
含水60%
脱水
沼渣
外运处理
沼液
549.5t/d
90t/d
生产生活废水
污水水质调节
剩余污泥
23t/d，含水99%
640t/d
污水处理系统
市政管网
水相
剩余污泥
粗油脂
固体杂质
沼气
沼渣
图例

图 5-2　全厂物料平衡图

2. 餐厨垃圾预处理系统

餐厨垃圾中常混入大量的各种异物，而且目前管理和收集方面存在诸多不完善的地方，导致餐厨垃圾成分复杂，这给餐厨垃圾的处理带来很多问题，造成处理设备的运行异常，降低设备处理效率，严重时造成设备损坏，因此餐厨垃圾的预处理是十分必要的。预处理工艺主要是杂质的分选。

本项目处理规模 200t/d，系统设计两条线，单线处理能力 100t/d，每天运行 10h，设两个班次，每班各设置 1h 维护时间。

餐厨垃圾预处理系统两条线，采用分期建设，一期第一条线按项目进度完成，预留第二条线占地，根据项目餐厨垃圾实际收运情况和保底量，进行第二条线的安装。

餐厨垃圾预处理采用破碎-除杂-制浆的工艺，采用高水平进口工艺设备，能够应对中国餐厨垃圾组分的多样性、复杂性。并实现连续平稳运行。

餐厨垃圾的接收料仓带有沥水功能，餐厨垃圾中的液体部分经过沥水后去油脂提取系统，固体部分通过无轴螺旋输送至餐厨垃圾破碎设备。

餐厨垃圾中的固体部分进入破碎机初步破碎。将垃圾中含有的包装袋破除，同时将餐厨垃圾中混有的大块杂质进行破碎，便于接下来的除杂制浆。

采用国际知名品牌破碎机，破碎机为双轴对辊式，能够通过输出大扭力破碎钢筋等杂质，对于餐厨垃圾中可能混有的金属杂质或其他大块杂质来说，该型号破碎机都能够给予充分破碎。

破碎后的固体垃圾物料粒径在 60mm×30mm 以下，便于后续的除杂制浆机对物料进行除杂以及制浆。

破碎后的物料仍然采用无轴螺旋输送。螺旋体采用高硬度合金，耐磨耐腐蚀，螺旋外壳采用不锈钢材料，耐腐蚀性能良好。螺旋配备大功率变频电机，满足物料的输送要求，同时考虑节能。

制浆机具有除杂功能，能够将物料中混有的杂质进行去除。破碎后的垃圾物料进入制浆机内，在制浆装置的切割、搅拌作用下，垃圾物料被进一步破碎成浆状物料，同时去除物料中的竹木筷子、塑料、台布、抹布、纸壳等柔性杂质，避免此类杂质在厌氧系统的罐体中漂浮、结痂，产生堵塞。

制浆过程需要加入一定量的工艺水对物料进行稀释调浆，根据现状，采用提油工艺，剩余的工艺热水以及粪便预处理后产生的上清液作为工艺水，参与制浆过程。

制浆后的浆液中还有破碎产生的硬质颗粒物，可能会在罐体中产生堆积，同时也会在输送过程中增加对管道、设备的磨损。因此设计旋流除砂工艺对浆液中的硬质颗粒进行去除。

采用水力旋流除砂工艺，利用砂石与有机物的密度差进行分离，结合反冲洗系统，去除的砂石携带有机物较少，砂石臭味较小。浆液中的有机物损失较少，利于厌氧产气的产量增加。

除砂后浆液进入联合厌氧发酵系统的匀浆罐。浆液含水率约为 90%。餐厨垃圾预处理工艺流程见图 5-3。

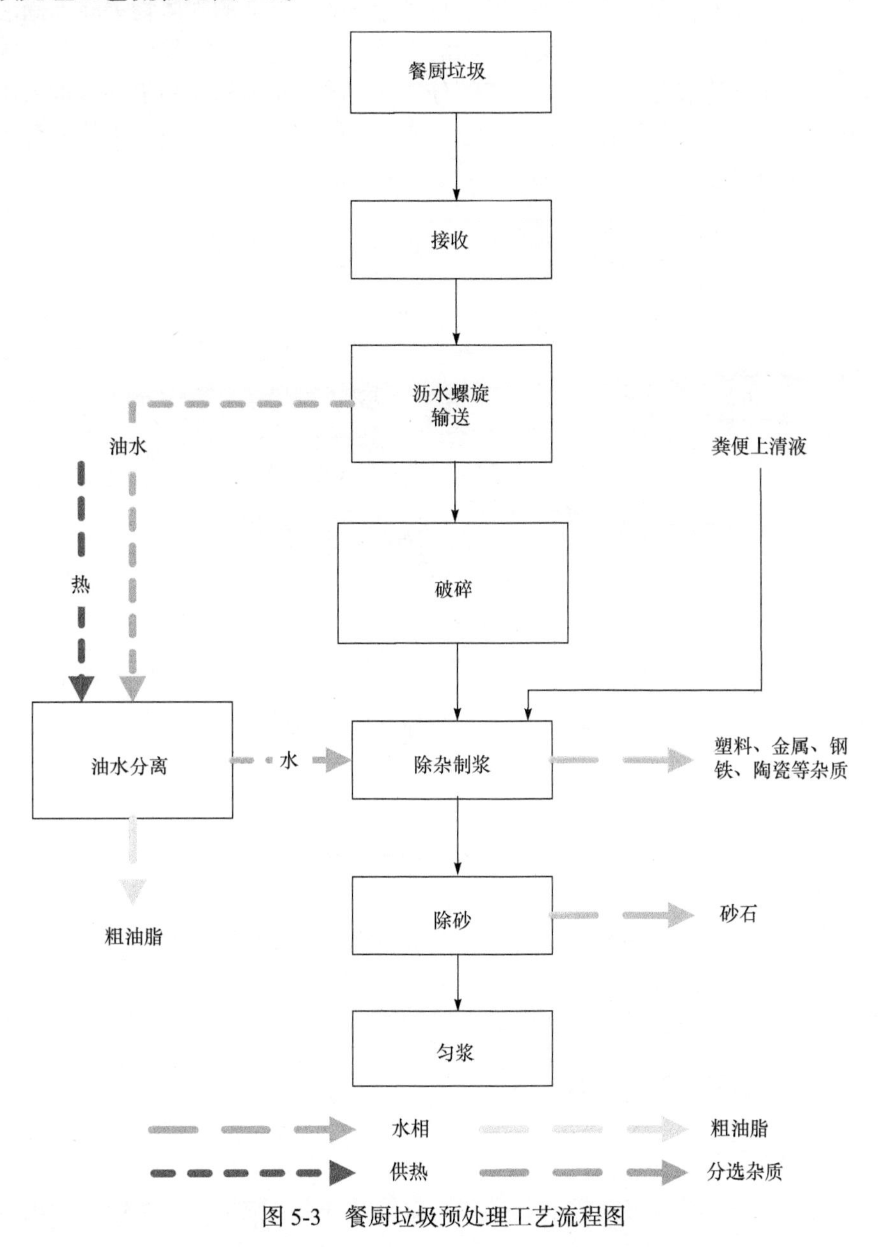

图 5-3　餐厨垃圾预处理工艺流程图

3. 粪便预处理系统

城市粪便处理规模为 300t/d，系统设计两条线，单线处理能力 150t/d。一期安装两条生产线，满足现阶段处理需求。

城市粪便经罐装运输车运至处理厂称重后，进入卸料车间，用密闭对接的方式卸粪，粪便固液分离，将粪便杂物中粒径为 6mm 以上的固体物去除。固液分离后的固渣通过输送设备送至固渣车间的固渣箱，通过运输车辆统一外运。固液分离后的粪便上清液分离液去向有三部分：第一部分作为餐厨制浆补水进入制浆机，第二部分作为污泥稀释水进入污泥调节池，第三部分进入联合厌氧发酵系统的匀浆罐(图 5-4)。

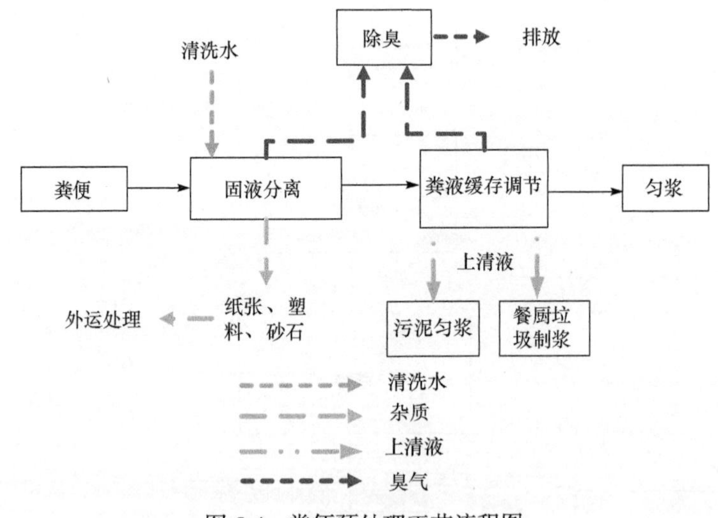

图 5-4　粪便预处理工艺流程图

4. 污泥预处理系统

市政污泥处理规模为 100t/d，污泥含水率为 80%。本系统设一条线，处理能力 100t/d。

市政污水厂含水约 80%的污泥，经称重后倒入污泥接收料仓，料仓带有液压滑架，可均匀布料，防止板结。接收料仓内污泥经泵输送到污泥调节池，经粪便上清液稀释匀质，最后进入联合厌氧系统匀浆。

5.3.4　联合厌氧发酵系统工艺设计

1. 工艺原理及流程

厌氧发酵是指在没有溶解氧和硝酸盐氮的条件下，微生物将有机物转化为甲烷、二氧化碳、无机营养物质和腐殖质的过程。

厌氧生物代谢过程的主要途径大致分为水解、产酸和脱氢、产甲烷三个阶段。水解阶段由兼性细菌产生的水解酶类，将大分子物质或不溶性物质分解为小分子可溶性有机物。进入产酸和脱氢阶段后，水解形成的小分子有机物被产酸细菌作为碳源和能源，最终产生短链挥发酸(如乙酸)，有些产酸细菌还能利用挥发酸生成乙酸、氢和二氧化碳。最后进入有机物真正稳定发生反应的第三阶段，即产甲烷阶段，产甲烷的反应由严格的专性厌氧菌来完成，将产酸阶段产生的短链挥发酸(主要是乙酸)氧化成甲烷和二氧化碳。

联合厌氧发酵系统主要由匀浆罐和完全混合式厌氧发酵罐组成。经过预处理后的餐厨垃圾、粪便上清液和市政污泥浆液通过泵送至匀浆罐进行混合匀浆，再进入厌氧发酵罐中进行厌氧发酵。

发酵后的发酵液进行脱水，脱水后的固渣(含水率 60%)外运处置，脱水滤液进入场内污水处理系统处理达标后排放。

发酵产生的沼气经脱硫后部分用于锅炉燃烧供热，其余提纯生产 CNG。

厌氧发酵系统的工艺流程图如图 5-5 所示。

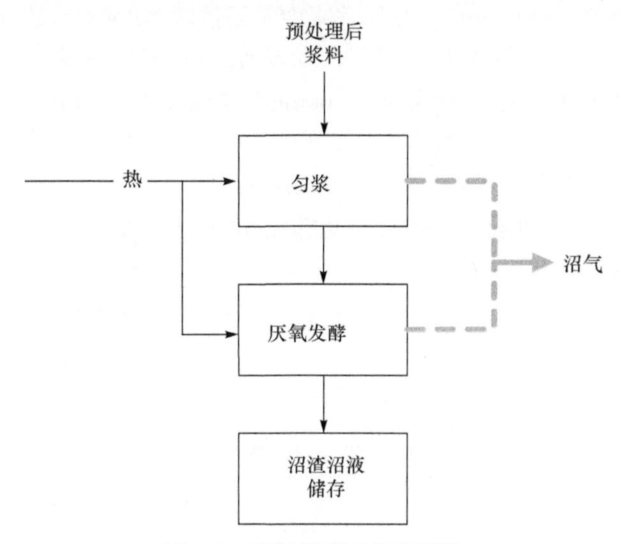

图 5-5　厌氧发酵工艺流程图

2. 匀浆罐

匀浆罐主要作用是对餐厨垃圾、粪便和污泥三种物料进行匀浆缓冲。匀浆罐有效容积 1200m^3，设置搅拌机。匀浆罐采取密闭形式，顶部预留除臭接口与厂区臭气收集系统连接，避免污染周边环境。

餐厨垃圾、污泥和市政粪便预处理后的物料还含有一定的砂石，在本系统中配置除砂系统一套。

3. 厌氧发酵系统

餐厨垃圾、污泥和城市粪便分别进入匀浆罐进行混匀，混匀后进入厌氧发酵罐中进行产甲烷反应，完成发酵物料的稳定化和减量化，并产生沼气。

中温厌氧发酵罐温度控制在 38℃±3℃范围内，罐体采用钢制罐体，内部防腐处理。

设计采用 3 座厌氧发酵罐，单座有效容积为 5000m^3，罐体尺寸为 20m(直径)×18m(高，有效高度 15.9m)。

每座厌氧发酵罐设有进料管、出料管、溢流管。进料管来自泵房，出料管与溢流管至沼渣沼液储罐。

厌氧发酵系统有机物降解率≥70%，设计容积负荷为 3.1kg VS/(m^3 · d)，厌氧发酵罐内温度、pH、挥发性脂肪酸、碳氮比等多项环境因素需要严格控制，偏高或者偏低都会对罐内菌种的生长产生抑制作用。

发酵罐中的碱度(ALK)很大程度上与进料的固体浓度成比例，良好的发酵池总碱度应为 2000～5000mg/L。在发酵罐中主要消耗碱度的是 CO_2，发酵池气体中的 CO_2 的浓度反映了碱度的需要量。挥发酸(VFA)是发酵反应的中间副产物，发酵系统中典型的挥发酸浓度为 50～300mg/L，当系统中存在足够的碱度缓冲时，也可以接受更高浓度的挥发酸存在。挥发酸与碱度比(VFA：ALK)反映了产酸菌和产甲烷菌的平衡状态。该比例是发酵系统是否正常的一个非常好的指标。对 VFA：ALK 的监测和变化趋势的分析能够在 pH 值发生变化之前发现系统存在的问题。VFA：ALK 应保持在 0.1～0.2，C/N 比 20：1～25：1。在运行过程中，应严格按照工艺要求，控制各项指标在规定的范围之内，为罐内菌种的生长创造一个适宜的环境条件。

厌氧系统设计主要技术参数见表 5-2 所示。

表 5-2　设计主要技术参数

序号	内容	参数
1	预处理后浆料量	560m^3/d
2	进料含固率	约 7%
3	厌氧发酵有机物降解率	≥70%
4	匀浆罐停留时间	2d
5	匀浆罐温度	常温

续表

序号	内容	参数
6	中温发酵罐停留时间	25d
7	中温发酵罐反应温度	38℃±3℃
8	厌氧系统容积负荷	3.1kg VS/(m^3 · d)
9	产沼气量	26740m^3/d
10	甲烷含量	⩾60%

5.3.5 污泥脱水系统

脱水系统处理对象包括发酵液残渣和污水处理系统产生的混合液，脱水后固渣含水率降到 60%以下，以利于后续处置。本系统采用板框压滤的方式进行深度脱水。

1. 沼渣沼液储罐

发酵后的物料靠重力流入沼渣沼液储罐，此外厂内污水处理系统产生的 23m^3/d 污泥(含水率为 99%)也进入该罐，共同进行脱水处理。设计 1 座储罐，停留时间 3h，顶部设置顶装式搅拌器，防止池底部沉渣，物料经转移泵输送至调质池内调质。

2. 调质池

调质池的主要功能为改善物料的脱水性能，通过加入 PAC 和 $Ca(OH)_2$ 乳液改变物料表面的物化性质和组分，破坏物料的胶体结构，减小与水的亲和力。设计 2 座调质池，单座顶部设置立式搅拌器 2 台，起到搅拌混合作用。

3. 脱水机房

该单元设计处理规模 560t/d、进料含水率 97%，本工程脱水机房采用隔膜挤压全自动板框压滤机 3 台，2 用 1 备。发酵后的物料以及污水处理系统处理后混合液经过调质后由投料泵泵入全自动高压隔膜压滤机，脱水后固渣含水率在 60%以下，固渣经螺旋输送机送至固渣储箱中。

为了改善物料脱水性能，采用两套配药投药系统，一套投加石灰乳液，一套投加 PAC 溶液。

5.3.6　沼气净化及利用系统

1. 产气量计算

1) 以 VS 为依据计算

由于厌氧浆料有机成分中主要产甲烷原料为其中的挥发性固体(VS)，因此，可以以 VS 为测算依据计算厌氧的理论产气量。

由于本厌氧浆料包括餐厨垃圾、粪便及污泥，结合三者的成分含量及相关配比可知，厌氧浆料中的 VS 占溶解性总固体(TDS)的 80%左右，按 TDS 含量 10%计算，则 VS 的每天理论产量为 600×10%×80%=48t/d。

根据以往工程对产物中 VS 含量的测算，VS 的实际降解率在 85%左右，考虑预处理系统 VS 的实际损失量，本次设计以 80%为计算依据，则 VS 的实际消耗量为 48×80%=38.4t/d。

厌氧生物处理过程中的有机物降解速率或甲烷生成速率可用 Monod 公式来描述，即

$$-\frac{\mathrm{d}S}{\mathrm{d}t}=-\frac{U_{\max}\cdot S\cdot X}{K_s+S} \tag{5-1}$$

式中，S 为基质浓度，g COD/L 或 g BOD/L；t 为时间，d；$U_{\max}$ 为最大比基质降解速度，d^{-1}；X 为微生物或污泥浓度，g VSS/L；K_s 为饱和常数。

$$\frac{\mathrm{d}V_{\mathrm{CH_4}}}{\mathrm{d}t}=Y_{\mathrm{g}}\cdot V_{\mathrm{r}}\cdot\left(-\frac{\mathrm{d}S}{\mathrm{d}t}\right) \tag{5-2}$$

式中，$V_{\mathrm{CH_4}}$ 为反应开始后的积累甲烷产量，mL；Y_{g} 为基质的甲烷转化系数，mL CH_4/g COD；V_{r} 为反应器的反应区容积，L。

由式(5-1)、式(5-2)得

$$\frac{\mathrm{d}V_{\mathrm{CH_4}}}{\mathrm{d}t}=\frac{Y_{\mathrm{g}}\cdot V_{\mathrm{r}}\cdot U_{\max}\cdot S\cdot X}{K_s+S} \tag{5-3}$$

由于在反应初期基质浓度很高，即可以认为 $S\gg K_s$，此时式(5-3)就可以简化为

$$\frac{\mathrm{d}V_{\mathrm{CH_4}}}{\mathrm{d}t}=Y_g\cdot U_{\max}\cdot V_{\mathrm{r}}\cdot X=U_{\max\cdot\mathrm{CH_4}}\cdot V_{\mathrm{r}}\cdot X \tag{5-4}$$

其中 $U_{\max\cdot\mathrm{CH_4}}$ 需根据试验确定，依据类似工程实际实验结论，$U_{\max\cdot\mathrm{CH_4}}$ 的计算值约为 0.65L/g VS，则代入上式可得

$$\frac{dV_{CH_4}}{dt}=Y_g\cdot U_{max}\cdot V_r\cdot X=U_{max\cdot CH_4}\cdot V_r\cdot X$$
$$=0.65\times10^{-3}\times38.4\times10^6=24960(m^3/d)$$

按照甲烷含量 60%计算，则每天沼气产生量约为 41600m³/d。

2) 概化分子式计算

由于厌氧浆料中包括餐厨垃圾、粪便及污泥，不利于计算混合后的概化分子，故对其进行分别计算。由于粪便水中有机物含量较少，且主要为调浆用水，故主要对餐厨及污泥进行产气量计算。根据餐厨的成分分析表，在含水率为 80%的情况下，求得平均状态下该餐厨垃圾的概化分子式为 $C_{22}H_{35}O_{13}N$(S 的含量暂不考虑)，此时在厌氧状态下产生 CH_4 和 CO_2，有

$$C_{22}H_{35}O_{13}N+10H_2O = 10.5CH_4+11.5CO_2+NH_3+5H_2$$

该概化分子式的分子量为 521，此时在单位质量为 1kg 原料的情况下，CH_4 产量为 96.46L，则在总的处理规模 200t 情况下，产生的 CH_4 气体总量为 19292m³/d，折合成沼气总产量为 32153m³/d。

结合某市政工程设计研究总院对污水处理厂污泥厌氧产气的研究可知，混合污泥的产气量约为 6.71m³/m³ 泥，本工程处理规模为 100t/d，产气量约为 6710m³/d，折合沼气产量为 11183m³/d。

则总的沼气计算量为 43336m³/d。

3) 产气量确定

上述均为理论计算值，概化分子式的计算结果为 CH_4 产量 26002m³/d，VS 理论产气量计算的结果为 24960m³/d，两者的计算结果是基本吻合的。最终取平均值计算，本工程以 CH_4 产量 25481 m³/d 为计算依据，折合沼气产生量约为 42468m³/d。

需要说明的是，以上为理论产气量，实际上，由于发酵集中在 47d 左右完成，那么产气总量会小于理论产气量，实际产气量与理论产气量的比值需要根据实际运营经验数据确定。

本项目中，气体利用暂按理论产气量 60%左右考虑，则沼气产量约为 25481m³/d，因此，考虑到产气量的不稳定因素，本项目沼气处理规模按照 20000m³/d 考虑。

2. 设计参数

1) 净化前沼气品质

净化前沼气品质详见表 5-3。

表 5-3　净化前沼气品质

成分	含量
CH_4	45%～70%
CO_2	30%～55%
H_2S	5000ppm*
O_2	＜1%
N_2	＜1%
H_2O	饱和蒸汽
温度	＜50℃
密度	1.25kg/m³
气体压力	5kPa

*ppm 为 10^{-6}。

2) 净化后气体指标

净化后的气体指标详见表 5-4。沼气提纯后质量指标满足《车用压缩天然气》(GB 18047—2017)的规定。

表 5-4　产品气指标参数

成分	含量
高位发热量/(MJ/m³)	≥31.4
总硫，以硫计/(mg/m³)	≤100
H_2S/(mg/m³)	≤15
CO_2/%	≤3.0
O_2/%	≤0.5
水*/(mg/m³)	在汽车驾驶的特定地理区域内，在压力不大于 25MPa 和环境温度不低于−13℃的条件下，水的质量浓度应不大于 30mg/m³
水露点/℃	在汽车驾驶的特定地理区域内，在压力不大于 25MPa 和环境温度低于−13℃的条件下，水露点应比最低环境温度低 5℃

*本标准中气体体积的标准参比条件是 101.325kPa，20℃。

3. 工艺流程

从厌氧发酵罐出来的沼气是一种燃料，其主要成分是甲烷和二氧化碳。经过净化后沼气利用有两种方式：一是部分沼气进锅炉燃烧，作为厂区需加热保温设备的热源；二是进入制 CNG 装置制备 CNG，可用作车载燃气。

沼气利用系统内设置应急火炬燃烧系统，在后段的工序不能正常运行或产气量过多而无法正常储存的情况下，将沼气通入火炬燃烧，避免含有大量甲烷的气体直接排放。

4. 沼气的净化、存储和利用

从发酵罐出来的沼气进行脱硫、除尘、干燥处理。采用湿法+干法结合的脱硫工艺，最大程度去除沼气中的硫化氢。脱硫精度高，出口沼气中硫化氢浓度可降低至 15ppm 以下。

沼气经过初级过滤、精滤等过滤装置，有效去除沼气中含有的微小颗粒，达到除尘目的。设置干燥器，对沼气中的水分进行去除，确保水分不会对管道及设备产生腐蚀。

脱硫、脱水的沼气经沼气压缩机压缩后，通过气水过滤器、拦截式预处理过滤器、初级油水分离过滤器、高效过滤器、冷冻干燥机除去饱和水蒸气和微尘粒，再经过换热器后得到了干燥、无油、洁净和温度适宜的高品质压缩沼气。该高品质压缩沼气经分气管道均匀进入膜分离系统进行分离，分离出的二氧化碳可通过管道排入大气，而制得的甲烷气可通过加压计量后作为汽车燃料使用。

沼气储气柜用于暂存经脱硫后的沼气，本项目采用双膜气柜。图 5-6、图 5-7 分别为沼气储气柜的原理图和实物图。

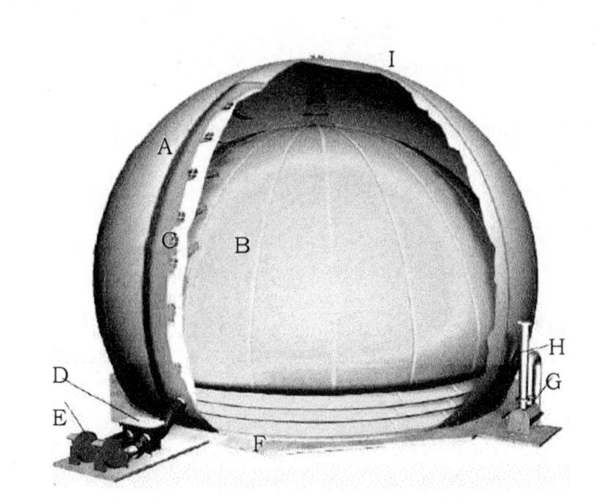

图 5-6　沼气储气柜原理示意图
A.外膜；B.内膜；C.通风系统；D.止回阀；E.风机；F.锚固环；G.安全阀；H.检查口；I.超声波传感器

根据原料沼气气体成分指标分析，原料沼气可依次通过压缩、脱水、膜分离脱碳、产品气压缩等工序，制得高浓度的压缩天然气(CNG)，可用作车载燃气。工艺流程如图 5-8 所示。

图 5-7　沼气储气柜实物图

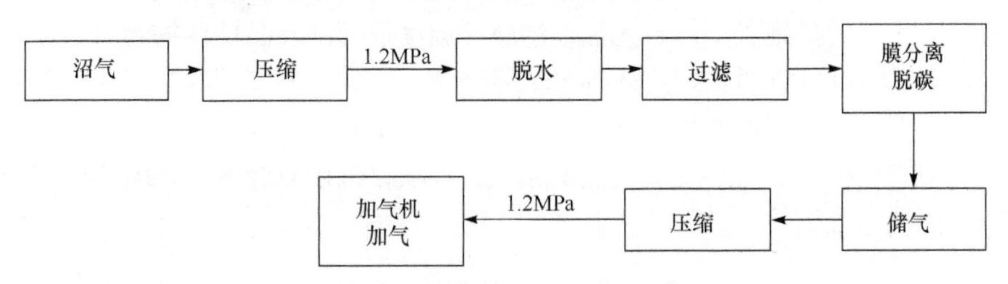

图 5-8　沼气制 CNG 工艺流程图

采用膜法工艺进行脱碳处理。进行膜分离提纯需要对沼气进行增压处理，以膜两面较高的压力差作为动力，利用膜材对不同气体组分的通过率的不同，来分别处理沼气中的不同气体组分。

经膜分离后的富甲烷气体进入储气罐进行缓冲，为后续高压压缩提供稳定气源，甲烷气体作为可燃气体进一步压缩至 25MPa，制成成品 CNG，供应新型燃气车辆使用，可以配备加气机使用。最终 CNG 产品的技术指标满足《车用压缩天然气》(GB 18047—2017)的相关规定：总硫≤100mg/m^3，硫化氢≤15mg/m^3，二氧化碳≤3%，氧气≤0.5%，高位发热量≥31.4MJ/m^3。

5. 沼气安全

沼气是可燃气体，在空气中聚集到一定浓度时会爆燃。本项目在日常运行时会产生大量沼气，在工艺设计、设备选取上，充分考虑到沼气的这一特点，针对性地采取如下措施，确保沼气能够得到安全的存储、利用。

(1) 压力保护措施。

(2) 防火、防爆措施。

5.3.7 污水处理系统

1. 处理规模

污水处理系统主要处理脱水后沼液和厂区生产废水，其中沼液约 550m^3/d，设备清洗水、车间冲洗水等其他生产废水约 90m^3/d，总计 640m^3/d，考虑到污水产量具有一定的波动性，并考虑一定的余量，确定本系统处理规模为 700m^3/d。

2. 进水、出水水质

1) 进水水质要求

根据项目可研及同类项目经验，污水处理系统进水水质可如表 5-5 所示。

表 5-5　污水处理系统进水水质参数

污染物名称	COD_{Cr}/(mg/L)	BOD_5/(mg/L)	SS/(mg/L)	NH_3-N/(mg/L)	TN/(mg/L)
进水水质	12000	5000	4000	2500	3000

2) 出水水质要求

污水处理系统出水执行《水污染物综合排放标准》(DB 11/307—2013)，具体指标如表 5-6 所示。

表 5-6　污水处理系统出水水质参数

污染物名称	COD_{Cr}/(mg/L)	BOD_5/(mg/L)	SS/(mg/L)	NH_3-N/(mg/L)	TN/(mg/L)	TP/(mg/L)
出水水质	≤500	≤300	≤400	≤45	≤70	≤8

3. 工艺流程

根据上述废水水质、水量特点和处理要求，确定本项目采用主要工艺组合为：水质均衡+外置式膜生物反应(两级 MBR)+部分 NF+浓缩液处理。工艺流程设计如图 5-9 所示。

5.3.8 除臭系统

1. 处理规模

本项目主要臭气来源为综合处理车间(餐厨垃圾预处理车间、粪便污泥预处理车间、污泥预处理车间)、脱水车间、污水处理系统等场所产生的臭气。本项目除臭系统设计风量为 60000m^3/h。

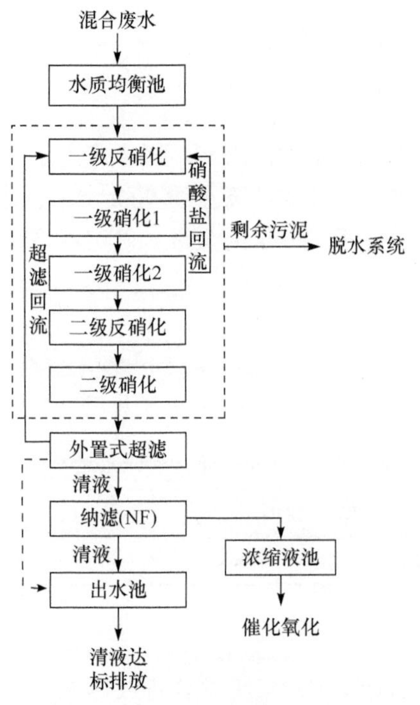

图 5-9　污水处理工艺流程示意图

2. 主要控制污染物

H_2S、NH_3、硫醇、有机硫化物、胺类等微量有机组分气体为恶臭气体主要污染物。表 5-7 为除臭系统主要控制污染物。

表 5-7　除臭系统主要控制污染物列表

项目	H_2S	NH_3	CH_3SH	$(CH_3)_2S$
分子量	34.08	17.03	48.1	62.13
嗅阈值	0.025～025μg/L	0.5～1.0mg/m³	0.0011～0.0021ppm	0.001ppm
熔/沸点	−82.9℃/−61.8℃	−77.8℃/−33.5℃	−123.1℃/7.6℃	−83.2℃/38℃
物性	无色气体，具有臭鸡蛋气味	无色气体，强烈刺激性气味	无色气体，烂洋白菜味	无色气体，烂卷心菜味
相对密度(空气)	1.19	0.5962	1.66	2.14
溶解性	能溶于水	极易溶于水，溶于乙醚、乙醇	不溶于水，溶于乙醇、乙醚等	溶于乙醇和乙醚，难溶于水
化学性质	可发生氧化等反应	可发生氧化等反应	可发生氧化等反应	可发生氧化等反应

3. 气体排放标准

满足《恶臭污染物排放标准》(GB 14554—1993)中厂界(防护带边缘)废气排放三级标准(新建)，且处理后无感官臭味。表 5-8 为臭气处理后的排放标准。

表 5-8　臭气处理后排放标准

序号	控制项目	单位	三级	
			新扩改建	现有
1	氨	mg/m^3	4	5
2	三甲胺	mg/m^3	0.45	0.8
3	硫化氢	mg/m^3	0.32	0.6
4	甲硫醇	mg/m^3	0.02	0.035
5	甲硫醚	mg/m^3	0.55	1.1
6	二甲二硫	mg/m^3	0.42	0.71
7	二硫化碳	mg/m^3	8	10
8	苯乙烯	mg/m^3	14	19
9	臭气浓度	无量纲	60	70

4. 工艺设计

本项目总除臭气量为 $60000m^3/h$，根据经验及现场情况，以及餐厨垃圾产生臭气成分复杂、浓度高的特性，设计中考虑恶臭气体为混合型污染物质，碱性、酸性含硫污染物质和有机污染物质可能都存在。为顺利达到国家相应排放标准，本工程采用一套完整的化学洗涤除臭设备，一套完整的生物过滤除臭设备，根据对通常餐厨垃圾处理项目上的污染物质的分析，两种工艺的结合是可以满足排放需求的。另外考虑到厂房大门处会有臭气外溢，以及临时情况臭气浓度增高的可能性，故在厂房大门周边以及臭气源附近加装一套植物液喷淋除臭系统辅助使用，以使除臭效果顺利达到。

即本综合除臭系统包含 3 个部分：

第一部分：化学洗涤塔除臭系统；

第二部分：生物除臭系统；

第三部分：植物液喷淋除臭系统。

1) 化学洗涤塔除臭系统

湿式化学洗涤系统利用化学反应机理，通过酸碱溶液和碱酸性有机气体的化学反应来对恶臭气体进行去除，如硫化氢(H_2S)、甲硫醇(CH_4S)、甲硫醚(C_2H_6S)、二硫化碳(CS_2)和二甲二硫($C_2H_6S_2$)等强恶臭酸性气体使用氢氧化钠、次氯酸钠来去除。为了提供反应的效率，洗涤系统采用精密的 pH 和氧化还原电位控制原理，严格地控制加药系统和洗涤塔的运行和操作，以保证达到所要求的排放标准。

2) 生物除臭系统

生物除臭系统利用微生物降解或转化空气中的挥发性有机物以及硫化氢、氨等恶臭物质。

生物除臭系统可去除空气中的异(臭)味、挥发性物质 VOC 和有害物质。具体应用范围包括控制/去除城市污水处理设施中的臭味、工业生产过程中的生产臭气、受污染土壤和地下水中的挥发性物质、室内空气中浓度较低的污染物等。生物除臭系统可以降解大多数挥发性和半挥发性的烷烃、烯烃和芳烃，这些物质一般具有可生物降解性和水溶性较大的特点，处理效果 95%以上。

3) 植物液喷淋除臭系统

为了更好地处理扩散开来的臭气，设计使用超细植物液喷淋系统，对餐厨垃圾预处理车间、粪便间和污泥脱水车间等重点致臭区域直接进行植物液喷洒除臭。

植物液喷淋除臭系统由控制系统、铜合金喷嘴、不锈钢 304 材料输送管、除臭剂配药系统等组成，自动化控制。专用雾化喷嘴有专用的除臭剂进口，调节合适的流量比例，雾化喷嘴即能喷出小于 40μm 的雾滴。在微小的液滴表面形成极大表面能和表面积，更易吸附空气中的异味分子，并使异味分子中的立体结构发生变化，变得更不稳定，更易降解。控制系统可根据实际情况，随意调整运行时间和运行间隔时间。直接植物液喷淋一般选用植物除臭剂，运行费用省，占地面积小，安装运行方便。

植物除臭剂的原材料含有天然植物提取液，经过先进的微乳化，使它可以与水相溶，呈透明状。它不含酒精，非易燃易爆，非毒性，还可生物降解，不会产生二次污染。

5.3.9 产品方案

本项目通过厌氧发酵系统生产出沼气、粗油脂，实现资源循环利用，保证食品安全和人民身体健康。沼气提纯后生产 CNG，工业粗油脂作为紧缺的化工原料，广泛应用于各种化工企业中，从源头上解决“地沟油”返回餐桌所带来的危害。

处理规模为 200t/d 餐厨垃圾，300t/d 粪便，100t/d 脱水污泥时可产生工业粗油脂 3.6t/d，产生沼气约 26700m^3/d，一部分经锅炉燃烧给厂区工艺、采暖供热，剩余沼气可生产 CNG 约 16619m^3/d。

图 5-10 为某餐厨垃圾处置厂总平面布置图。

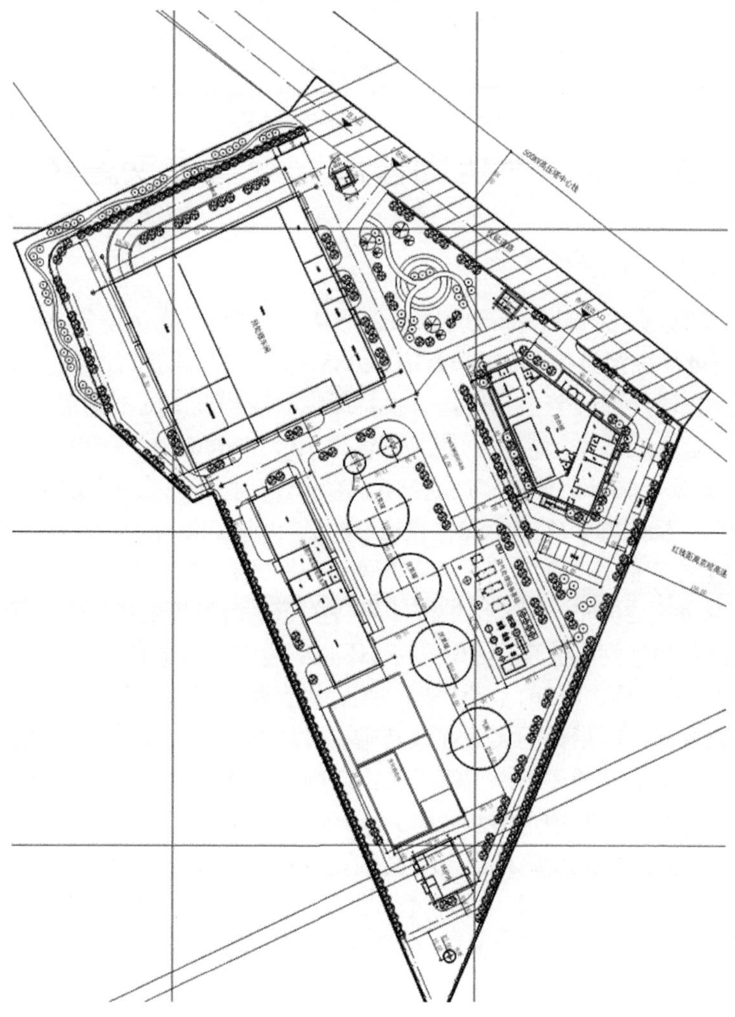

图5-10　某餐厨垃圾处置厂总平面布置图

第6章 有机固体废物处置发展趋势

1. 服务标准将更加严格和规范

今后，固废领域的服务标准会越来越严格，尤其是二次污染气体的排放标准。如《生活垃圾焚烧污染控制标准》(GB 18485—2014)的颁布，使得在2014版以前建设的焚烧发电厂面临着技术改造，收益面临一定程度上的不确定性；新建项目固定投资和运行成本增加较大，如北京鲁家山(4×750t/d，投资20.4亿元)和阿苏卫(4×750t/d，投资13.2亿)烟气均采用SNCR和SCR脱硝工艺，宁波鄞州(3×750t/d，投资14亿)、杭州九峰(3×750t/d，投资18亿)和浙江义乌(3×750t/d，投资15.32亿)均采用全流程的处理工艺即“SNCR+半干法+干法+湿法+SCR”的工艺流程。

2017年4月20日，环境保护部印发《关于生活垃圾焚烧厂安装污染物排放自动监控设备和联网有关事项的通知》(环办环监〔2017〕33号)，要求垃圾焚烧企业于2017年9月30日前全面完成“装、树、联”三项任务，实现烟气污染物和焚烧炉温度等6项指标的实时在线传输，对垃圾焚烧设施的污染物排放控制和设施监管提出了更高的要求。上海、佛山、南京等地已开展了较多的垃圾焚烧设施第三方监管实践，其中上海从2013年开始委托第三方专业公司对市属焚烧设施开展监管，倒逼焚烧设施提高自身精细化管控水平，也提高了政府在固废管理方面的公信力。2019年3月生态环境部发布了《生活垃圾焚烧发电厂自动监测数据用于环境管理的规定(试行)》(征求意见稿)，明确提出了对运行指标和污染物排放超标的垃圾焚烧发电厂运维单位限制其享受增值税即征即退，并对因烟气污染物超标排放或焚烧工艺不正常运行的垃圾焚烧厂核减其可再生能源电价附加补贴资金。

2. 商业模式由BOT、BT、PPP向综合环境服务商+环境解决方案提供商转变

垃圾焚烧发电、餐厨垃圾处理目前以解决政府在市政基础设施公用事业项目建设时资金短缺而又想最终获得项目所有权的BOT(投资-运营-移交)、BT(建设-移交)形式为主要运作模式，随着地方财政的改善、政府职能的改变，有可能向政府长期向社会购买公共产品(服务)为模式的PPP(政府和社会资本合作)模式转变，其目的是注重服务质量、价格和提高效率。2014年下半年以来，国务院、国家发展和改革委员会、财政部等相继发文规范指导PPP运作，如《国务院关于创新重点领域投融资机制鼓励社会投资的指导意见》(国发〔2014]〕60号)、《关于

开展政府和社会资本合作的指导意见》(发改投资〔2014〕2724 号)、《政府和社会资本合作模式操作指南》(试行)等。随着试点示范项目的实施，其将在公共服务、基础设施类项目、燃气、供电、供水、供热、污水处理、垃圾处理、公路、铁路、资源环境和生态保护等领域内加速推广和实行。2014 年 11 月 30 日财政部发文将南京市垃圾处理设施项目和嘉定南翔污水处理厂一期工程等 30 个项目作为政府和社会资本合作示范项目(财金〔2014〕112 号)。

PPP 是指政府与社会资本长期合作提供公共产品(服务)的各种形式(包括 BOT、BT 以及相应的各种演变形式)的统称。虽然 BOT 是广义上 PPP 的一种形式，但狭义的 PPP 泛指公共部门与社会资本为提供公共产品或服务而建立的各种合作关系，更加强调合作过程中的利益共享及风险分担机制，需要财政资金参与投资并有清晰的责任与权力的约定，是能较大程度实现政府与企业的风险和利益合理分担原则的一种特殊关系。但随着 PPP 项目的扩展和地方政府债务问题的出现及地方政府风险初现苗头，2018 年，国家相继叫停了一批 PPP 项目，给 PPP 紧急刹车，将本属于市政公用和环境公益性质的项目从金融属性中拉回到了正常属性。

随着经济的发展和人们日常生活的需要、环境改善的需要，垃圾焚烧及危险废物处置等市政公用、环境公益性项目将逐渐向具有较大综合实力的综合环境服务商和具有一定技术力量的环境方案解决商联合体方向发展。

3. 产业链延伸

由于垃圾焚烧 BOT 竞争激烈，部分垃圾焚烧企业在竞争中希望扩展机会，向前端的垃圾清运和后端的炉渣综合利用方面扩展，涉足垃圾清扫服务、垃圾收集和运输，形成垃圾清扫、收运、焚烧发电、热电联产、炉渣综合利用一体。

4. 由单一项目向多个项目捆绑成产业园区的发展趋势

固废项目处理由于选址越来越困难、政府职能转变及各大财团游说和垄断地位的提升，地方政府主管部门也希望将几个项目捆绑打包，以环保产业园区或环保静脉园或生态园区的形式发包，园区大部分包括生活垃圾填埋场、生活垃圾焚烧厂、餐厨垃圾处理厂、污泥处理厂、危险废物处置中心及其附属的综合回收利用厂等，这些项目投资少则几亿，多则几十亿、上百亿，要求投资的企业具有很强的财务实力，同时也将要求承担项目设计的单位专业齐全，技术力量强。

5. 固体废物处置项目选址困难，生态补偿或可破冰

固体废物处置项目，尤其是垃圾焚烧发电项目和危险废物处置项目的选址在 2012 年继续成为争议的焦点，由垃圾焚烧厂选址问题引发的争议此起彼伏，严重

拖延了项目建设进度，部分项目缓建，个别项目甚至被逼取消。

北京鲁家山项目从 2010 年开始，1 年内完成选址、环评和初步设计等所有前期手续，并于 2014 年 9 月顺利投入试运行，得益于项目选址位于门头沟区潭柘寺镇，距市中心 40 千米的首钢石灰石矿区，周边无居民。但北京市规划的其他焚烧厂因附近居民反对延迟了 5 年多，部分项目尚在建设中。

广州市自 2012 年 5 月开始实施生活垃圾终端处理设施区域生态补偿暂行办法，使居民和垃圾焚烧厂真正成为利益共同体，业内人士认为，生态补偿或可破冰愈演愈烈的邻避冲突，为全国树立一个良好的榜样。

6. 企业收购并购将催生千亿级集团

2008 年以来，产业整合的序幕拉开，企业间并购/收购的脚步明显加快，新建的垃圾焚烧发电项目趋向于被大财团和(或)拥有核心技术的企业所垄断。

2012 年环境保护部公布的《环境服务业“十二五”发展规划》(征求意见稿)中提出“十二五”期间，培育 30～50 个区域型环境综合服务商，发展 20～30 个具有国际竞争力的全国型综合性环境综合服务集团，其中 10～20 个年产值在 100 亿元以上。在固废领域内，目前尚未形成产值超过百亿元的企业。在 2012 年度固废行业评选中有突出表现的十大影响力企业中，固废相关产值也多处在 10 亿元以下，年营业收入集中在 1 亿～5 亿元。在政策的指导和推动，以及市场的发展下，企业间将继续保持收购、并购的趋势，凝聚更具影响力的固废力量。

7. 产业聚集明显，环保巨头基本形成

根据生态环境部科技与财务司、中国环境保护产业协会联合发布的《中国环保产业发展状况报告》(2020)，全国列入统计范围的环保企业，营业收入大于等于 40000 万元的大型企业占总数的 3.4%，营业收入小于 40000 万元大于等于 2000 万元的中型企业占比 24.3%，营业收入小于 2000 万元大于等于 300 万元的小型企业占比 37.1%，营业收入小于 300 万元的微型企业占比 35.2%。其中，营业收入在 10000 万元以上的企业，以 9.8%的企业数量占比(较上年降低了 0.6 个百分点)，贡献了超过 92%的营业收入和利润。从地域分布看，统计范围内企业有近半数集聚于东部地区，东部地区环保企业的营业收入、营业利润占比分别为 67.4%、67.6%，远远超过中、西部和东北三个地区企业的营业收入、营业利润。长江经济带 11 省(市)以 45.6%的企业数量占比贡献了近一半的产业营业收入，对我国环保产业发展支撑能力较强。

2019 年全国环保产业营业收入约 17800 亿元，较 2018 年增长约 11.3%，其中环境服务营业收入约 11200 亿元，同比增长约 23.2%。预计 2021 年全国环保产业营业收入总额有望超过 2 万亿元。虽然受疫情影响，IMF 曾预测 2020 年我国

GDP 增速大约为 1%，2021 年 GDP 增速大约为 8%。采用环保投资拉动系数法、产业贡献率和产业增长率三种方法预测，2020 年环保产业营业收入规模大约在 1.6 万～2 万亿元，2021 年环保产业规模有望超过 2 万亿元。“十三五”以来，我国经济发展进入新常态，特别是 2020 年以来，国内外环境发生深刻复杂变化，不稳定、不确定性增多，GDP 增速预计放缓，若按照 5%测算，2025 年环保产业营业收入有望突破 3 万亿元。

8. 困扰行业的技术瓶颈可望突破

生活垃圾焚烧飞灰属于危险废物，其产量约为垃圾焚烧量的 2%～3.5%，对于一个处理规模 1000t/d 的垃圾焚烧发电厂来说，其飞灰产量约 20～30t/d，目前绝大部分采取螯合剂+水泥固化稳定后填埋，其质量增大约 20%～30%，不仅占用了宝贵的土地资源，而且固化稳定化后有害物质的长期稳定性在行业和学术上仍有争议；少数企业将焚烧飞灰与水泥窑协同处置同样也存在着飞灰水洗造成的二次污染及氯离子对水泥品质的影响等问题。因此，焚烧飞灰的无害化、减量化处置一直是困扰行业的难题。2020 年 3 月《固体废物玻璃化处理产物技术要求》(征求意见稿)发布，行业内部分企业正在进行技术攻关，中国恩菲计划在襄阳垃圾焚烧发电厂和孝感危险废物处置厂分别建设一条 5t/d 飞灰高温熔融示范装置，有望将焚烧飞灰彻底无害化，容积可减少 50%～80%，并实现资源化利用。

9. 智能(慧)化固废工厂不是梦

随着 5G 技术和人工智能技术的飞速发展及大数据平台的应用，智能(慧)化固废焚烧厂可望在不久的将来实现，尤其在固体废物物流管理、废物预处理和配伍、上料、焚烧控制、烟气净化控制、发电及能源管理、设备巡检、故障预警及诊断等方面有望率先实现智能(慧)化，由点到面，从而实现整个工厂和整个城市固体废物处置的智能(慧)化。

参 考 文 献

[1] 蒋建国. 固体废物处置与资源化. 北京: 化学工业出版社, 2012.
[2] 李金惠, 杨连威, 等. 危险废物处理技术. 北京: 中国环境科学出版社, 2006.
[3] 蒋建国, 刘海威, 彭孝容, 等. 注册环保工程师专业考试复习教材: 固体废物处理处置工程技术与实践. 北京: 中国环境出版社, 2017.